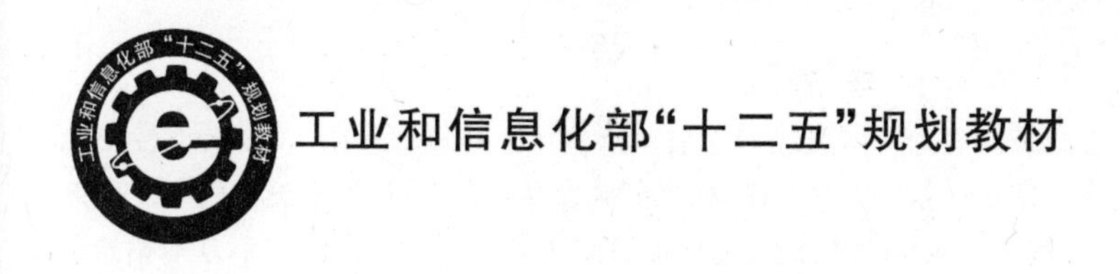

工业和信息化部“十二五”规划教材

机械设计基础实验教程

（第2版）

主编　杨　洋

副主编　郭卫东　李晓利　焦宏杰

北京航空航天大学出版社

内容简介

本书是在机械设计基础实验教学改革和普通高等院校教学实验示范中心建设的基础上，按照机械设计系列课程的实验教学体系编写而成的。旨在培养学生的工程意识、机械设计创新意识、综合设计能力及分析和解决工程问题的能力；引导学生在机械基础认知的基础上，掌握机械设计基础实验的基本原理、基本技能和实验方法。全书共7章，主要介绍机械工程常用物理量的测量知识、机械设计基础实验常用仪器设备、机械设计基础教学认知实验、工程制图实验、机械原理实验、机械设计实验，以及机械系统综合实验。

本书既可作为普通高等学校机械类、近机械类等相关专业本科生的机械基础实验教材，也可供相关教师、工程技术人员和科研人员参考。

图书在版编目(CIP)数据

机械设计基础实验教程 / 杨洋主编. --2版. --北京：北京航空航天大学出版社，2016.1

ISBN 978-7-5124-1984-1

Ⅰ.①机… Ⅱ.①杨… Ⅲ.①机械设计—实验—高等学校—教材 Ⅳ.①TH122-33

中国版本图书馆CIP数据核字(2015)第305625号

机械设计基础实验教程(第2版)

主编 杨 洋

副主编 郭卫东 李晓利 焦宏杰

责任编辑 刘永胜

*

北京航空航天大学出版社出版发行

北京市海淀区学院路37号(邮编100191) http://www.buaapress.com.cn

发行部电话：(010)82317024 传真：(010)82328026

读者信箱：goodtextbook@126.com 邮购电话：(010)82316936

北京兴华昌盛印刷有限公司印装 各地书店经销

*

开本：787×1 092 1/16 印张：12.5 字数：320千字

2016年4月第2版 2016年4月第1次印刷 印数：2 000册

ISBN 978-7-5124-1984-1 定价：28.00元

前　　言

从原始工具到今天的载人宇宙飞船等各种现代机械，都是人类通过大量的科学实验进行探索和验证的结晶，科学发现、技术发明都离不开实验。随着科学技术的不断发展，科学实验的范围和深度也在不断地拓展和升华，科学实验在当今我国进行自主创新时期将起到越来越重要的作用。

实践教学是高等学校理工科教学的重要组成部分，它不仅是学生获取知识的重要途径，也对培养学生严谨的科学态度，提高科学研究能力、实验工作能力及创新能力有着重要的意义。特别是近年来教育部推行高等学校教育质量工程，把实践实验教学提高到了一个新的高度。增加实践实验教学的项目和内容，扩大实践教学在教学中的比重势在必行。

机械基础系列课程是机械类专业重要的技术基础课，但目前该系列课程的实验教学大都依附于相关的理论课程。由于缺乏系统性，使学生只重视理论学习，轻视实际操作和实践训练，这与当前高水平研究型创新人才培养的要求差距较大。为了配合机械设计基础系列课程的改革，编者尝试对机械基础系列课程的实验进行系统的优化整合，并按照课程体系安排实验教学，设置机械基础实验课程。

本书是北京航空航天大学机械基础教学实验中心多年来实验教学的总结，是集体智慧的结晶。根据高等学校机械设计基础系列课程教学大纲要求安排实验教学内容，并在此基础上，增加了近年来在北航“985教育振兴行动计划”及在北航教学评优、教改项目、精品课建设等支持下新建的有特色的综合性、创新性实验。教材结合国内外机械设计教材和实验教学的发展，建设了机械基础网络虚拟实验、机构虚拟样机设计实验等利用网络手段和计算机软件环境的机构虚拟样机实验。另外，还增加了自行建设的机械系统综合实验台，用于进行机械系统的综合设计和创新教学。为了开展学生自主动手实验教学，建设了机械设计学生工作室，配合机械基础系列课程，以提高学生的动手能力和对机构组成、机械基本结构的理解和掌握，全面提高学生进行工程设计的能力。同时，学生工作室面向全校学生开放，为学生进行科技创新等实践活动创造条件，提高学生动手实践能力，培养学生分析问题和解决问题的能力，为学生参与生产或科学研究创造条件，打好基础。

为了便于教学，本书参照机械设计系列课程的教学顺序安排。绪论部分介绍机械基础实验教学体系、教学大纲等；第一章介绍机械基础实验中涉及的机械量的测量技术；第二章介绍机械基础实验常用仪器设备的组成、原理；第三章介绍机械设计基础的认知体系和相关实验；第四章至第六章分别是工程制图实验、机械原理实验、机械设计实验;第七章介绍机械系统的综合性、自主性及创新性实验。

在第一版的基础上,结合新的教学改革和教学模式的推进,本书增加如下内容:绪论中增加了机械设计综合实践课程的相关实验内容和大纲;第二章增加了凸轮机构动态测试实验台、机械装配调试实验台等内容;第五章增加了凸轮机构动态测试实验;第七章增加了机械装置装配调试实验内容。

参加本教材编写工作的有:杨洋(绪论,1.1,1.2,1.3,2.6,2.9,2.11,2.12,2.13,3.2,3.3,第四章,5.4,5.5,5.7,6.5,7.2,7.5,7.7),郭卫东(2.4,2.5,2.7,2.8,5.1,5.2,5.3,5.6,5.8,7.1),李晓利(2.1,2.2,6.2,6.3,7.4),焦宏杰(1.4,3.1,6.1,6.7,7.3),韩晶京(2.3,3.4,6.4,6.6),陈殿生(2.10,7.6)。由杨洋担任主编。

由于编者水平有限,教材中难免存在误漏,敬请广大读者批评指正。

编　者

2015年12月

目　　录

工业和信息化部"十二五"规划教材

绪　论

0.1　机械设计基础实验教学的地位与作用

根据国家“十一五”规划，创建具有自主创新和自主知识产权的科技创新型体系，高等教育的目标是提高高等教育的办学质量。在此情况下，北京航空航天大学已经提出在新的发展时期的发展战略，在拓展办学规模的基础上，向全面提高办学质量转变；在有效培养常规型科技人才的基础上，向注重培养创新型专业人才转变。为此，本科教学的教改思路是“强化基础，突出实践，重在素质，面向创新”。

未来，中国将由制造大国发展为制造强国，产品将进入自主创新的时代。“中国设计”必须从仿照设计到创新设计，再到原创性设计。那么一个产品能否体现出自主创新和自主知识产权，其关键环节在于设计。自主创新需要加强学生机械设计的能力。工程图学、机械原理与机械设计是设计系列课程中的核心，加强机械设计全过程的学习与实践对机械产品的自主创新至关重要。

机械设计基础系列课程是以工科为主的覆盖面广的主干课程，其实验课程可以使工科学生具有丰富的实验思想、方法、手段，同时能提供综合性很强的基本实验技能训练，是培养学生机械设计、研究、开发能力的一个重要环节。在新时期尤其可以为培养自主创新人才、研究型工程创新人才奠定坚实的基础。它在培养学生严谨的治学态度、活跃的创新意识、理论联系实际和适应科技发展的综合应用能力等方面具有其他实践类课程不可替代的作用。

现代教育理念已从知识型教育、智能型教育走向素质教育、创新教育。高等教育在探索如何实施以人的全面发展为价值取向的素质教育的过程中，逐步意识到理论教学和实验教学具有同等重要的地位和作用。尤其是我国在进入知识创新工程的时代，以中国设计逐步替代中国制造。工业实践表明，产品的创新70%取决于设计阶段。机械工业产品也不例外，因此机械工程专业基础知识的获取是机械产品的创新设计的可靠保证。

知识的获取不仅仅是从理论教学和教科书获取，尤其是对工科学生而言，也需要从实验和实践中获取知识。实验教学是理论知识与实践活动、间接经验与直接经验、抽象思维与形象思维、传授知识与训练技能相结合的过程。要在实验教学中培养学生的创新能力，就要重视实验教学方法，使实验课程成为学生有效地学习和掌握科学技术与研究科学理论及方法的途径。学生通过一定数量的、有水平的实验和有计划的实验操作技能训练，可以达到扩大知识面，增强实验设计能力、实际操作能力，提高分析问题和解决问题的能力，培养科研协作精神，使自身素质得到全面提高的目的。

机械设计基础系列课程是机械工程学科的重要的专业基础，系列课程包括机械设计工具（画法及工程制图）、机械原理和机械设计等。其教学目标是为从事机械及相关专业的学生奠定专业基础知识，培养学生工程意识和工程设计的能力。机械设计基础实验课程主要是针对机械设计系列课程进行实验和实践教学。一方面结合系列课程的特点，展开相关的机械设计及原理理论的验证实验；另一方面，机械设计基础实验课程在基础性、验证性实验的基础上，从

实践和认知理念入手,通过开放性实验和网络实验使学生加深对机械研究对象的认知和理解,做好课程的启蒙,培养学生工程意识,挖掘学生学习机械设计系列课程的潜力。根据机械专业的特点和现代机械工业的发展,展开结合课程的设计性和综合性实验,培养学生分析问题和解决问题的能力以及进行机械运动、传动方案设计的创新意识,为机械产品的中国设计创造条件。

在实验中,通过实验设备的操作、仪表调试、观察现象、处理数据、书写报告等一系列实践性教学环节,使学生掌握操作技能、提高独立工作和动手能力。整个实验过程要求认真、准确、细致和尊重客观事实,有效地培养了学生严肃认真、一丝不苟、实事求是的科学工作作风,这对于今后工作更有其深远意义。

通过实验教学,还可以使学生认知机械设备与机械装置、掌握绘制实际机构运动简图的技能,掌握对机械参数测试的手段,培养学生的测试技能,提高学生独立思考问题、分析问题和解决问题的能力,获得实际操作的基本工程训练和对实验结果进行分析的能力。

在实践中培养学生的创新意识和创新能力尤为重要,开设具有创造性的实验对培养学生创新意识和创新素质有很大帮助,在培养学生的全局教育中起着重要作用。

0.2 机械设计基础课程实验教学体系

纵观国外著名大学的工程教育体系,可以看出,首先强调工程素质、技能的培养,重视学生的主动学习,认为主动学习是创新设计的关键。现代工程对协作精神的要求越来越高,有本专业内合作,也有跨专业合作,通过项目贯穿学习的始终,在项目中启发学生主动思维,锻炼创新能力,巩固所学知识并培养团队精神。

针对机械设计基础系列课程,以机械设计基础实验中心和 CAD 中心为实验教学环境,构建出中心的新型实验教学体系(图 0.1)。其主要思路是:以开放式的实验室为基地,在培养学生工程素质、技能的基础上,掌握进行工程设计的现代工具;拓展学生对机械设计对象形态、组成、结构及工作原理的认知和理解;利用现代测试技术和各种手段,培养学生自主地进行实验测试能力;通过设计性综合性实验项目和科技创新学生活动,培养学生进行机械设计的创新思维能力和相互协作的科研精神;通过实践增强实践情感和实践观念,培养良好的公德意识和责任意识,实事求是、严肃认真的科学态度和刻苦钻研、坚忍不拔的工作作风,培养探索精神和创新精神。

1. 以工程素质、技能培养为基础

首先,现代工程创新型人才培养最基本的是使学生掌握本领域的几种工具,这就是“工欲善其事,必先利其器”的道理。在工程设计中,工程图形作为构思、设计与制造中工程与产品信息的定义、表达和传递的主要媒介。CAD 中心紧密结合课堂理论教学和实践,率先在全国开设了“工程设计工具”软件环境实践课程,面向机械类学生建立了培养学生计算机应用能力的实践平台。学生通过学习掌握进行工程设计的文档制作工具 Word 软件、工程表格处理计算工具 Excel 软件,以及进行机械设计的工程绘图工具所使用的从二维工程图绘制到三维实体建模软件,培养学生从事机械设计的基本表达能力和工程绘图能力,使学生具有工程素质和严谨工作的能力。

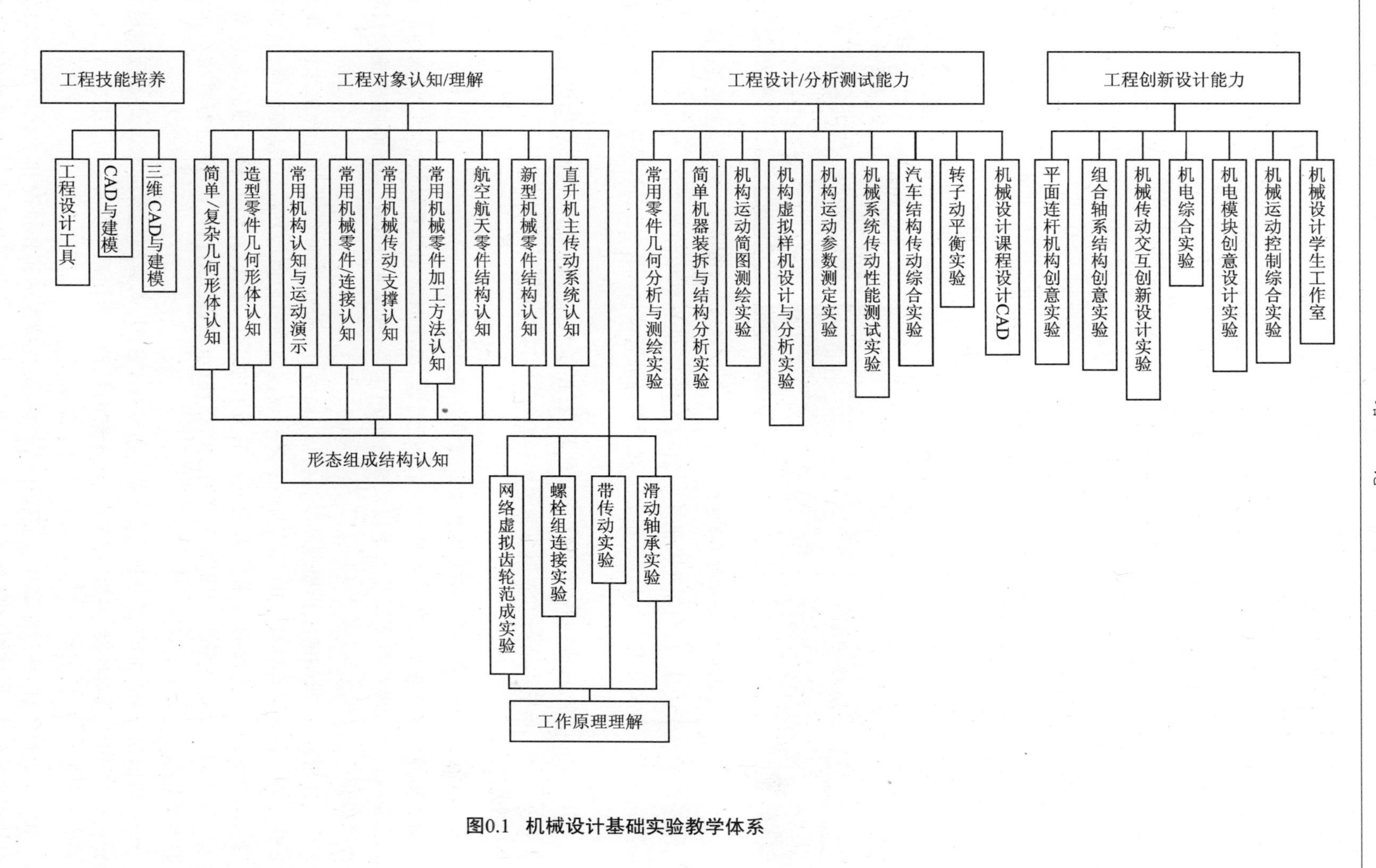

图0.1 机械设计基础实验教学体系

2. 结合航空航天特色,拓宽工程设计对象的认知体系

知识的获得来源于两个途径,一个是学习,另一个是观察和认知。机械设计对象的形态、组成、结构、机构及工作原理的学习和理解必须通过实际的模型、形体、零部件、装置及机器等进行。认知体系贯彻虚实结合的原则,构成了立体化认知结构体系。

为此,本中心在原有的常用机械零件及常用机构陈列室基础上,在教育振兴行动计划的支持下,建设了机械设计陈列厅、复杂几何形体模型陈列室、常用机构及典型机构陈列室,并面向全校全天候开放。这些陈列室保证学习机械设计系列课程的学生对机械形体、组成、零部件结构、常用机构原理的认知,在此基础上,建设结合航空航天特色的以直-5飞机主传动陈列室为主的装置认知环境(图0.2、图0.3),如航空航天零件陈列、汽车结构传动陈列室。通过对航空等机械设计对象的认知,激发学生的主动学习潜能。

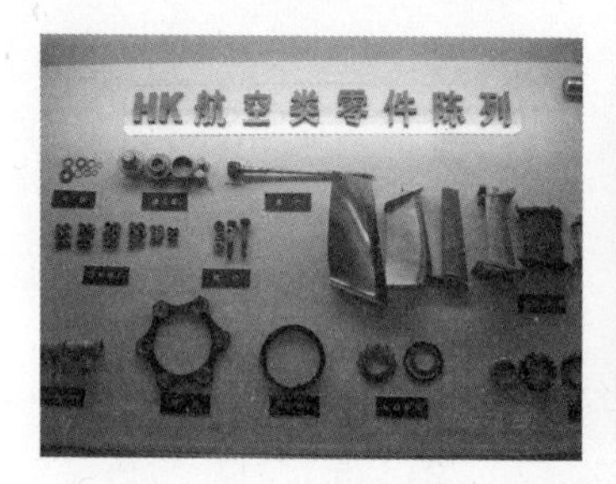

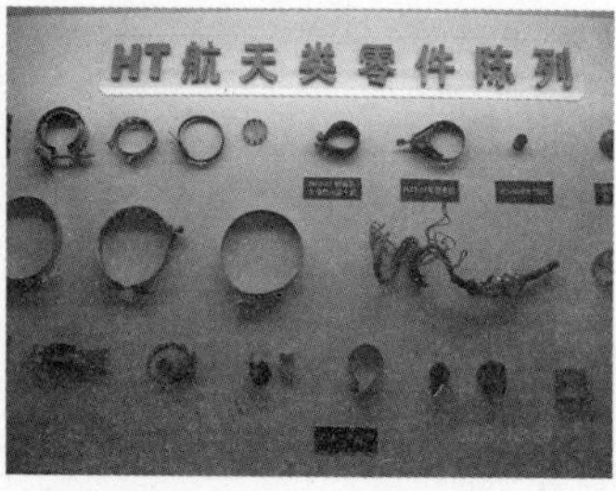

图0.2　航空航天类零件

图0.3　直-5飞机主减速器

对于航空航天的认知,利用我校的飞机结构陈列室、北京航空馆的资源,使学生通过参观和认知各种飞机和航空航天知识,培养学生刻苦学习机械设计课程、立志献身航天的学习精神和兴趣。

另外,本中心建设的网站已在校园网上公开,提供了机械百科知识、机械发展史及现代机械发展等栏目。在建设的网上虚拟实验室中,建设了机械常用零部件的交互认知实验,学生可以利用网络资源进行学习。

3. 以提高分析问题能力为目标,强化工程设计能力培养

为了培养学生机械设计专业技能,提高发现问题、解决问题和动手操作的能力,本中心建设的实验项目通过现代的测试技术手段及软件分析手段,使学生在以下几方面的机械设计能力得到提高。

(1) 分析零件、机构的工作原理和结构特点,掌握工程分析技术手段,加深理解零件、机构等工作原理。机构简图测绘实验就是利用实际机器或典型机构模型,通过运动简图测绘,进行实物—图形的抽象,抽象的结果作为进一步的分析使用。在机器结构方面,通过对典型机器——减速器的装拆和分析,理解减速器的工作原理、组成以及结构等,建立进行机械结构设计的整体思想。

(2) 机械设计对象的性能分析,利用现代测试技术手段,对典型机构进行运动参数测量和分析,获得机构的运动性能,对机构进行设计方案的评价。利用动平衡实验台,通过测试机械转子的动不平衡,根据动平衡理论进行转子动平衡实验。

对常用机械零件,通过对螺栓组加载进行实验,观察螺栓的工作情况和承载机理,理解螺栓组使用中的特点,加深螺栓强度设计的学习。此类实验还有滑动轴承实验。机械传动是机械设计中的主要部分，在自行开发的实验台上进行常用齿轮、带传动、蜗杆传动及链传动的动力及运动参数的测定，并且根据分析软件分析这些传动的效率，为工程设计提供依据，并且作为工程设计的评价体系。

(3) 利用现代机械工程分析软件，进行机械的运动、动力仿真、机械结构的三维建模和装配仿真。机械原理实验室利用中心配有的 ADAMS 机构运动学和动力学分析软件提供的虚拟分析实验平台(图 0.4)，使学生对已有的机构或设计的新机构进行结构分析、运动学和动力学分析，理解机构的运动特点和性能。机械设计实验室利用三维建模软件 SolidWorks 进行机械结构的干涉和装配检测(图 0.5)，分析机械结构的合理性及结构装配过程。

学生通过这些实验环节，提高了机械设计的工程测试及分析的能力。同时，加强了对理论的深化和理解，有利于巩固课程知识，提高工程意识。

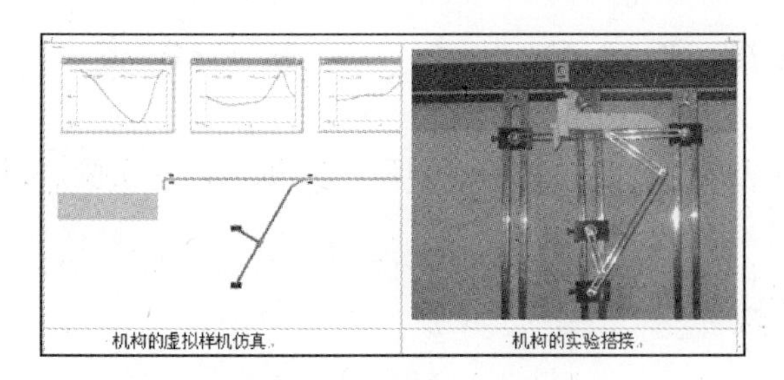

图 0.4　机构虚拟样机实验

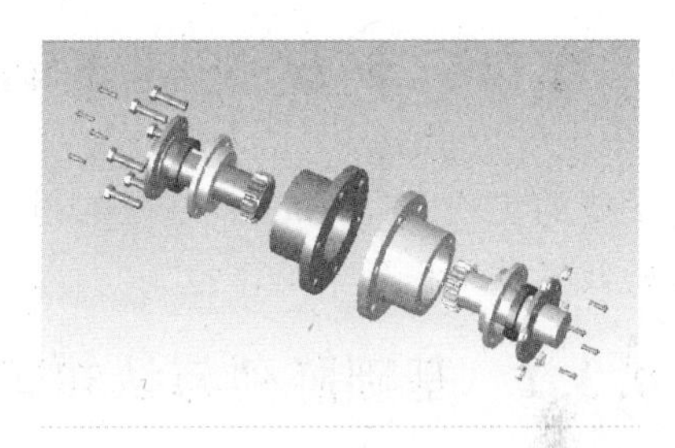

图 0.5　机械结构的虚拟装配

4. 通过多种途径，培养学生的工程创新能力

自主创新能力的培养主要体现在以下几个方面。

(1) 结合课程进行创意设计基础训练。机械原理实验室自行开发了连杆机构创新设计实验台，在这个实验台上，学生根据自己所设计的机构创新方案进行实物搭接，验证机构的合理性。通过自主进行实验，学生动手能力得到进一步的提高。机械设计实验室开发的机械传动综合实验台(图 0.6)，提供了常用的机械传动五大模块，学生根据工作要求进行组合创意，自主动手进行传动模块的配置和设计。轴系组合设计实验通过给定轴的工作要求和结构形式，学生根据给定的模块组合出机械轴系结构。这些一方面是进行课程知识的加深学习，同时也是为进行创新设计奠定基础。

图 0.6　机械传动系统综合实验

(2) 机械设计方案的创新设计训练。方案设计是决定产品性能的关键环节，通过下面设计方案的训练，使学生对机械设计有一个系统的理解和体验。

利用机械原理实验室的机械运动方案创新实验仪，学生进行方案设计的基础上，运用机械原理所学的知识进行搭接组装。通过电、气驱动可以进行真实的机械运动，学生可以自主进行创意设计，组合多种方案进行验证、评价。

根据机械传动综合实验台，进行传动方案的设计及机构设计，通过一系列的运动和动力参数测试，评价设计方案的合理性和可行性。

机电创意设计实验利用德国慧鱼模块(图 0.7)，进行机械-控制等创新设计训练。学生自发地组成项目小组(图 0.8)，自己找题目，进行方案答辩论证，通过讨论确定项目内容，在自行搭建的基础上，进行调试和运转，最后根据创意的运行情况和创意的理念进行评分。同时，还要求学生提交项目创新论文，体现了进行研究型创新人才培养的模式。

图 0.7 慧鱼创意设计训练台

图 0.8 机械设计学生工作

0.3 机械设计基础课程实验内容、分类与要求

主要的实验课程分布在：基础陈列与认知开放实验、机械原理实验、机械设计实验、机械系统实验及机械工程学生工作室。

0.3.1 基础陈列与认知实验

与面向 21 世纪机械设计基础理论课程体系和教学内容改革协调配合，着重培养学生的创新思维，开发创新潜能，使学生掌握创新设计的基本方法，从而提高学生的机械系统创新设计能力。

通过机械设计基础模型、机构运动方案及典型机械系统结构功能的展示，使学生了解机械的组成，获得机构方案的拟定，加深学生对机械系统结构的感性认识，并培养学生分析问题以及从具体结构抽象出机械本质特征的能力。

通过现代机构、现代机械零部件及机械系统创新设计实例的展示，使学生进一步了解机械的结构组成，得到初步的创新设计构造的思维启迪，使学生把所学理论知识与实际机械系统有机地结合起来，挖掘学生设计、研究、开发新型机械产品的潜能。

现在的模式为开放性实验，包括机械设计陈列厅、机械模型复杂形体陈列室、机械原理陈列室、减速器陈列室、直升飞机减速器陈列室、北京航空馆等。实验采用全年开放的形式，学生可以随时观看。除此以外，该开放陈列可以使全校师生共享，其受益面更广。

0.3.2 工程制图实验

该实验是配合工程图学开设的认知和结构分析实验，包括两个内容：常用零部件的结构、模型认知、典型零件尺寸的测绘。面向学习工程图学的各专业开设，共 4 学时，学生人数达 1 800 人/学期。同时，该实验室建设的现代答疑室通过电子形式与学生进行交互答疑，通过课件演示，学生获得不少感性知识。

1. 典型机械/机器装拆实验

(1) 深入了解认识机器的组成、原理、结构形式。

(2) 认识零件的结构形状、工艺、作用。

(3) 通过组装，为正确绘制装配图打下基础。

2. 常用零部件测绘实验

(1) 学会机械零件尺寸的测绘方法,理解公差、配合概念。

(2) 学会测量粗糙度、表面硬度的方法。

0.3.3 机械原理实验

该实验是配合机械原理(机械类)、机械设计基础(近机类)课程规定的实验课程,包括7个实验:基础性实验2个(机械原理现场实验和机构简图测绘实验),提高性实验3个(虚拟齿轮范成实验、转子动平衡实验和机构运动参数测定实验),创新性实验3个(连杆机构创新设计实验、机构虚拟样机设计与分析实验和机械运动方案创新设计实验)。

1. 机构运动简图测绘实验

(1) 通过对实际机械或机构模型的直接测绘,掌握绘制机构运动简图的方法。

(2) 验证机构自由度的计算方法。

(3) 加深对机构组成原理的了解。

2. 连杆机构创意设计实验

(1) 根据所给定的设计任务构思机构系统的组成,并画出机构示意图。

(2) 对所构思的机构方案进行评价,筛选出较佳的方案,并按比例画出机构简图。

(3) 利用组合式可调平面连杆机构模型进行组装实验。

3. 机构虚拟样机设计实验

用机构运动学和动力学虚拟样机软件进行实验。学生在进行机构创意方案设计的基础上,在ADAMS环境下进行机构的虚拟样机建模,利用该软件进行机构的运动学和动力学分析,分析方案的合理性,为进一步进行机构的实物制作和搭接奠定基础。此实验意义在于培养学生解决工程实际问题的能力和利用现代设计手段进行创新设计能力。

4. 凸轮机构动态测试实验

(1) 通过媒体软件对凸轮机构的运动参数进行设计。

(2) 对凸轮机构中的凸轮进行速度波动实际测试。

(3) 利用软件对凸轮的速度波动进行仿真分析。

5. 渐开线直齿圆柱齿轮虚拟范成实验

(1) 通过软件环境观察用范成法切制渐开线齿轮的过程。

(2) 进一步了解渐开线标准齿轮产生根切的原因和变位齿轮的概念。

(3) 分析比较标准齿轮和变位齿轮在形状、几何尺寸等方面的异同点。

6. 刚性转子动平衡实验

(1) 巩固刚性转子动平衡的基本理论与方法。

(2) 了解闪光测相动平衡机的工作原理及操作方法。

7. 机构运动参数测试实验

(1) 了解位移、速度、加速度的测定方法;角位移、角速度、角加速度的测定方法。

(2) 通过实验,初步了解光电脉冲编码器、光栅尺的基本原理,并掌握它们的使用方法。

(3) 通过比较理论运动线图与实测运动线图的差异，增加对速度、角速度，特别是加速度、角加速度的感性认识。

8. 机组运转与飞轮调速实验

(1) 熟悉机组运转时工作阻力的测试方法。

(2) 理解机组稳定运转时速度出现周期性波动的原因。

(3) 理解飞轮的调速原因。

(4) 了解机组启动和停车过程的运动规律。

9. 机构虚拟样机设计与分析实验

利用机构运动学和动力学虚拟样机软件进行实验。学生在进行机构创意方案设计的基础上，在ADMS环境下进行机构的虚拟样机建模，利用该软件进行机构的运动学和动力学分析，分析方案的合理性，为进一步进行机构的实物制作和搭接奠定基础。此实验意义在于培养学生解决工程实际问题的能力和利用现代设计手段进行创新设计的能力。

0.3.4 机械设计实验

针对机械设计、机械设计基础(近机类)开设的实验课程，包括8个实验项目:基础性实验1个，包括机械零件现场实验；提高性实验3个，包括螺栓组实验、滑动轴承设计实验、带传动实验；结构设计性实验2个，包括减速器结构分析实验和虚拟装配实验等；分析性实验2个，包括机械传动性能测试实验和轴系组合创意设计实验。

1. 螺栓组连接实验

(1) 了解螺栓组连接中，受翻转力矩作用时各螺栓的应力变化情况。

(2) 初步掌握电阻应变仪的原理和使用方法。

2. 带传动实验

(1) 观察带传动中弹性滑动和打滑现象。

(2) 了解初拉力对传动能力的影响。

(3) 掌握带传动扭矩、转速的测试方法。

(4) 绘制出滑动曲线和效率曲线，对带传动工作原理进一步加深认识。

3. 滑动轴承实验

(1) 观察滑动轴承动压油膜形式过程与现象，加深对形式流体动压条件的理解。

(2) 通过实验绘制出滑动轴承的特性曲线。

(3) 通过实验数据与数据处理绘制出轴承径向油膜压力分布曲线及承载曲线。

4. 减速器拆装实验

(1) 了解减速器的结构，熟悉装配和拆卸方法。

(2) 通过拆装，很好地掌握轴承部件的结构。

(3) 了解减速器各个零件的名称、结构、安装位置和作用。

5. 机械虚拟装拆试验

(1) 利用网络虚拟实验室，进行机械结构的虚拟装拆。

(2) 理解各种常用机械结构组成和装配关系。

(3) 加强对机械结构知识的掌握。

6. 组合轴系设计实验

(1) 深入了解认识轴系部件的结构型式,熟悉零件的结构形状、工艺要求和作用。

(2)了解轴系部件的组装、固定、调整、润滑与密封的方法。

(3) 通过组装设计实验为正确设计轴系部件增加感性认识。

7. 机械传动性能测试实验

(1) 认知工业常用的机械系统组成。

(2) 掌握机械传动动力参数(转速、扭矩)测量方法。

(3) 了解机械效率的测量原理,绘制效率曲线。

(4) 掌握机械传动性能分析的评价方法。

0.3.5　机械设计综合实践

为了加强学生学习机械设计系列课程的实践环节,在原机械设计课程设计的基础上,新大纲进行了重新设计,取名为机械设计综合实践课程。本课程开设实验课程3项,包括典型机械装置装配调试实验(2学时)、执行机构运动参数测试实验(2学时)和典型机械传动系统搭接和性能测试实验(2学时)。

1. 典型机械装置装配调试实验

(1) 对典型机械装置进行拆装,熟悉机械结构、工作原理、组成等。

(2) 了解真实机械零件和机构的装配工艺、调整方法。

(3) 掌握常用机械安装、定位方法。

(4) 学会常用机械工具、量具等使用方法。

2. 执行机构运动参数测试实验

(1) 掌握针对工业中使用的典型机构实时采集的运动位移方法。

(2) 通过实验对执行构件的速度、加速度进行理解。

(3) 观察真实机构的运动特性。

3. 典型机械传动系统搭接和性能测试实验

(1) 理解和认知机械系统的组成。

(2) 通过搭接进行不同传动方案的创新设计。

(3) 了解机械系统性能测试方法。

0.3.6　机械系统综合实验

针对机械设计系列课程开设的综合性和自主创新性实验,包括4个实验项目,其中综合性实验2项,创新性实验2项。综合性实验面向本科生开设了公共选修课。针对机电专业学生开设了2门实验课程,共20学时。

1. 机械设计及自动化专业综合实验

(1) 通过自行开发建设的典型软驱和光驱机械电子系统,进行机械设计和控制的综合专业训练。

(2) 进行软盘驱动器、光盘驱动器的拆装实验,了解软盘驱动器的结构、工作原理。

(3) 进行驱动系统的运动分析及主要零件测绘实验。

(4) 进行软盘驱动器磁头运动控制和编程实验,软盘驱动器磁头寻道综合测试实验。

2. 机电模块创意设计实验

(1) 介绍现代机电系统的模块、组成、结构原理。

(2) 熟悉现代机电系统的设计计算方法。

(3) 利用慧鱼模块进行机电系统的创意设计并进行实物搭接和调试。

(4) 培养学生进行机电模块设计的思维,训练学生掌握综合知识的能力。

3. 机械传动方案交互创新设计实验

(1) 根据给定的机械系统的设计要求,构思传动系统的设计方案。

(2) 利用机械系统综合实验平台进行实际装配、搭接。

(3) 进行所搭建的传动方案机械传动性能测试,评价方案的优、缺点,培养学生对机械传动方案的设计和分析综合能力。

4. 机电控制工程实验

开展基于项目(Project)研究式教学模式探索与实践,研究创新型实验,培养学生研究型学习的实践能力。

(1) 选择一个典型项目的研究为主线展开,作为任务牵引,提出科学或工程问题作为驱动。

(2) 进行机械设计方法(教学机器人、双座标工作台),传感器、驱动系统设计。

(3) 利用 MATLAB 软件进行双座标工作台建模仿真分析实践。

(4) 电机/工作台控制应用软件设计、调试实验。

0.4 机械设计基础教学实验大纲

0.4.1 机械设计基础认知实验大纲

课程名称:机械制图/机械原理/机械设计/机械设计基础。

适用专业:机械类各专业。

实验学时:4

序号	实验项目名称	学时数	每组人数	开放/课堂	目的、要求及内容简述	备注
1	常用机械零件认知	1	30	开放	认知常用机械零件结构、类型、代号、机械密封、机器润滑等,建立机械初步概念,培养机械工程素质	机械制图/机械设计/基础
2	新型机械零件/航空航天零件认知	1	30	开放	认知和理解现代机械、航空航天典型零件、机电及自动化等领域的新型机械零件的结构、形式,拓宽知识面	机械设计/基础

续表

序　号	实验项目名称	学时数	每组人数	开放/课堂	目的、要求及内容简述	备　注
3	新型机械传动认知	1	30	课堂	认知和理解现代新型机械传动、传动装置，培养学生创新意识	机械原理/机械设计基础
4	飞机减速器认知	1	30	开放	认知和理解直升飞机主传动系统、中间减速器、尾减速器的结构和原理，明确机械设计基础课程在航空领域的应用	机械原理/机械设计基础
5	常用机构认知	1	30	课堂	机器的组成，常用机构分类，特点用途，典型机构事例等。认识和理解机器的机构组成和工作原理	机械原理/机械设计基础
6	典型机构/机器	1	30	课堂	通过认知典型机构、机器等，理解机构演化、创新，培养创新潜能和工程意识	机械原理/机械设计基础

0.4.2　机械制图实验大纲

课程名称：机械制图。

适用专业：机械类各专业。

实验学时：4。

序　号	实验项目名称	学时数	每组人数	必开/选开	目的、要求及内容简述	备　注
1	典型机械装置拆装实验	2	2	必开	以典型真实机械为对象，通过实际的拆装实验，分析机械组成，掌握机器工作原理，理解零部件的装配关系	综合性
2	典型零件测绘实验	2	2	必开	针对常用的机械零件，进行尺寸、结构测绘，理解零件的结构、表面质量、加工工艺、功能等	综合性

0.4.3　机械原理实验大纲

课程名称：机械原理。

适用专业：机械类各专业。

实验学时：10

序　号	实验项目名称	学时数	每组人数	必开/选开	目的、要求及内容简述	备　注
1	机构运动简图测绘实验	2	2	必开	以典型机构为研究对象，掌握分析机构组成的原理、方法及运动简图的画法、自由度的定义	综合性
2	连杆机构创意设计实验	2	2	必开	根据虚拟样机设计的连杆机构，利用连杆机构设计实验仪进行机构的装配和搭接，理解机构的设计过程	综合性 设计性

续表

序 号	实验项目名称	学时数	每组人数	必开/选开	目的、要求及内容简述	备 注
3	机构虚拟样机设计实验	4	2	必开	利用ADAMS进行机构的虚拟样机建模。理解机构的组成和工作原理,掌握运动学和动力学分析方法。判断机构的合理性和可行性	综合性 设计性
4	凸轮机构动态测试实验	2	3	选开	利用软件进行凸轮机构的运动参数设计,通过凸轮机构实测凸轮速度波动,进一步进行速度波动仿真	综合设计性
5	齿轮范成原理虚拟实验	2	1	必开	了解范成法切制渐开线齿轮的过程,了解渐开线标准齿轮产生根切的原因和变位齿轮的概念	验证性
6	刚性转子动平衡实验	2	3	选开	了解机器不平衡的原因及平衡的原理和方法	验证性
7	机械运动参数测试实验	2	3	选开	测试典型机构的运动学参数,了解其变化规律。掌握机构运动参数测试的原理和方法	综合性
8	机组运转和飞轮调速实验	2	3	必开	熟悉机组运转时工作阻力的测试方法;理解机组稳定运转时速度出现周期性波动的原因;理解飞轮的调速原因	综合性
9	机械运动方案创新设计	2	3	选开	根据机械系统要求,设计机械运动方案,利用实验构件构建机械系统。观察和分析机械系统的真实运动状况	综合性 设计性

0.4.4 机械设计实验大纲

课程名称:机械设计。

适用专业:机械类各专业,包括机械工程类、航空类、宇航类、光电类、汽车类等专业。

实验学时:12。

序 号	实验项目名称	学时数	每组人数	必开/选开	目的、要求及内容简述	备 注
1	减速器拆装实验	2	2	必开	了解减速器的结构,熟悉装配和拆卸方法,通过拆装,很好地掌握轴承部件的结构	综合性
2	螺栓组连接实验	2	3	必开	了解螺栓组连接中,受翻转力矩作用时各螺栓的应力变化情况	验证性 综合性
3	带传动实验	2	3	必开	观察带传动中弹性滑动和打滑现象,了解初拉力对传动能力的影响	验证性

续表

序　号	实验项目名称	学时数	每组人数	必开/选开	目的、要求及内容简述	备　注
4	滑动轴承实验	2	4	选开	观察滑动轴承动压油膜形式过程与现象，加深对形式流体动压条件的理解。通过实验绘制出滑动轴承的特性曲线	验证性
5	机械装置虚拟装拆实验	2	1	必开	利用网络虚拟实验室，进行机械结构的虚拟装拆；理解各种常用机械结构组成和装配关系；加强机械结构知识的掌握	综合性
6	组合轴系设计实验	2	2	选开	设计轴系部件的结构型式，熟悉零件的结构形状，工艺要求和作用。了解轴系部件的组装、固定、调整、润滑与密封的方法	综合性 设计性
7	机械传动性能测试实验	4	4	必开	学生自行组装，进行齿轮传动、蜗杆传动、带传动及链传动等的动力参数测定和效率测定，绘制转矩、转速、效率曲线。掌握其测试方法和原理	综合性
8	机械传动方案交互创新实验	4	4	选开	利用机械系统综合实验台，进行真实机械系统的分析(载荷、失效)，提出改进方案；根据机械系统的功能要求进行传动方案的创意设计，最后进行组装和测试	综合性 创新性

0.4.5　机械设计基础实验大纲

课程名称：机械原理。

适用专业：机械类各专业，近机械类专业，包括自动控制类、材料类、工程系统类等。

实验学时：8。

序　号	实验项目名称	学时数	每组人数	必开/选开	目的、要求及内容简述	备　注
1	机构运动简图测绘实验	2	2	必开	以典型机构为研究对象，掌握分析机构组成的原理、方法及运动简图的画法、自由度的定义	综合性
2	连杆机构创意设计实验	2	2	选开	根据虚拟样机设计的连杆机构，利用连杆机构设计实验仪进行机构的装配和搭接，理解机构的设计过程	综合性 设计性
3	齿轮范成原理虚拟实验	2	1	必开	了解范成法切制渐开线齿轮的过程，了解渐开线标准齿轮产生根切的原因和变位齿轮的概念	验证性
4	减速器拆装实验	2	2	必开	了解减速器的结构，熟悉装配和拆卸方法，通过拆装，很好地掌握轴承部件的结构	综合性
5	螺栓组连接实验	2	3	必开	了解螺栓组连接中，受翻转力矩作用时各螺栓的应力变化情况	验证性 综合性

续表

序　号	实验项目名称	学时数	每组人数	必开/选开	目的、要求及内容简述	备　注
6	带传动实验	2	3	选开	观察带传动中弹性滑动和打滑现象,了解初拉力对带传动的影响	验证性
7	组合轴系设计实验	2	2	必开	设计轴系部件的结构型式,熟悉零件的结构形状,工艺要求和作用。了解轴系部件的组装、固定、调整、润滑与密封的方法	综合性设计性

0.4.6　机械设计综合实践课程A实验大纲

课程名称:机械设计综合实践A。

适用专业:机械类各专业。

实验学时:8。

序　号	实验项目名称	学时数	每组人数	必开/选开	目的、要求及内容简述	备　注
1	机械装置装配调试实验	4	2～3	必开	以典型真实机械为对象,通过实际的拆装、调试实验,分析机械组成,掌握机器工作原理,理解零部件的装配关系,学会调试方法	综合性
2	执行机构运动参数测试实验	2	3	必开	通过对执行机构的实时运动测试,掌握测量方法,理解机构的运动性能	综合性
3	传动系统搭接和性能测试实验	4	4	必开	通过对常用传动系统搭接,理解传动系统的设计方案。掌握传动系统主要参数测试方法。进行传动系统的性能评价	综合性

0.4.7　机械设计综合实践课程B实验大纲

课程名称:机械设计综合实践A。

适用专业:机械类各专业。

实验学时:8。

序　号	实验项目名称	学时数	每组人数	必开/选开	目的、要求及内容简述	备　注
1	机械装置装配调试实验	2	4	必开	以典型真实机械为对象,通过实际的拆装、调试实验,分析机械组成,掌握机器工作原理,理解零部件的装配关系,学会调试方法	综合性
2	执行机构运动参数测试实验	2	3	必开	通过对执行机构的实时运动测试,掌握测量方法,理解机构的运动性能	综合性

第一章　机械工程常用物理量的测量

测量是指用仪器测定各种物理量的过程或行为，是工程技术不可或缺的技术手段和技术保证。本章将简要介绍位移、速度、力等机械工程常用物理量的测量方法，在此基础上介绍几种常用的传感器的组成及其工作原理。最后对机械设计基础实验中有关的实验数据处理方法进行介绍。

1.1　位移、速度、加速度的测量

位移、速度、加速度是描述物体运动的重要参数，为其他机械量的测量提供了重要的基础，在机械量的测量中占有重要的地位。位移是一个基本测量量纲，可以直接测量；而速度和加速度是导出量纲，需要间接测量。位移分为直线位移和角位移，速度分为线速度和角速度或瞬时速度与平均速度，加速度分为线加速度和角加速度或瞬时加速度与平均加速度。

1.1.1　位移的测量

位移是线位移和角位移的统称，位移测量在机械工程中应用很广。在机械工程中，不仅经常要求精确地测量零部件的位移和位置，而且力、扭矩、速度、加速度、流量等许多参数的测量，也是以位移测量为基础的。

位移是向量，除了确定其大小之外，还应确定其方向。一般情况下，应使测量方向与位移方向重合，这样才能真实地测量出位移量的大小。如测量方向和位移方向不重合，则测量结果仅是该位移在测量方向的分量。

测量位移时，应当根据不同的测量对象，选择适当的测量点、测量方向和测量系统。位移测量系统由位移传感器、相应的测量放大电路和终端显示装置组成。位移传感器的选择恰当与否，对测量精度影响很大，必须特别注意。

1. 光栅位移的测量

将光源、两块长光栅（指示光栅和标尺光栅）、光电检测器件等组合在一起构成的光栅传感器通常称为光栅尺。当两块光栅以微小倾角重叠时，在与光栅刻线大致垂直的方向上就会产生莫尔条纹，在条纹移动的方向上放置光电探测器，可将光信号转换为电信号，这样就可以实现位移信号到电信号的转换。

光栅位移的测量基于莫尔条纹的放大作用，可实现位移的动态或静态测量，位移大、精度高，适用于线位移及角位移，分辨率 0.1 μm，测量范围线位移 1 μm～10^3 mm。

2. 电感式位移的测量

电感式位移的测量基于测量电感量的变化而获得位移量，具有可靠度高、灵敏度高、线性度高、重复性好、分辨率高（一般在 0.1 μm）、测量范围宽（测量范围大时分辨率低）等特点。但不适用于高频动态测量。

3. 电容式位移的测量

由绝缘介质分开的两个平行金属板组成的平板电容器，如不考虑边缘效应，其电容量为

$$C = \frac{\varepsilon A}{d} \tag{1.1}$$

式中:ε 是电容极板间介质的介电常数,且 $\varepsilon = \varepsilon_0 \cdot \varepsilon_r$,其中 ε_0 为真空介电常数,ε_r 为极板间介质相对介电常数;A 为两平行板所覆盖的面积;d 为两平行板之间的距离。

当位移变化使得式中的 A、d 或 ε 发生变化时,电容量 C 也随之变化。如果保持其中两个参数不变,而仅改变其中一个参数,就可把该参数的变化转换为电容量的变化,通过测量电路就可转换为电量输出。

电容式位移测量基于位移量变化而导致的极板电容改变来获得位移量,属于动态或静态的非接触测量,适用于小范围的线位移测量(一般为 1 μm~10^2 mm)。

4. 压电式位移的测量

某些物质,如石英等,当受到外力作用时,不仅几何尺寸会变化,而且在相对的两个表面上会产生正负相反的电荷。压电式位移测量就是基于石英等晶体的压电效应产生的电荷来获得位移量。由于压电式位移测量输出信号较微弱,后需接放大器,适用于动态、小位移的测量。

常用位移传感器如表 1.1 所列。

表 1.1 常用位移传感器

形 式			测量范围	精确度	直线性	特 点
电阻式	滑线式	线位移	1~300 mm	±0.1%	±0.1%	分辨力较好,可静态或动态测量;但机械结构不牢固
		角位移	0~360°	±0.1%	±0.1%	
	变阻器式	线位移	1~1 000 mm	±0.5%	±0.5%	结构牢固,寿命长;但分辨力差,电噪声大
		角位移	0~60°	±0.5%	±0.5%	
应变式	非粘贴的		±0.15%应变	±0.1%	±1%	不牢固
	粘贴的		±0.3%应变	±2%~3%		使用方便,需温度补偿
	半导体的		±0.25%应变	±2%~3%	满刻度 ±20%	输出幅值大,温度灵敏性高
电感式	自感式	变气隙型	±0.2 mm	±1%	±3%	只宜用于微小位移测量
		螺管型	1.5~2 mm	—	—	测量范围较前者宽,使用方便、可靠;但动态性能较差
		特大型	300~2 000 mm	—	0.15%~1%	
	差动变压器		±0.08~75 mm	±0.5%	±0.5%	分辨力好,受到磁场干扰时需屏蔽
	涡电流式		±2.5~±250 mm	±1%~3%	<3%	分辨力好,但受被测物体材料、形状、加工质量影响
	旋转变压器		±60°	—	±0.1%	—
	变面积		10^{-3}~10^3 mm	±0.005%	±1%	受介电常数因环境温度、湿度而变化的影响很小
	变间距		10^{-3}~10 mm	0.1%	—	分辨力很好,但测量范围很小,只能在小范围内近似地保持线性
	电容式		±1.5 mm	0.5%	—	结构简单,动态特性好
	直线式		10^{-3}~10^4 mm	2.5 μm~250 mm	—	模拟和数字混合测量系统,数字显示(直线式感应同步器的分辨力可达 1 μm)

续表 1.1

形　式		测量范围	精确度	直线性	特　点
霍尔元件	旋转式	0～360°	±0.5°	—	—
感应同步器	长光栅	10^{-3}～10^{3} mm	3 μm～1 m	—	同上（长光栅分辨力可达1 μm）
	圆光栅	0～360°	±0.5″		
计量光栅	长磁尺	10^{-3}～10^{4} mm	5 μm～1 m	—	测量时工作速度可达12 m/min
	圆磁尺	0～360°	±1″		
磁栅	接触式	0～360°	10^{-6} rad	—	分辨力好，可靠性高
	光电式	0～360°	10^{-6} rad		

1.1.2　速度的测量

速度的测量分为线速度和角速度的测量。

1. 线速度测量

(1) 光束切断法：光束切断法检测速度适合于定尺寸材料的速度检测。这是一种非接触式测量，测量精度较高。

如图 1.1 所示，它是由两个固定距离为 L 的检测器实现速度检测的。检测器由光源和光接收元件构成。被测物体以速度 v 行进时，它的前端在通过第一个检测器的时刻，由于物体遮断光线而产生输出信号。由该信号驱动脉冲计数器，计数器计数至物体到达第二个检测器时刻，检测器发出停止脉冲计数。由检测器间距 L 和计数脉冲的周期 T、个数 N，可求出物体的行进速度：

$$v = \frac{L}{NT} \tag{1.2}$$

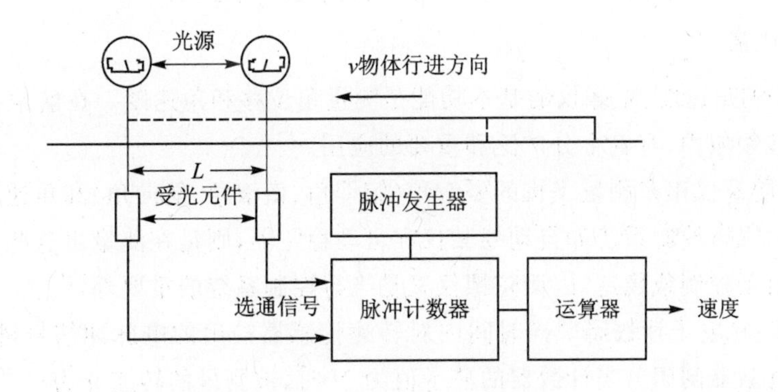

图 1.1　光束切断式速度测量

(2) 相关法：相关法检测线速度，是利用随机过程互相关函数的方法进行的，其原理如图 1.2所示。被测物体以速度 v 行进，在靠近行进物体处安装两个相距 L 相同的传感器(如光电传感器、超声波传感器等)，传感器检测易于从被测物体上检测到的参量(如表面粗糙度、表面缺陷等),例如对被测物体发射光,由于被测物表面的差异及传感器等受随机因素的影响,传感器得到的反射光信号是经随机噪声调制过的信号。图中传感器2得到的信号 $x(t)$ 是由于物体从A点进入传感器2的检测区得到的。当物体从A点运动到传感器1的检测区时,得到信号 $y(t)$。当随机过程是平稳随机过程时,$y(t)$ 的波形和 $x(t)$ 是相似的,只是时间上推迟了 $t_0(=L/v)$,即

$$y(t) = x(t - t_0) \tag{1.3}$$

$$R_{xy}(\tau) = \lim_{T\to\infty} \frac{1}{T}\int_0^T x(t-\tau)y(t)\mathrm{d}t = \lim_{T\to\infty} \frac{1}{T}\int_0^T x(t-\tau)x(t-t_0)\mathrm{d}t = R_x(\tau - t_0) \tag{1.4}$$

其物理含义是 $x(t)$ 延迟 t_0 后成 $x(t-t_0)$,波形将和 $y(t)$ 几乎重叠,因此互相关值有最大值。

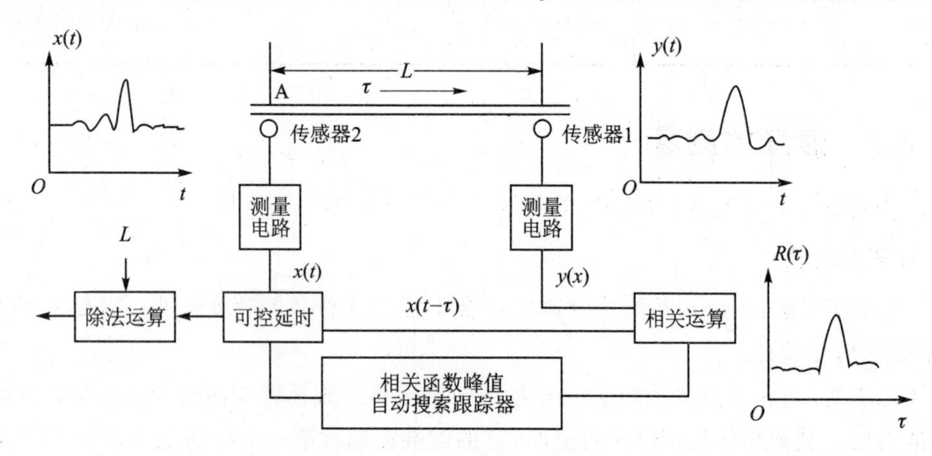

图1.2 相关法测速原理图

(3) 多普勒频移法:当光源和反射体或散射体之间存在相对运动时,接收到的光波频率与入射声波频率存在差别的现象称为光学多普勒效应。当单色光束入射到运动体上某点时,光波在该点被运动体散射,散射光频率与入射光频率相比,产生了正比于物体运动速度的频率偏移,称为多普勒频移。通过测量该频率偏移即可得到物体的运动速度。

2. 角速度测量

(1) 陀螺仪测角速度:陀螺仪的基本功能是测量角位移和角速度。在航空、航海、航天、兵器以及其他一些领域中,有着十分广泛和重要的应用。

在航空上,陀螺仪用来测量飞机的姿态角(俯仰角、横滚角、航向角)和角速度,成为飞行驾驶的重要仪表。飞行控制系统如自动驾驶仪和自动稳定器,则是在测量出这些参数的基础上,实现对飞机的自动控制或稳定,因而陀螺仪又是飞行控制系统的重要部件。

(2) 频率法:在电子计数器采样时间内对转速传感器输出的电脉冲信号进行计数。利用标准时间控制计数器闸门。当计数器的显示值为 N 时,被测量的转速 n 为

$$n = \frac{60N}{zt} \tag{1.5}$$

式中,z 为旋转体每转一转传感器发出的电脉冲信号数;t 为采样时间,s。

时基电路的功能是提供时间基准(又称为时标),它由晶体振荡器和分频器电路组成。振荡器输出的标准频率信号经放大整形和分频后,产生以脉冲宽度形式表示的时间基准来控制

计数门

$$t = \frac{2^{n-1}}{f_v} \tag{1.6}$$

式中：f_v 为振荡器的输出频率，n 为分频数。

（3）周期法：与频率/数字转换电路不同，其特点是通过对被测信号进行分频来提供计数时间，而计数器是对晶体振荡器的输出信号脉冲进行计数。这里用被测周期 T 来控制闸门，填充时间 τ_0 进入计数器计数 N。为了提高周期测量的准确度，通过将周期信号分频，使被测量的周期得到倍乘。故被测量的转速 n 为

$$n = \frac{KT}{z} = N\tau_0 \tag{1.7}$$

式中：K 为周期倍乘数 1、10、100、…，N 为计数器计数值，z 为传感器细分数。

1.1.3　加速度的测量

加速度是表征物体在空间运动本质的一个基本物理量，因此可以通过测量加速度来测量物体的运动状态。例如，惯性导航系统就是通过飞行器的加速度来测量它的加速度、速度（地速）、位置、已飞过的距离以及相对于预定到达点的方向等。通常还通过测量加速度来判断运动机械系统所承受的加速度负荷的大小，以便正确设计其机械强度和按照设计指标正确控制其运动加速度，以免机件损坏。对于加速度，常用绝对法测量，即把惯性型测量装置安装在运动体上进行测量。

（1）磁阻式加速度测量：图 1.3 所示为一种变磁阻式加速度传感器，它是以通过弹簧片与壳体相连的质量块 m 作为差动变压器的衔铁。当质量块感受加速度而产生相对位移时，差动变压器就输出与位移（也即与加速度）成近似线性关系的电压，加速度方向改变时，输出电压的相位相应地改变 180°。

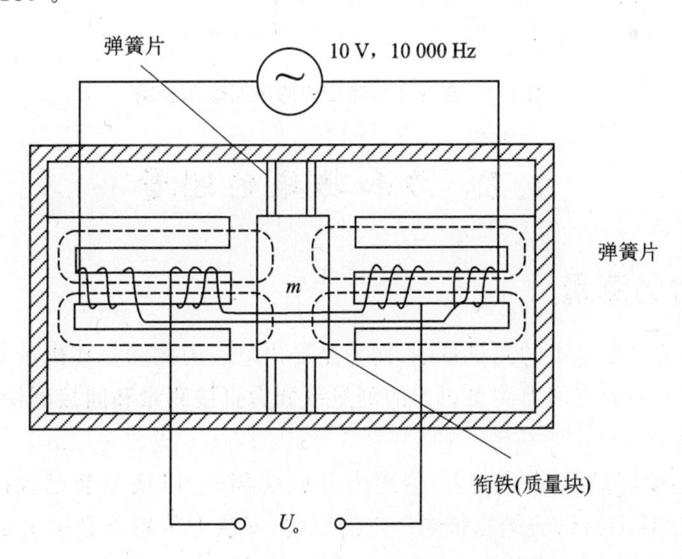

图 1.3　变磁阻式加速度传感器原理示意图

（2）电容式加速度测量：图 1.4 所示为电容式加速度传感器的原理结构，它是以通过弹簧

片支承的质量块作为差动电容器的活动极板，并利用空气阻尼。电容式加速度传感器的特点是频率响应范围宽，测量范围大。

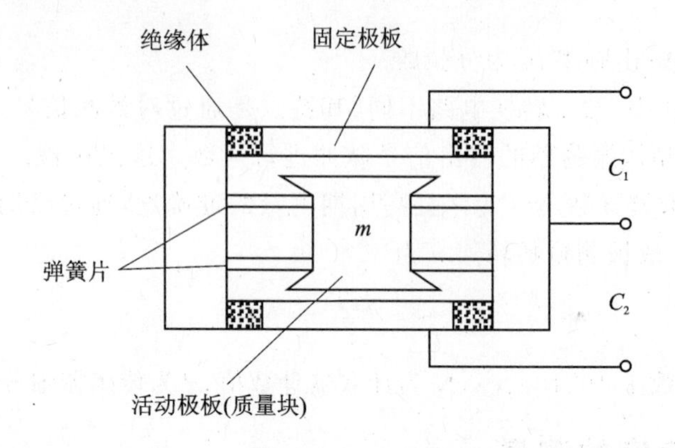

图 1.4　电容式加速度传感器原理示意图

(3) 应变式加速度测量：应变式加速度传感器的具体结构形式很多，但都可简化为图 1.5 所示的形式。其中：R_1 和 R_2 为应变片，R_3 和 R_4 为电阻，等强度弹性悬臂梁固定安装在传感器的基座上，梁的自由端固定一质量块 m，在梁的根部附近两面上各贴一个(成两个)性能相同的应变片，应变片接成对称差动电桥。

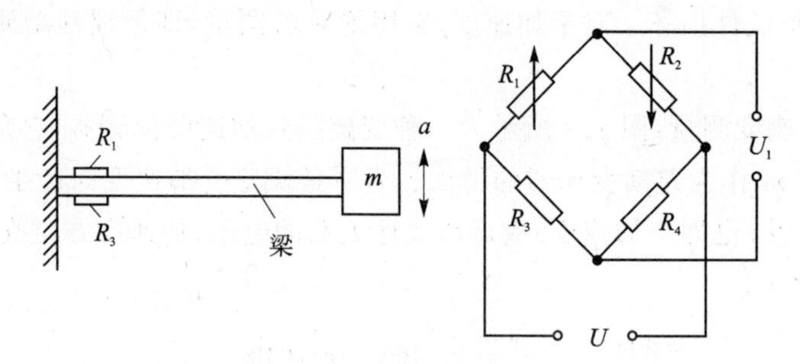

图 1.5　应变式加速度传感器原理示意图

1.2　力和转矩的测量

1.2.1　力的测量

质量、时间和位移是基本的测量量纲，而力是导出量。力的测量在机械工程领域的应用非常普遍，如机械加工中的切削力测量。力的测量可分为直接测量和间接测量，也可分为机械测量和传感器测量。

直接测量力需要将结构沿垂直力、传递力分成两部分，以便安装已校准的力传感器，如图 1.6(a)所示。这样会给试验结构带来一定的影响，安装力传感器必须满足试验结构的强度和刚度要求。传感器测量范围必须大于被测量的过程力。这种安装方法的一个主要优点是不需考虑力的作用点，总是可以准确、线性完美地测量力。

如需测量很大的力或测量结构不能分解成两部分，必须测量部分力，则需使用间接测量法。传感器安装在力的分流道中合适的位置，并与测试结构坚固结合，因此它只能测量部分力，如图 1.6(b) 所示。部分力的大小取决于传感器安装的方式。这种安装方法的优点在于对已有结构的改动较小，只需要量程较小的传感器。一旦传感器安装后，需要对力进行现场校准，确定这种测量方式下的灵敏度。

力的测量大多是借助于传感器来进行的。测力传感器的种类繁多，如电阻应变片式、半导体应变片式、压阻式、电感式、电容式及谐振式等。其中应用较为广泛的是电阻应变片式传感器，下面主要介绍这类传感器。

电阻应变片是一种将被测件上的应变变化转换成为一种电信号的敏感器件。它是电阻应变片传感器的主要组成部分之一。电阻应变片应用最多的是金属电阻应变片和半导体应变片两种。金属电阻应变片又有丝状应变片和金属箔状应变片两种。通常是将应变片通过特殊的粘合剂紧密地粘合在产生力学应变基体上，当基体受力发生应力变化时，电阻应变片也一起产生形变，使应变片的阻值发生改变，从而使加在电阻上的电压发生变化。这种应变片在受力时产生的阻值变化通常较小，一般这种应变片都组成应变电桥，并通过后续的仪表放大器进行放大，再传输给处理电路(通常是 A/D 转换器和 CPU)显示或执行机构。

1. 电阻应变片的内部结构

如图 1.7 所示，是电阻应变片的结构示意图，它由基体材料、金属电阻应变丝或应变箔、绝缘保护片和引出线等部分组成。根据不同的用途，电阻应变片的阻值可以由设计者设计。注意电阻的取值范围：阻值太小，所需的驱动电流太大，同时应变片的发热致使本身的温度过高，不同的环境中使用，使应变片的阻值变化太大，输出零点漂移明显，调零电路过于复杂；而电阻太大，阻抗太高，抗外界的电磁干扰能力较差。一般为几十欧至几十千欧左右。

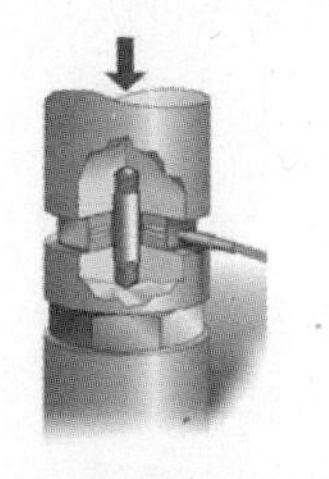

(a) 直接法测力

(b) 间接法测力

图 1.6　直接法与间接法测力示意图

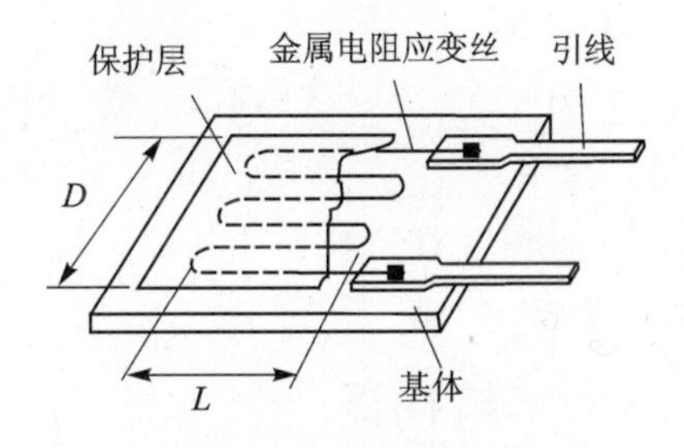

图 1.7　电阻应变片结构示意图

2. 电阻应变片的工作原理

金属电阻应变片的工作原理是利用粘合在基体材料上应变电阻随机械形变而产生阻值变化的现象，俗称为电阻应变效应。金属导体的电阻值可用下式表示：

$$R = \rho L / S \tag{1.8}$$

式中：ρ 为金属导体的电阻率，$\Omega \cdot cm^2/m$；S 为导体的截面积，cm^2；L 为导体的长度，m。

以金属丝应变电阻为例，当金属丝受外力作用时，其长度和截面积都会发生变化，从上式中可很容易看出，其电阻值即会发生改变，假如金属丝受外力作用而伸长时，其长度增加，而截面积减小，电阻值便会增大。当金属丝受外力作用而压缩时，长度缩小而截面积增加，电阻值则会减小。只要测出电阻的变化(通常是测量加在电阻两端的电压)，即可获得应变金属丝的应变情况。

1.2.2 转矩的测量

使机械元件转动的力矩或力偶称为转动力矩,简称转矩。转矩的测量对于传动部件的结构和强度设计、机械系统动力消耗的控制等都有重要意义。

转矩的测量方法可以分为平衡力法、能量转换法和传递法。其中传递法涉及的转矩测量仪器种类最多,应用也最广泛。

(1) 平衡力法及平衡力类转矩测量装置:匀速运转的动力机械或制动机械,在其机体上必然同时作用着与转矩大小相等、方向相反的平衡力矩。通过测量机体上的平衡力矩(实际上是测量力和力臂)来确定动力机械主轴上工作转矩的方法称为平衡力法。

平衡力法转矩测量装置又称作测功器,一般由旋转机、平衡支承和平衡力测量机构组成。按照安装在平衡支承上的机器种类,可分为电力测功器、水力测功器等。平衡支承有滚动支承、双滚动支承、扇形支承、液压支承及气压支承等。平衡力测量机构有砝码、游码、摆锤、力传感器等。

平衡力法直接从机体上测转矩,不存在从旋转件到静止件的转矩传递问题;但它仅适合测量匀速工作情况下的转矩,不能测动态转矩。

(2) 能量转换法:依据能量守恒定律,通过测量其他形式能量如电能、热能参数来测量旋转机械的机械能,进而求得转矩的方法即能量转换法。从方法上讲,能量转换法实际上就是对功率和转速进行测量的方法。能量转换法测转矩一般在电机和液机方面有较多的应用。

(3) 传递法:传递法是指利用弹性元件在传递转矩时物理参数的变化与转矩的对应关系来测量转矩的一类方法。因常用弹性元件为扭轴,故传递法又称扭轴法。根据被测物理参数的不同,此类转矩测量仪器有多种类型。在现代测量中,转矩测量仪的应用最为广泛。

1.3 常用传感器及其原理

本节介绍几种在机械设计基础课程实验中最常用的传感器,包括编码器、光栅尺、转速转矩传感器等。

1.3.1 编码器

编码器又称脉冲发生器(PG),它是一种直接用数字代码表示角位移及线位移的检测器。编码器有回转型和直线型,从原理上有光电式、电刷式和磁感应式,目前使用较多的为光电式编码器。

1. 回转型光电编码器

这种编码器有单码盘式、双码盘式。单码盘式具有结构简单、使用方便等优点。图1.8为单码盘式四位光电编码器工作原理,光源透过两个透镜将光线变为平行光照射到码盘上,并通过透光板的光孔输出细光束照射到光电管上,经过光电管把光信号变成电信号输出,即把码盘转角的模拟量转换成相应的代码(如二进制代码等),所得的代码经过码转换器输送到控制系统进行处理。编码器输出的代码信息是位置或位移,所谓位置是指规定坐标系中的坐标值,即到固定原点的距离(或角度)。输出绝对位置的编码器称为绝对型编码器(Adsolute Encoder),而只能输出位移量的编码器叫增量型编码器(Incremetal Encoder)。图1.9为绝对型光电编码器之一例，它使用具有多通道的二进制码盘，码盘的绝对角位置由各列通道的“明”（透光）、“暗”（不透光）部分组成的二进制数表示，通道越多分辨力越高。最常用的是格雷二进制码盘，如图 1.10 所示。其特点是在从一个计数状态变到下一个计数状态的过程中，只有一位码改变，因此在格雷码盘的译码器中，不会产生竞争冒险现象，即不易误读，与纯二进制码相比，误读误差最小。

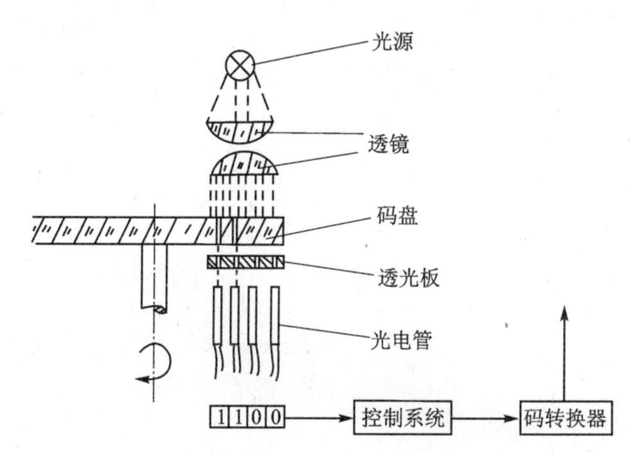

图 1.8　单码盘式四位光电编码器工作原理

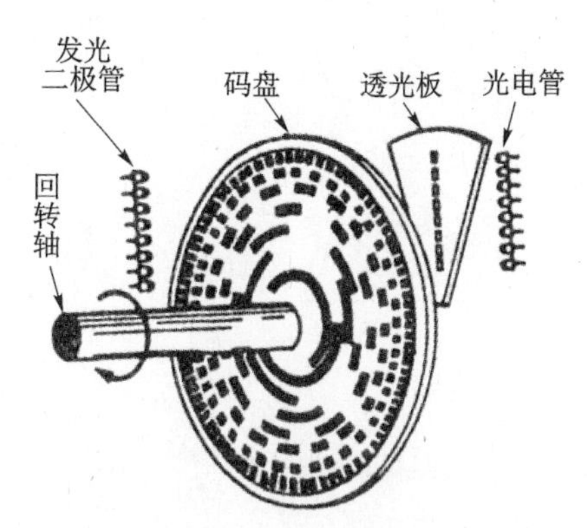

图 1.9　绝对型光电编码器

图 1.11 为光电式增量型回转编码器的码盘示意图。这种码盘有两个通道（即两列窄缝——黑色部分）A 与 B，其相位差 90°，相对于一定的转角得到一个脉冲。为了规定旋转原点，设置以原点定位用零脉冲 Z 窄缝，每转一周获得一个脉冲。判断旋转方向可在 B 输出的上升沿看 A 的状态。如果 A 为“1”状态，则是向正方向；而 A 为“0”状态，则为负方向。增量型编码器与可逆计数器组合，用于数字伺服机构。

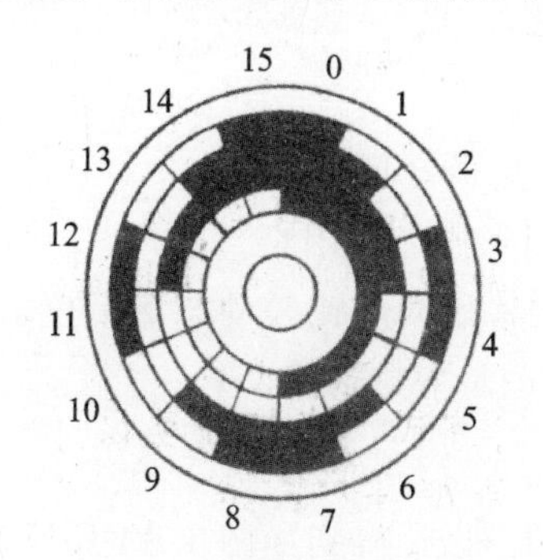

图 1.10　格雷二进制码盘

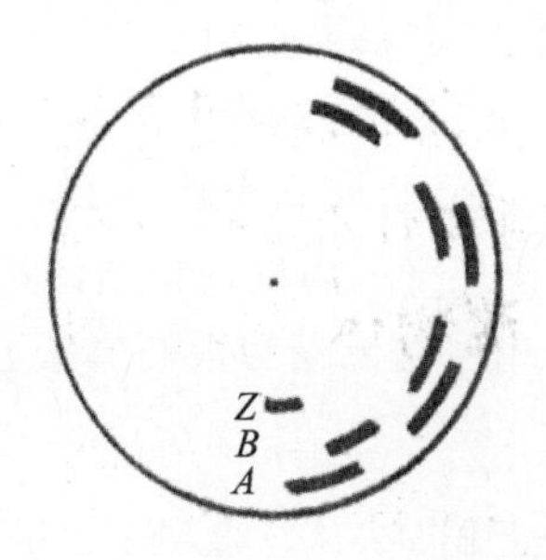

图 1.11　增量型回转编码器的码盘

2. 直线型光电编码器

图 1.12 为直线型光电编码器原理。它由准直透镜将光源（发光二极管或灯泡）发出的光变成平行光，透过主尺上的窄缝刻度，再经扫描透光板照射到光电转换器件（光电二极管）上。扫描透光板的透光玻璃窗上的刻度节距与主尺窄缝刻度节距相同，但与主尺刻度相错一个节距，这样透过玻璃窗的全部光量就呈正弦波变化。玻璃窗的宽度（一般为数十到数百个节距）越宽，同时可看到的窄缝刻度就越多，刻度的节距误差和窄缝宽度误差就可以平均化，从而可提高信噪比（S/N）。

1.3.2 光栅式传感器

利用光栅的摩尔条纹现象进行精密测量的光栅称为计量光栅。计量光栅分为长光栅(即光栅尺)和圆光栅两种,前者用于检测长度,后者用于检测角度。

光栅尺构成原理如图1.13所示。它由衍射主尺和检测扫描副尺组成,主尺安装在执行机构运动部件上,光源可透过主尺上的透光窄缝。检测扫描副尺(固定)相对于衍射主尺倾斜一很小角度,用以产生莫尔条纹,将主尺的位移量扩大成莫尔条纹的移动后,再进行检测,并变成二进制代码输出。

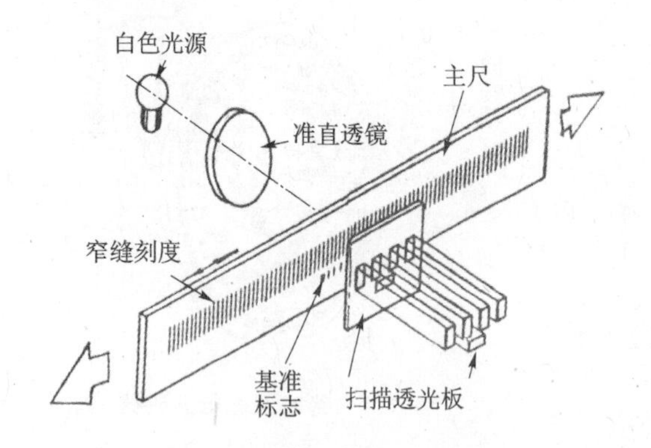

图1.12 直线型光电编码器

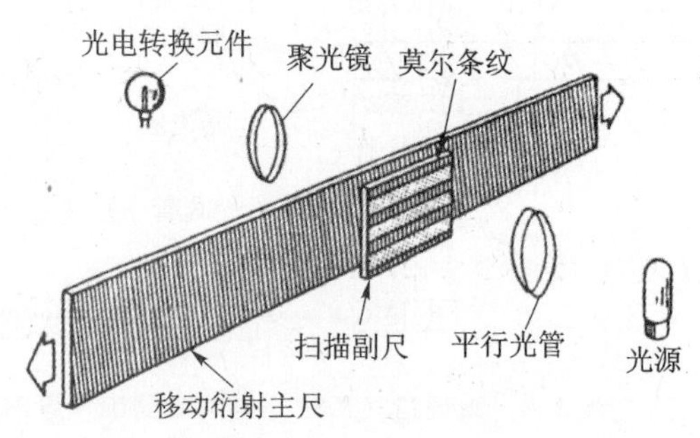

图1.13 光栅尺构成原理

1. 光栅式传感器的特点

(1) 精度高。测长度,精度可高达0.5～3 μm(3 000 mm范围内),分辨力可达0.1 μm;测角度,精度可达0.15″,分辨力可达0.1″,甚至更高。

(2) 可用于大量程测量兼有高分辨力。

(3) 可实现动态测量,易于实现测量及数据处理的自动化。

(4) 具有较强的抗干扰能力,主要适合于实验室和环境较好的车间使用。

(5) 高精度光栅制作成本高,目前制作超过1 m的大量程光栅尚有困难。

(6) 光栅式传感器可用于长度和角度的精密计量仪器、位移量同步比较动态测量仪器,以及高精度机床上的线位移和角位移测量和数控机床上的位移测量等。

2. 工作原理

在玻璃尺或玻璃盘上进行长刻线(一般8～12 mm)的密集刻划,得到如图1.14所示的黑白相间且间隔细小的条纹,就是光栅。

光栅上栅线的宽度为a,线间宽度为b,一般取$a=b$,而$W=a+b$,W称为光栅栅距。两块栅距相等的光栅,刻线面相对(中间有很小间隙),且两光栅栅线之间有很小的夹角θ,将光栅放置在图1.15(a)所示的光路中,则在近似垂直于栅线方向上显现出比栅距宽得多的明暗相间的条纹,这就是莫尔条纹。相邻两莫尔条纹的间距为$B \approx W/\theta$。若当两光栅在栅线垂直方向相对移动一个栅距W,莫尔条纹则在平行栅线方向移动一个莫尔条纹距离B,即光通量分布曲线变化一个周期,如图1.15(b)所示,光电元件输出的电信号变化一个周期。图1.15(a)中,标尺光栅类似刻线尺,也称主光栅,指示光栅只取一小块和主光栅构成光栅副。

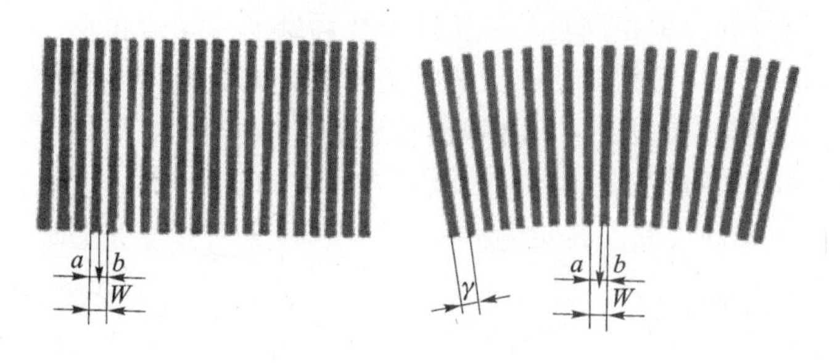

图 1.14　光栅栅线

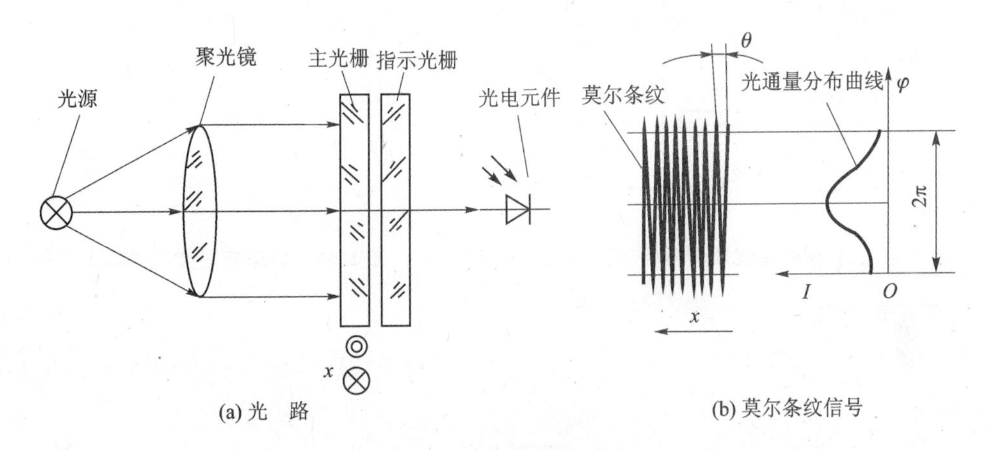

图 1.15　光栅尺测量原理图

1.3.3　JC 型转矩转速传感器

JC 型转矩转速传感器属磁电式相位差传感器，通过弹性轴、两组磁电信号发生器，把被测转矩、转速转换成具有相位差的两组交流电信号。这两组交流电信号的频率相同且与轴的转速成正比，而且其相位差的变化部分也与被测转矩成正比。

JC 型转矩转速传感器的工作原理如图 1.16 所示。在弹性轴的两端安装有两只信号齿轮，在两齿轮的上方各装有一组信号线圈，在信号线圈内均装有磁钢，与信号齿轮组成磁电信号发生器。当信号齿轮随弹性轴转动时，由于信号齿轮的齿顶及齿谷交替周期性地扫过磁钢的底部，使气隙磁导产生周期性的变化，在两个信号线圈中感生出两个近似正弦变化的电势 u_1、u_2。当转矩转速传感器受扭后，这两个感应电势分别为

$$u_1 = U_m \sin z\omega t \tag{1.9}$$

$$u_2 = U_m \sin(z\omega t + z\theta) \tag{1.10}$$

式中：U_m 为感应电动势最大值，V；t 为时间，s；z 为齿轮齿数；ω 为轴的角速度，rad/s；θ 为两个信号齿轮间的偏转角度，rad。

θ 角由两部分组成，一部分是齿轮的初始偏差角 θ_0；另一部分是由于受转矩 T 后弹性轴变形而产生的偏角 $\Delta\theta = K_1 T$。因此

$$u_2 = U_m \sin(z\omega t + z\theta_0 + zK_1 T) \tag{1.11}$$

式中：K_1 为轴的弹性系数；T 为作用于弹性轴的转矩。

这两组交流电信号的频率相同且与齿轮的齿数和轴的转速成正比,因此可以用来测量转速。这两组交流电信号之间的相位与其安装的相对位置有关,这一相位差一般称为初始相位差。在设计制造时,其相位差为180°。当弹性轴承受扭转矩时,产生变形,从而使两组交流电信号之间的相位差发生$\Delta\phi$的变化,如图1.17所示。在弹性变形范围内,$\Delta\phi$与$\Delta\theta$成正比,也就是正比于转矩值,由此即可测出转矩大小。

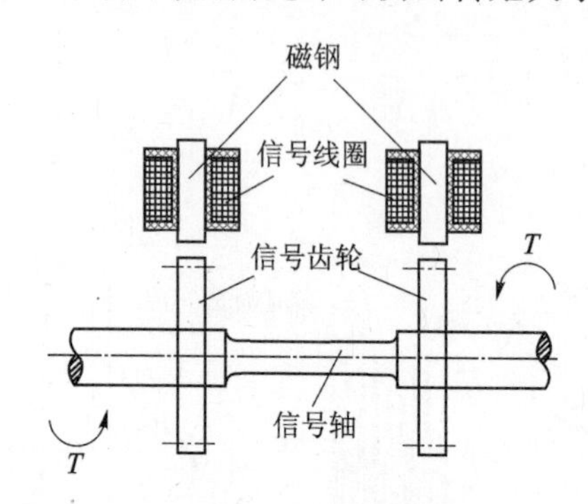

图1.16 JC型转矩转速传感器工作原理

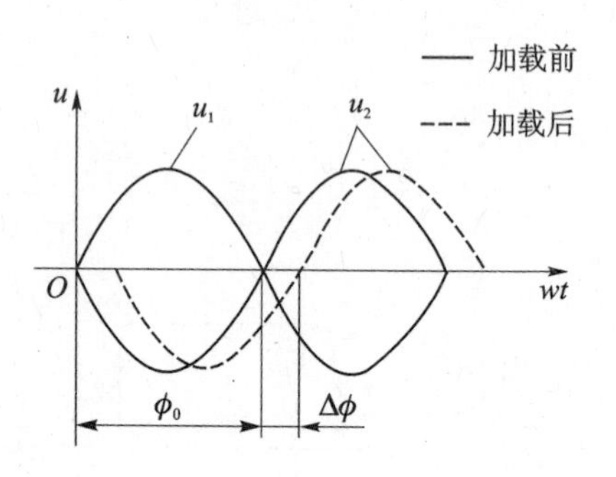

图1.17 转速转矩传感器输出信号

1. 转速的测量

设转矩转速传感器信号齿轮的齿数为z,每秒钟转矩转速传感器输出的脉冲数为f,则转速n(r/min)为

$$n = 60f/z \tag{1.12}$$

2. 转矩的测量

设转矩转速传感器信号齿轮的齿数为z,若要其输出的两路信号的初始相位差为$\Delta\phi_0 = 180°$,则两信号齿轮安装时需要错开$360°/2z$。

当弹性轴承受转矩时,将产生扭转变形,于是在安装齿轮的两个断面之间相对转动$\Delta\theta$,两信号齿轮的错位角变为$360°/2z+\Delta\theta$,从而使两组交流电信号之间的相位差变为

$$\phi = z(360°/2z + \Delta\theta) = 180° + z\Delta\theta \tag{1.13}$$

则两组交流电信号之间的相位差的增量为

$$\Delta\phi = \phi_0 - \phi = + z\Delta\theta \tag{1.14}$$

由材料力学知,在弹性形变范围内,转角$\Delta\theta$与转矩成正比,即

$$\Delta\theta = K_1 T \tag{1.15}$$

式中T为作用于弹性轴的转矩,K_1为轴的弹性系数。所以,

$$\Delta\phi = \pm zK_1 T = KT \tag{1.16}$$

式中K为比例系数,$K=\pm zK_1$。

因此,测出两组交流电信号之间的相位的增量即可测量出对应的转矩大小。

3. 转矩转速传感器的机械结构

图1.18所示是JC型转矩转速传感器机械结构图。其结构与图1.16所示工作原理图的差别是:为了提高测量精度及信号幅值,两端的信号发生器是由安装在弹性轴上的外齿轮、安装在套筒内的内齿轮、固定在基座内的导磁环、磁钢、线圈及导磁支架组成封闭的磁路。其中,外齿轮、内齿轮的齿数相同且互相脱开。套筒的作用:当弹性轴的转速较低或者不转时,通过

传感器顶部的小电机及齿轮或带传动套筒，使内齿轮反向转动，提高了内、外齿轮之间的相对转速，保证了转矩测量的精度。

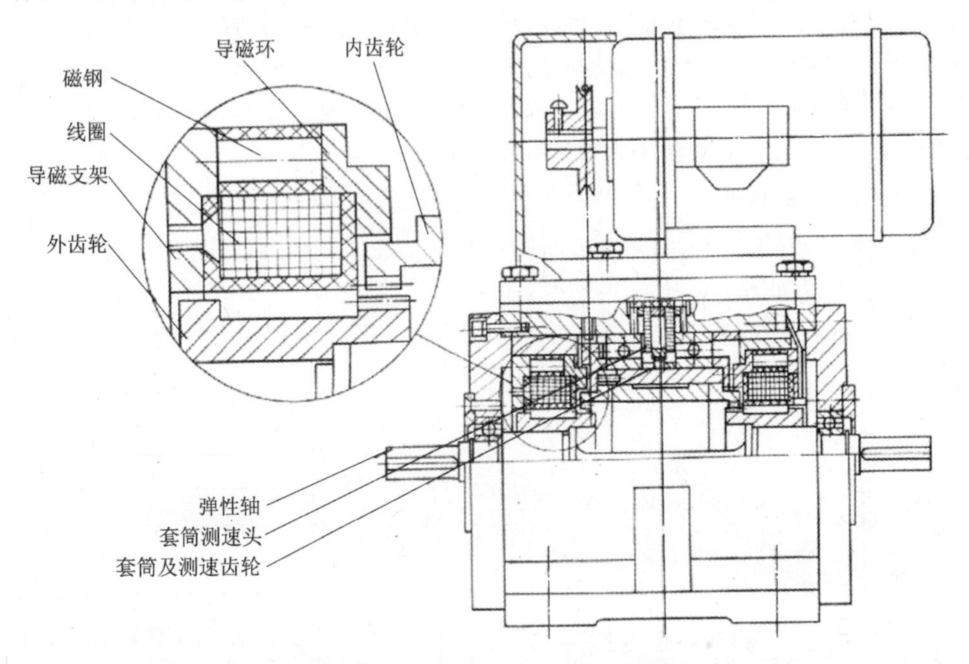

图 1.18　JC 型转速转矩传感器机械结构

1.3.4　磁粉制动器

1. 基本结构

磁粉制动器是根据电磁原理和利用磁粉传递转矩的，它具有励磁电流和传递转矩基本呈线性关系、响应速度快、结构简单等优点，是一种多用途、性能优良的自动控制元件，也是各种机械制动、加载的理想装置。磁粉制动器的结构简图如图 1.19 所示。

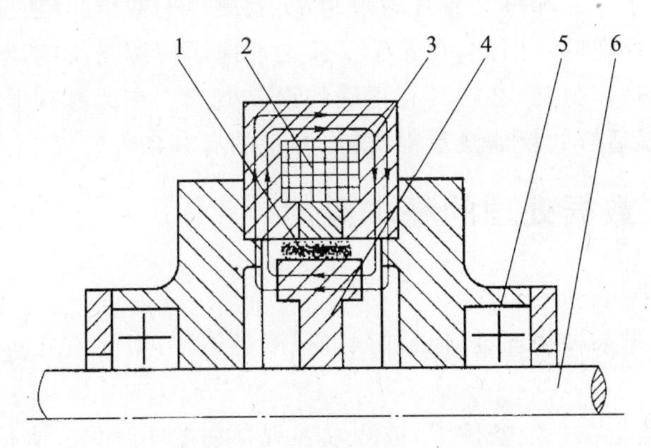

1—磁粉；2—线圈；3—定子；4—转子；5—轴承；6—转轴

图 1.19　磁粉制动器的结构简图

在定子与转子间隙中填入磁粉，当励磁线圈未通电时，磁粉主要附在定子表面；而当励磁线圈接通直流电时，产生磁通，使磁粉立即沿磁通连接成链状，这时磁粉之间的结合力和磁粉

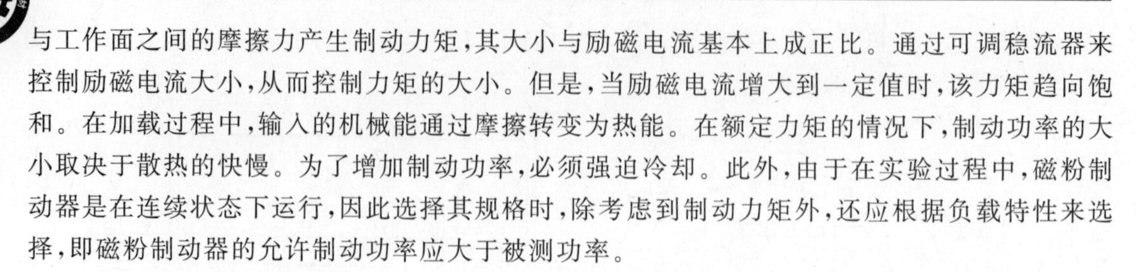

与工作面之间的摩擦力产生制动力矩,其大小与励磁电流基本上成正比。通过可调稳流器来控制励磁电流大小,从而控制力矩的大小。但是,当励磁电流增大到一定值时,该力矩趋向饱和。在加载过程中,输入的机械能通过摩擦转变为热能。在额定力矩的情况下,制动功率的大小取决于散热的快慢。为了增加制动功率,必须强迫冷却。此外,由于在实验过程中,磁粉制动器是在连续状态下运行,因此选择其规格时,除考虑到制动力矩外,还应根据负载特性来选择,即磁粉制动器的允许制动功率应大于被测功率。

2. 磁粉制动器的特性

(1) 励磁电流-转矩特性:励磁电流与转矩基本呈线性关系,通过调节励磁电流可以控制力矩的大小,其特性如图1.20所示。

(2) 转速-转矩特性:转矩与转速无关,保持定值。静力矩和动力矩没有差别,其特性如图1.21所示。

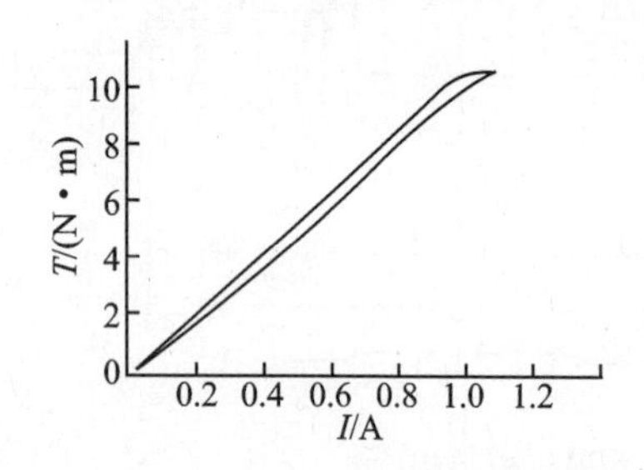

图1.20 励磁电流-转矩特性曲线

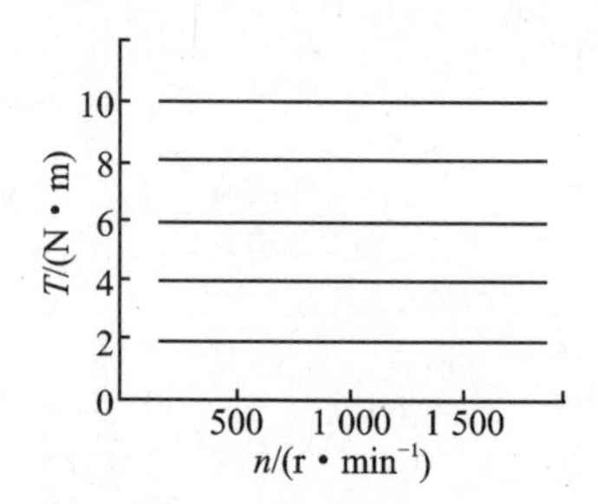

图1.21 转速-转矩特性曲线

1.4 误差分析与数据处理

在机械设计实验研究工作中,一方面要拟定实验的方案,选择一定精度的仪器和适当的方法进行测量;另一方面必须将测得的数据加以整理归纳、科学地分析,并寻求被研究体系变量间的关系规律。但由于仪器和感觉器官的限制,实验测得的数据只能达到一定程度的准确,实验测量的误差总是会存在的。因此,在着手实验之前应了解测量所能达到的准确度,并在实验后合理地进行数据处理。另外,必须具有正确的误差概念。在此基础上通过误差分析,寻找适当的实验方法,选择最适合的仪器及量程,得出测量的有利条件。

1.4.1 有关数据处理的基本概念

1. 真值和平均值

通过测量仪器测量某种物理量,仪器所示值(测量值)与实际值之间存在的差别就是误差:$\Delta=|测量值-真值|$。

真值即真实值,是指在一定条件下,被测量客观存在的实际值。真值在不同场合有不同的含义。

理论真值:也称绝对真值,如平面三角形三个内角之和恒为180°。

规定真值:国际上公认的某些基准量值,如1982年国际计量局召开的米定义咨询委员会提出新的米定义为"米等于光在真空中1/299 792 458 s时间间隔内所经路径的长度"。这个

米基准就当作计量长度的规定真值。

相对真值:计量器具按精度不同分为若干等级,上一等级的指示值即为下一等级的真值,此真值称为相对真值。例如,在力值的传递标准中,用二等标准测力计校准三等标准测力计,此时二等标准测力计的指示值即为三等标准测力计的相对真值。

对于被测物理量,真值通常是个未知量,由于误差的客观存在,真值一般是无法测得的。

测量次数无限多时,根据正负误差出现的概率相等的误差分布定律,在不存在系统误差的情况下,它们的平均值极为接近真值。故在实验科学中真值的定义为无限多次观测值的平均值。

但实际测定的次数总是有限的,由有限次数求出的平均值,只能近似地接近于真值,可称此平均值为最佳值(或可靠值)。

常用的平均值有下面几种:

设 $x_1,x_2,\cdots,x_n$ 为各次的测量值,n 代表测量次数。

(1) 算术平均值,这种平均值最常用。

$$\bar{x}=\frac{x_1+x_2+\cdots+x_n}{n}=\frac{\sum_{i=1}^{n}x_i}{n} \tag{1.17}$$

(2) 均方根平均值

$$\bar{x}_{均方}=\sqrt{\frac{x_1^2+x_2^2+\cdots+x_n^2}{n}}=\sqrt{\frac{\sum_{i=1}^{n}x_i^2}{n}} \tag{1.18}$$

(3) 几何平均值

$$\bar{x}_{几何}=\sqrt[n]{x_1\cdot x_2\cdots x_n}=\sqrt[n]{\prod_{i=1}^{n}x_i}' \tag{1.19}$$

(4) 加权平均值

$$\bar{x}_{加权}=\frac{w_1x_1+w_2x_2+\cdots+w_nx_n}{n}=\frac{\sum_{i=1}^{n}w_nx_i}{n} \tag{1.20}$$

2. 误差的产生

1) 系统误差

系统误差是由某些固定不变的因素引起的,这些因素影响的结果永远朝一个方向偏移,其大小及符号在同一组实验测量中完全相同。实验条件一经确定,系统误差就是一个客观上的恒定值,多次测量的平均值也不能减弱它的影响,误差随实验条件的改变按一定规律变化。

产生系统误差的原因有以下几方面:

(1) 测量仪器方面的因素,如仪器设计上的缺陷,刻度不准,仪表未进行校正或标准表本身存在偏差,安装不正确等。

(2) 环境因素,如外界温度、湿度、压力等引起的误差。

(3) 测量方法因素,如近似的测量方法或近似的计算公式等引起的误差。

(4) 测量人员的习惯和偏向或动态测量时的滞后现象等,如读数偏高或偏低所引起的误差。

针对以上情况,分别改进仪器和实验装置,以及提高测试技能,对系统误差予以解决。

2)随机误差

它是由某些不易控制的因素造成的。

在相同条件下作多次测量,其误差数值是不确定的,时大时小,时正时负,没有确定的规律,这类误差称为随机误差或偶然误差。这类误差产生的原因不明,因而无法控制和补偿。

若对某一量值进行足够多次的等精度测量,就会发现随机误差服从统计规律。这种规律可用正态分布曲线表示,如图1.22所示。

正态分布具有以下特点:

(1)正态分布曲线对称,以平均值为中心。

(2)当x为平均值时,曲线处于最高点;当x向左右偏离时,曲线逐渐降低,整个曲线呈中间高、两边低的形状。

(3)曲线与横坐标轴所围成的面积等于1。

随着测量次数的增加,随机误差的算术平均值趋近于零,所以多次测量结果的算术平均值将更接近于真值。

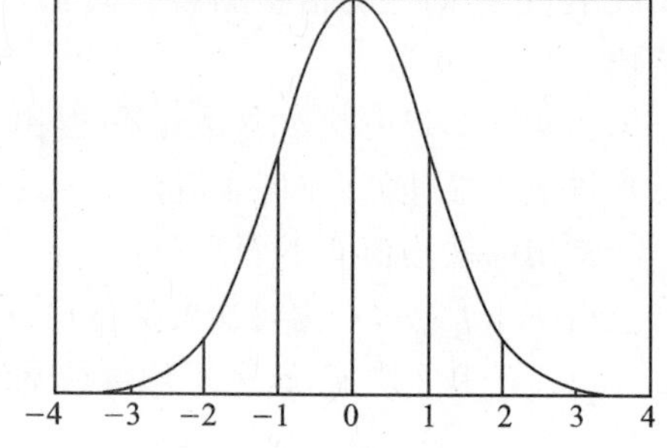

图1.22 正态分布曲线

3)过失误差

过失误差是一种与实际事实明显不符的误差,过失误差明显地歪曲试验结果。误差值可能很大,且无一定的规律。它主要是由于实验人员粗心大意、操作不当造成的,如读错数据、记错、计算错误或操作失误等。

在测量或实验时,只要认真负责是可以避免这类误差的。存在过失误差的观测值在实验数据整理时应该剔除。

误差的分布规律:在一组条件完全相同的重复试验中,个别的测量值可能会出现异常。如测量值过大或过小,这些过大或过小的测量数据是不正常的,或称为可疑的。对于这些可疑数据应该用数理统计的方法判别其真伪,并决定取舍。常用的方法有拉依达法。

当试验次数较多时,可简单地用3倍标准偏差(3σ)作为确定可疑数据取舍的标准。当某一测量数据(x_i)与其测量结果的算术平均值($\bar{x}$)之差大于3倍标准偏差时,用公式表示为

$$|x_i-\bar{x}|>3\sigma \tag{1.21}$$

则该测量数据应舍弃。

取3σ的理由是:根据随机变量的正态分布规律,在多次试验中,测量值落在$x-3\sigma$与$x+3\sigma$之间的概率为99.73%,出现在此范围之外的概率仅为0.27%。也就是在近400次试验中才能遇到一次,这种事件为小概率事件,出现的可能性很小,几乎是不可能的。因而在实际试验中,一旦出现,就认为该测量数据是不可靠的,应将其舍弃。

3. 精密度和准确度

测量的质量和水平可以用误差概念来描述,也可以用准确度来描述。为了指明误差的来源和性质,可分为精密度和准确度。

精密度:在测量中所测得的数值重现性的程度。它可以反映随机误差的影响程度,随机误差小,则精密度高。

准确度:测量值与真值之间的符合程度,反映了测量中所有系统误差和随机误差的综合。

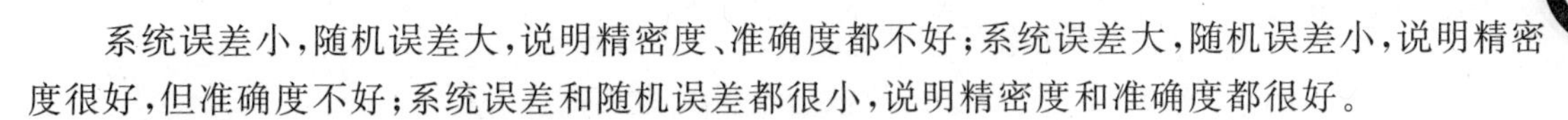

系统误差小，随机误差大，说明精密度、准确度都不好；系统误差大，随机误差小，说明精密度很好，但准确度不好；系统误差和随机误差都很小，说明精密度和准确度都很好。

根据误差表示方法的不同，有绝对误差和相对误差。

1）绝对误差

绝对误差是指实测值与被测之量的真值之差：

绝对误差＝观察值－真值

对于多次测量的结果，使用平均误差的概念：

$$\bar{d} = \frac{\sum_{i=1}^{n} | x_i - \bar{x} |}{n} \tag{1.22}$$

绝对误差能表示测量的数值是偏大还是偏小以及偏离程度，但不能确切地表示测量所达到的准确程度。

2）相对误差

相对误差是指绝对误差与被测真值（或实际值）的比值，相对误差＝绝对误差/真值×100％，即

$$d = \frac{\bar{d}}{\overline{X}} \times 100\% \tag{1.23}$$

同样对于多次测量，相对误差不仅表示测量的绝对误差，而且能反映出测量时所达到的精度。用数理统计方法处理实验数据时，常用标准误差（均方根误差）来衡量精密度。

1.4.2　实验数据处理

1. 实验数据的记数法和有效数字

实验测量中所使用的仪器仪表只能达到一定的精度，因此测量或运算的结果不可能也不应该超越仪器仪表所允许的精度范围。

有效数字只能具有一位可疑值。例如：用最小分度为 1 cm 的标尺测量两点间的距离，得到 9 140 mm、914.0 cm、9.140 m、0.009 140 km，其精确度相同，但由于使用的测量单位不同，小数点的位置就不同。

有效数字的表示应注意非零数字前面和后面的零。0.009 140 km 前面的三个零不是有效数字，它与所用的单位有关。非零数字后面的零是否为有效数字，取决于最后的零是否用于定位。

例如：由于标尺的最小分度为 1 cm，故其读数可以到 1 mm（估计值），因此 9 140 mm 中的零是有效数字，该数值的有效数字是四位。

用指数形式记数，如：9 140 mm 可记为 9.140×10^3 mm，0.009 140 km 可记为 9.140×10^{-3} km。

有效数字的运算规则：

（1）加、减法运算。有效数字进行加、减法运算时，各数字小数点后所取的位数与其中位数最少的相同。

（2）乘、除法运算。两个量相乘（相除）的积（商），其有效数字位数与各因子中有效数字位数最少的相同。

(3) 乘方、开方运算。其结果可比原数多保留一位有效数字。

(4) 对数运算。对数的有效数字的位数应与其真数相同。

在所有计算式中,常数 π 和 e 的数值的有效数字位数,认为无限制,需要几位就取几位。表示精度时,一般取一位有效数字,最多取两位有效数字。

由于使用计算器计算数据,并不关心中间数据的取舍,主要在于最后结果的数据取舍。

数值取舍规则(有时称之为"四舍六入五留双")。常用的"四舍五入"的方法对数值进行取舍,得到的均值偏大,而用上述的规则,进舍的状况具有平衡性,变大的可能性与变小的可能性是一样的。

2. 实验数据处理的方法

实验数据中各变量间关系的表示方法可分为列表法、图示法和经验公式法。列表法是将实验数据制成表格。它显示了各变量间的对应关系,反映出变量之间的变化规律,是进一步处理数据的基础。图示法是将实验数据绘制成曲线,它直观地反映变量之间的关系,而且为整理成数学模型(方程式)提供了必要的函数形式。经验公式法是借助于数学方法将实验数据按一定函数形式整理成方程,即数学模型。

1) 列表法

在科学试验中,首先要将一系列测量数据列成表格,然后再进行其他的处理。表格法简单方便,但如果要进行深入的分析,表格法就不能胜任了。首先,尽管测量次数相当多,但它不能给出所有的函数关系;其次,从表格中不易看出自变量变化时函数的变化规律,而只能大致估计出函数是递增的、递减的或是周期性变化的等。列成表格是为了表示出测量结果,或是为了以后的计算方便,同时也是图示法和经验公式法的基础。

表格有两种:一种是数据记录表,另一种是结果表。

数据记录表是该项试验检测的原始记录表,它包括的内容应有试验检测目的、内容摘要、试验日期、环境条件、检测仪器设备、原始数据、测量数据、结果分析以及参加人员和负责人等。

结果表只反映试验检测结果的最后结论,一般只有几个变量之间的对应关系。试验检测结果表应力求简明扼要,能说明问题。

列表法的基本要求:

(1) 应有简明完备的名称、数量、单位和因次。

(2) 数据排列整齐(小数点),注意有效数字的位数。

(3) 选择的自变量如时间、温度、浓度等,应按递增排列。

(4) 如需要,将自变量处理为均匀递增的形式,这需找出数据之间的关系,用拟合的方法处理。

2) 图示法

图示法的最大优点是一目了然,即从图形中可非常直观地看出函数的变化规律,如递增性或递减性,是否具有周期性变化规律等,也可从图上获得如最大值、最小值,作出切线,求出曲线下包围的面积等。但是,从图形上只能得到函数的变化关系,而不能进行数学分析。

图示法的基本要点:

(1) 在直角坐标系中绘制测量数据的图形时,应以横坐标为自变量,纵坐标为对应的函数量。

(2) 坐标纸大小与分度的选择应与测量数据的精度相适应。分度过粗时,影响原始数据的有效数字,绘图精度将低于试验中参数测量的精度;分度过细时会高于原始数据的精度。坐标分度值不一定自零起,可用低于试验数据的某一数值作为起点和高于试验数据的某一数值作为终点,曲线以基本占满全幅坐标纸为宜,直线应尽可能与坐标轴成 45°角。横坐标与纵坐标的实际长度应基本相等。

(3) 坐标轴应注明分度值的有效数字名称和单位,必要时还应标明试验条件。坐标的文字书写方向应与该坐标轴平行,在同一图上表示不同数据时应该用不同的符号加以区别。

(4) 实验点的标示可用各种形式,如点、圆、矩形、叉等,但其大小应与其误差相对应。

(5) 曲线平滑方法。由于每一个测点总存在误差,按带有误差的各数据所描的点不一定是真实值的正确位置。根据足够多的测量数据,完全有可能作出一光滑曲线。决定曲线的走向应考虑曲线应尽可能通过或接近所有的点,顾及所绘制的曲线与实测值之间误差的平方和最小,此时曲线两边的点数接近于相等。

作图完成后,可以通过图形进行进一步的分析和处理了。

3) 经验公式法

测量数据不仅可用图形表示出数据之间的关系,而且可用与图形对应的一个公式(解析式)来表示所有的测量数据。当然,这个公式不可能完全准确地表达全部数据,因此,常把与曲线对应的公式称为经验公式,在回归分析中则称之为回归方程。

把全部测量数据用一个公式来代替,不仅有紧凑扼要的优点,而且可以对公式进行必要的数学运算,以研究各自变量与函数之间的关系。

根据一系列测量数据,如何建立公式,建立什么形式的公式,这是首先需要解决的问题。

所建立的公式能正确表达测量数据的函数关系,往往不是一件容易的事情,在很大程度上取决于试验人员的经验和判断能力,而且建立公式的过程比较烦琐,有时还要多次反复才能得到与测量数据更接近的公式。

建立公式的步骤大致可归纳如下:

(1) 描绘曲线。用图示法把数据点描绘成曲线。

(2) 对所描绘的曲线进行分析,确定公式的基本形式。如果数据点描绘的基本上是直线,则可用一元线性回归方法确定直线方程;如果数据点描绘的是曲线,则要根据曲线的特点判断曲线属于何种类型。判断时可参考现成的数学曲线形状加以选择。

(3) 曲线化直。如果测量数据描绘的曲线未被确定为某种类型的曲线,则应尽可能地将该曲线方程变换为直线方程,然后按一元线性回归方法处理。

(4) 确定公式中的常量。代表测量数据的直线方程或经曲线化直后的直线方程表达式为 $y=a+bx$,可根据一系列测量数据用各种方法确定方程中的常量 a 和 b。

(5) 检验所确定公式的准确性,即用测量数据中自变量值代入公式计算出函数值,看它与实际测量值是否一致。如果差别很大,说明所确定的公式基本形式可能有错误,则应建立另外形式的公式。

如果测量曲线很难判断属于何种类型,则可按多项式回归处理。

4) 回归分析的基本原理和方法

若两个变量 x 和 y 之间存在一定的关系,并通过试验获得 x 和 y 的一系列数据,用数学处理的方法得出这两个变量之间的关系式,这就是回归分析,也称拟合。所得关系式称为经验

公式,或称回归方程、拟合方程。

如果两变量 x 和 y 之间的关系是线性关系,则称为一元线性回归或称直线拟合;如果两变量之间的关系是非线性关系,则称为一元非线性回归或称曲线拟合。

这里只介绍一元线性回归的原理和方法,对于非线性拟合的方法在“Matlab 处理实验数据”中介绍。

直线拟合即是找出 x 和 y 的函数关系式 $y=a+bx$ 中的常数 a,b。通常粗略一点可用作图法、平均值法,准确的作法是采用最小二乘法计算,或应用计算机软件处理。

(1) 作图法:把实验点绘到坐标纸上,根据实验点的情况画出一条直线,尽量让实验点与此直线的偏差之和最小,然后在图上得到直线的斜率 b 和截距 a。计算斜率的值要尽可能从直线两端点求得。这种方法显然有相当的随意性。

(2) 平均值法:当有 6 个以上比较精密的数据时,结果比作图法好。

将实验数据代入方程 $y_i=a+bx_i$,把这些方程尽量平均地分为两组,每组中各方程相加成一个方程,最后成一个二元一次方程组,可解得 a 和 b。

(3) 最小二乘法计算:这是最准确的处理方法,其根据是残差平方和最小。这种方法需要 7 个以上的数据,计算量比较大。

残差平方和:

$$S=\sum_{i=1}^{n}[(bx_i+a)-y_i]^2 \tag{1.24}$$

则

$$\frac{\partial S}{\partial a}=2b\sum_{i=1}^{n}x_i^2+2a\sum_{i=1}^{n}x_i-2\sum_{i=1}^{n}y_ix_i=0 \tag{1.25}$$

$$\frac{\partial S}{\partial b}=2b\sum_{i=1}^{n}x_i+2an-2\sum_{i=1}^{n}y_i=0 \tag{1.26}$$

由此二式联立,可解出:

$$b=\frac{\sum_{i=1}^{n}x_i\sum_{i=1}^{n}y_i-n\sum_{i=1}^{n}x_iy_i}{\left(\sum_{i=1}^{n}x_i\right)^2-n\sum_{i=1}^{n}x_i^2} \tag{1.27}$$

$$a=\frac{\sum_{i=1}^{n}x_iy_i\sum_{i=1}^{n}x_i-\sum_{i=1}^{n}y_i\sum_{i=1}^{n}x_i^2}{\left(\sum_{i=1}^{n}x_i\right)^2-n\sum_{i=1}^{n}x_i^2} \tag{1.28}$$

将实验数据代入上二式,得出 x 和 y 的关系。

(4) 计算机软件应用。随着计算机的广泛使用,用计算机处理数据已是必然的趋势。实现最小二乘法的程序和软件已经广泛运用于数据处理中,现在比较常用的是 Excel 和 Matlab 通用软件,也有的使用专用的实验数据处理程序。数据处理与图形的结合使实验数据处理变得非常方便,而且获得的结果更为客观,有良好的界面。对于不易变换为线性关系的实验数据,也能很方便地用多项式拟合出解析式,以便于进一步处理,或得出经验公式。

第二章　机械设计基础实验常用仪器设备

在这一章中，主要介绍机械设计基础实验常用仪器和设备的组成、结构原理等。此外，还重点介绍了自行建设和开发的新型实验设备和仪器。

2.1　螺栓连接实验台

2.1.1　螺栓连接实验台的功能

该设备可以用于确定受翻转力矩的螺栓组连接中各螺栓的受力规律与其相对刚度系数的关系，从而验证螺栓组连接受力分析理论。

螺栓连接实验台如图2.1所示。

图2.1　螺栓连接实验台

2.1.2　螺栓连接实验台的组成

1. 机械结构组成

实验台主要由螺栓组连接、加载装置和测试仪器组成。螺栓组连接是由十个均匀排列为两行的螺栓将支架11和机座12连接而构成；加载装置由两级杠杆13和14组成，砝码力G经过杠杆增大而作用在支架悬臂端上，使连接接触面受到横向力和翻转力矩的作用。翻转力矩为

$$M = PL = (iG + G_0)L \tag{2.1}$$

式中：P为作用在支架悬臂端的力，$P = iG + G_0$；i为杠杆比，$i = 100$；L为支架翻转力臂，$L = 200$ mm；G为砝码盘重力，N。

LST-1螺栓连接实验台结构简图如图2.2所示。

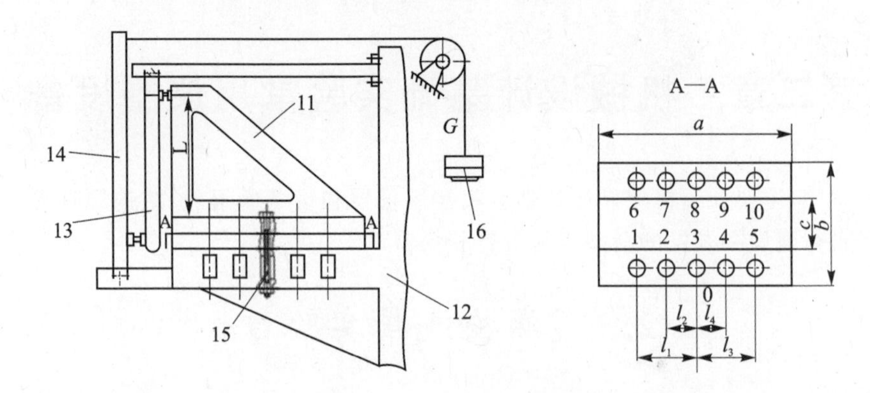

1～10—试验螺栓;11—支架;12—机座;13—杠杆;14—第二杠杆;15—电阻应变片;16—砝码

图 2.2　LST－1 螺栓连接实验台结构简图

2. 控制部分

用电阻应变片测量每个螺栓的应变值,再计算其上的拉力。

3. 操作部分

用扳手拧紧螺母,给每个螺栓施加预紧力和工作力;通过切换预调平衡箱旋钮,从电阻应变仪读出每个螺栓的应变值,进一步算出螺栓的工作力。

2.1.3　螺栓连接实验台的工作原理

图 2.3 是一种常见的受拉螺栓组连接结构及其受力图。承受力 P 的支架用 10 个螺栓固定(预紧)在机座上。将力 P 向连接接触面上螺栓组的形心(即所有螺栓截面积的形心)简化,可以看出连接所受的载荷有两种:沿 x 轴作用在接触面的横向力 P 和绕 y 轴使支架翻转的力矩 $M=PL$。在设计这种连接时,应满足接触面不分开、不压溃、不滑动和螺栓不拉断的要求。

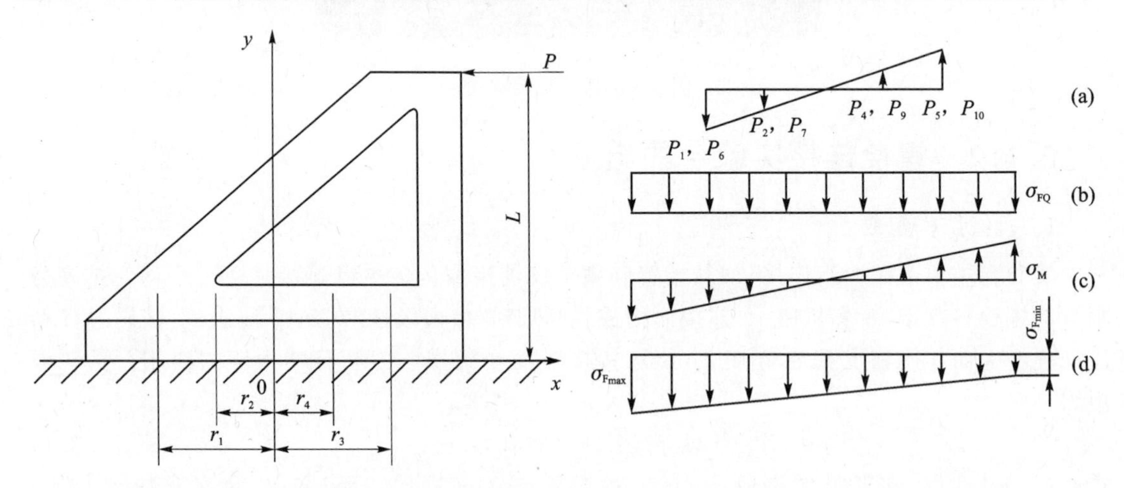

图 2.3　螺栓组连接受力分析

当连接被预紧时,预紧力 Q_P 将引起被连接件的压缩变形,因此接触面的挤压应力分布如图 2.3(b)所示。挤压应力为

$$\sigma_{Q_P} = \frac{ZQ_P}{A} \tag{2.2}$$

在翻转力矩 M 作用下，接触面的挤压应力分布如图 2.3(c)所示。两端挤压应力为

$$\sigma_M = \frac{M}{W} \tag{2.3}$$

保证接触面右端受压最小处不分开的条件为

$$\sigma_{P_{\min}} = \frac{ZQ_P}{A} - \frac{M}{W} \geqslant 0 \tag{2.4}$$

式中：Q_P 为每个螺栓的预紧力，N；Z 为螺栓数目，$Z=10$；A 为支架与机座的接触面积，$A=a(b-c)$，mm^2；W 为支架接触面的抗弯截面模量，mm^3。

$$W = \frac{a^2(b-c)}{6} \tag{2.5}$$

将 $M=PL$ 和 A、W 等式代入式(2.4)并简化得

$$Q_P \geqslant K_f \frac{6PL}{Za} \tag{2.6}$$

式中：K_f 为可靠性系数，通常取 $K_f=1.1 \sim 1.3$。预紧力 Q_P 也应满足支架不滑动的要求。

螺栓的工作拉力可根据支架静力平衡和变形协调条件求得。假设在 M 作用下接触面仍保持为平面，并且支架底板有绕轴线 O—O 翻转的趋势。此时，O—O 右侧的螺栓在 M 的作用下进一步受拉，螺栓拉力增大；O—O 左侧的螺栓则被放松，螺栓上的拉力减小。螺栓受力分布如图 2.3(a)所示。

由支架静力平衡条件得

$$M = PL = F_1\gamma_1 + F_2\gamma_2 + \cdots + F_x\gamma_x \tag{2.7}$$

式中：$F_1, F_2, \cdots, F_x$ 为各螺栓所受的工作拉力；$\gamma_1, \gamma_2, \cdots, \gamma_x$ 为各螺栓中心至轴线 O—O 的距离。

根据螺栓变形的协调条件，各螺栓的拉伸变形量与该螺栓距轴线 O—O 的距离成正比，即

$$\frac{F_1}{\gamma_1} = \frac{F_2}{\gamma_2} = \cdots = \frac{F_x}{\gamma_x} \tag{2.8}$$

由式(2.7)和式(2.8)可得任一螺栓的工作拉力为

$$F_i = \frac{PL\gamma_i}{\gamma_1^2 + \gamma_2^2 + \cdots + \gamma_x^2} \tag{2.9}$$

根据受轴向载荷紧螺栓连接的受力理论，螺栓总拉力不仅与预紧力 Q_P、工作拉力 F_i 有关，而且与螺栓的刚度 C_b 和被连接件的刚度 C_m 有关。

轴线 O—O 右侧螺栓总拉力为

$$Q = Q_P + F_i \frac{C_b}{C_b + C_m} \tag{2.10}$$

由此得螺栓的工作拉力为

$$F_i = (Q - Q_P)\frac{C_b + C_m}{C_b} \tag{2.11}$$

轴线 O—O 左侧螺栓总拉力为

$$Q = Q_P - F_i \frac{C_b}{C_b + C_m} \tag{2.12}$$

由此得螺栓的工作拉力为

$$F_i = -(Q - Q_P)\frac{C_b + C_m}{C_b} \tag{2.13}$$

式中$\frac{C_b}{C_b+C_m}$为螺栓相对刚度系数,它的大小与螺栓及被连接件的材料、尺寸和结构有关,其数值如表2.1所列。

表2.1 螺栓相对刚度系数值

被连接件间垫片材料	C_b/C_b+C_m
金属垫片(或无垫片)	0.2～0.3
皮革垫片	0.7
铜皮石棉垫片	0.8
橡胶垫片	0.9

2.1.4 螺栓连接实验台主要技术参数

螺栓连接实验台主要技术参数如下:

(1) 螺栓中段直径 d=6 mm。

(2) 螺栓预紧时应变值 $\varepsilon'=500\mu\varepsilon$。

(3) 最大加载砝码力 G=22 N。

(4) 杠杆比 i=100。

(5) 支架翻转力臂长 L=200 mm。

(6) 支架接触面尺寸:A=160 mm,B=105 mm,C=55 mm,r_1=60 mm,r_2=30 mm。

2.2 带传动实验台

带传动实验台如图2.4所示。

图2.4 带传动实验台

2.2.1　带传动实验台的功能

了解带传动实验台的结构及工作原理；观察带传动中的弹性滑动及打滑现象；了解改变预紧力对带传动能力的影响；掌握转矩转速的基本测量方法；绘制带传动滑动曲线和效率曲线。

2.2.2　带传动实验台的组成

实验台由主动、从动、负载、操纵控制及测试仪表五部分组成，如图 2.5 所示。

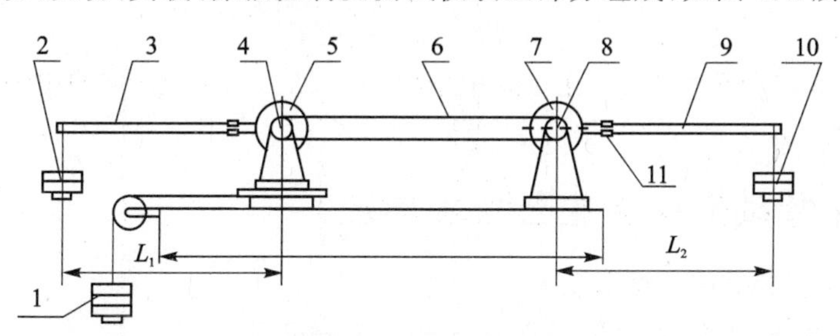

1,2,10—砝码；3,9—杠杆；4—主动带轮；5—直流电动机；6—传动带
7—直流发电机；8—从动带轮；11—拉铊

图 2.5　带传动实验台结构简图

1. 机械结构组成

(1) 主动部分包括 355 W 直流电动机 5、主轴上的主动带轮 4 及带预紧力装置。电动机及其主动带轮一起安装在可左右直线滑动的平台上，平台与带预紧力装置相连。在砝码 1 重力的作用下经导向滑轮，可使套在主动带轮 4 和从动带轮 8 上的传动带 6 张紧而产生预紧力 F_0。改变砝码 1 的重力，就可改变传动带的预紧力 F_0。

(2) 从动部分包括 255 W 直流发电机 7 和其主轴上的从动带轮 8，发电机的输出与负载部分相连。

(3) 负载部分是由 9 只 40 W 灯泡组成的专用负载箱，灯泡可分级并接，以改变从动部分的负载。

2. 操作控制部分

(1) 操纵控制部分包括线路板、调速电位器、指示灯、保险丝等，用来控制电动机的启、停和变速。

(2) 测试仪表包括电动机及发电机的转速、转矩测试装置和仪表。

2.2.3　带传动实验台的工作原理

1. 转速测量

主动电动机的转速 n_1(r/min)和从动发电机的转速 n_2(r/min)要能同时测出，其有效数字要达到 4 位数。

2. 转矩的测量

电动机 5 和发电机 7 的定子都各用一对轴承和支架，支在各自的底座上，都能绕其轴线摆动。由于电动机或发电机的转子和定子间磁场的相互作用，其电磁力矩大小相等，方向相反。

对电动机来说,它的转子带动传动带转动产生工作转矩,同时电磁力矩使机壳(定子)翻转。对发电机来说,同样,它的转子被传动带驱动,而产生工作转矩,同时电磁力矩使机壳(定子)翻转。电动机定子和发电机定子的翻转力矩方向是相反的。

要测出电动机定子的翻转力矩,也就是测出电动机转子的工作转矩。发电机的情况也是如此。电动机主动轮上工作转矩(单位为N·m):

$$T_1 = G_1 \times L_1 + g \times l_1 \tag{2.14}$$

发电机从动轮上工作转矩(单位为N·m):

$$T_2 = G_2 \times L_2 + g \times l_2 \tag{2.15}$$

式中:G_1,G_2 为所加砝码重力,N;g 为拉铊重力,1.5 N;L_1,L_2 为测力杠杆长,0.35 m;l_1,l_2 为拉铊所在位置刻度,m。

2.2.4 带传动实验台主要技术参数

带传动实验台主要技术参数如下:

(1) 355 W直流电动机,主动轮转速0~1 500 r/min。

(2) 255 W直流发电机。

(3) 传动比 $i=1$。

(4) 负载部分是9只40 W灯泡。

(5) 张紧力1.5 kg。

2.3 滑动轴承实验台

2.3.1 滑动轴承实验台的功能

该实验台用于观察滑动轴承动压油膜形成过程与现象,测量和计算滑动轴承刚启动时的摩擦力矩与摩擦系数,以便建立摩擦力矩与摩擦系数的关系并绘制效率曲线。滑动轴承实验台如图2.6所示。

图2.6 滑动轴承实验台

2.3.2 滑动轴承实验台的组成

液体动力滑动轴承实验台结构示意图如图 2.7 所示，它由主轴 3、测试轴瓦 4、油箱 2 和动力系统、加载系统、力矩测试系统、压力测试系统以及机座等部分构成。

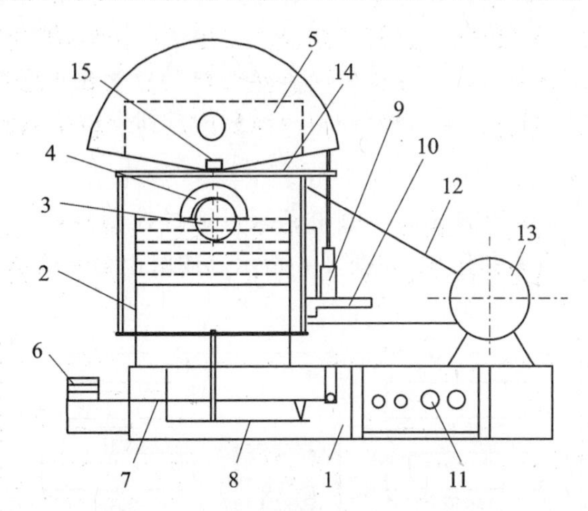

1—底座；2—油箱；3—主轴；4—测试轴瓦；5—接线盒；6—加载砝码；7,8—加载杠杆；9—测力传感器；10—支座；11—控制面板；12—V 形传动带；13—直流电机；14—测矩杠杆；15—复零螺钉

图 2.7　液体动力滑动轴承实验台结构示意图

2.3.3 滑动轴承实验台的工作原理

1. 工作原理

轴瓦 4 与测矩杠杆 14 连成一体压在轴上，直流电机 13 通过 V 型带 12 驱动轴 3 旋转。箱体内装有足够的润滑油，轴将润滑油带到轴与轴瓦之间。当轴不转动时，轴与轴瓦之间是不接触的。开始启动时，轴转速很低，轴与轴瓦之间处于半干摩擦状态。当轴的转速达到足够高时，在轴与轴瓦之间形成动压油膜，将它们完全隔开。当轴旋转时，由于摩擦力矩的作用，在测距杠杆 14 与支座 10 的触点处产生作用力 Q。设轴与轴瓦之间的摩擦力为 F(单位为 N)，根据力平衡条件，可得：

$$F \cdot d/2 = Q \cdot L \tag{2.16}$$

$$F = 2L \cdot Q/d$$

式中：d 为轴的直径(60 mm)；L 为测力杠杆的力臂长(160 mm)(轴中心距测矩杠杆触头一端的距离)。

而作用于轴瓦上的载荷 W(单位为 N)是由砝码通过加载杠杆系统 7、8 加上去的，它还包括加载系统和轴瓦的自重，故有：

$$W = iG + G_0 = 42.627G + 342\ \text{N}$$

式中：G 为砝码 6 的重力，N；G_0 为轴瓦、压力计等的自重力，为 342 N；i 为加载系统杠杆比，为 42.627。

因此轴与轴瓦之间的摩擦系数 f 可用下式计算：

$$f = F/W \tag{2.17}$$

而单位压力 q(单位为 MPa)可用下式计算:

$$q = W/(d \cdot B) \tag{2.18}$$

式中:B 为轴瓦宽度,mm。

在轴瓦宽度方向的中间,沿圆周均布7个直径为1 mm的小孔,每个小孔连接一个压力传感器。当轴的转速达到一定数值时,在杠杆系统上加适当的砝码,轴与轴瓦之间就会形成动压油膜,呈液体摩擦状态。此时,从压力显示器上就可看到滑动轴承沿圆周各点的径向油膜压力,记录下显示的压力值,选定一定比例尺,便可绘制出径向油膜压力的分布曲线。

2. 操作及控制部分

(1) 电机控制:安装在机座内部的控制电路板可通过控制面板上的电源开关和转速调节旋钮来控制电机的启动、调速和停机,如图2.8所示。同时由设在面板上的转速显示表直接显示出轴的转速。

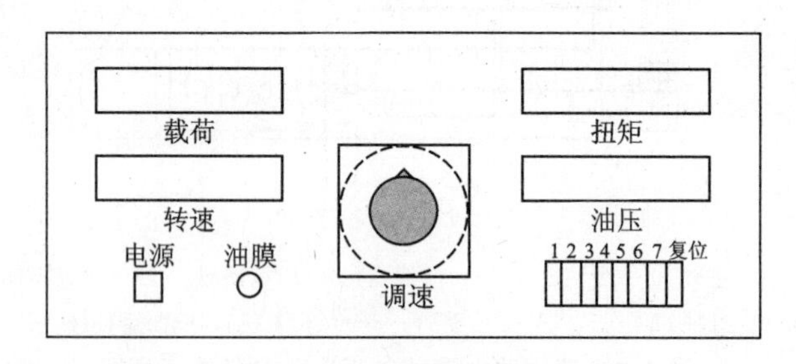

图2.8 实验台操作按钮

(2) 油膜压力:轴瓦上有7个径向小孔,每一个小孔相应都与一个压力传感器相连接,动压油膜形成后,由设在控制面板上的油膜压力及摩擦力矩数显示表来显示。它们是通过选择开关的1~7按键来切换的,可选择显示出轴瓦圆周各点的径向油膜压力。

2.3.4 滑动轴承实验台主要技术参数

滑动轴承实验台主要技术参数如下:

(1) 轴瓦:材料 ZQAL9-4;宽度 $B=75$ mm。

(2) 轴:材料45#钢;直径 $d=60$ mm。

(3) 电动机:型号130SZ02;额定功率 $P=355$ W;额定转速 $n=1\ 500$ r/min。

(4) V型带传动:0型;内周长 $L=1\ 120$ mm;根数 $Z=2$;中心距 $a=350$ mm;传动比 $i=3.175$。

(5) 润滑油:45号机油;粘度 $\eta=0.34$ Pa·s。

(6) 加力杠杆比:42.627。

(7) 测矩杠杆力臂长:$L=160$ mm。

2.4 动平衡实验台

2.4.1 动平衡实验台的功能

动平衡实验台被用来对转子进行动平衡实验。动平衡实验台有多种型号,但平衡的机理相同。下面简要介绍DPH-I智能动平衡实验系统,该实验台的组成如图2.9所示。

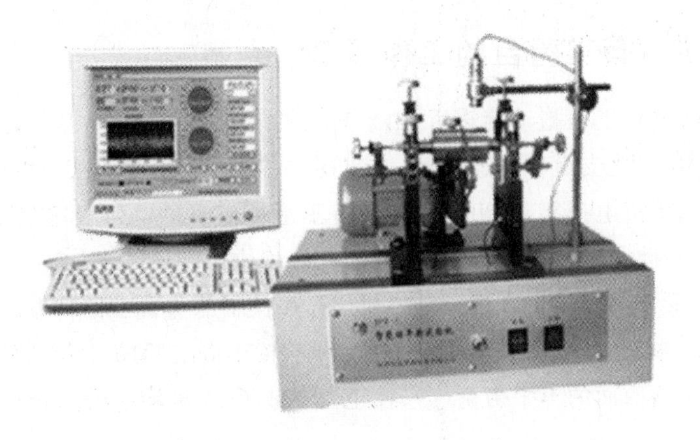

图 2.9　DPH－I 智能动平衡实验台

2.4.2　动平衡实验台的组成

1. 机械结构的组成

转子动平衡实验台机械结构的组成如图 2.10 所示。

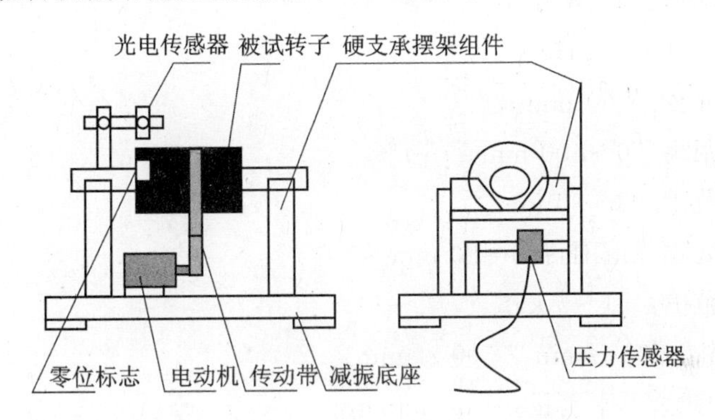

图 2.10　动平衡实验台机械结构的组成

2. 测试系统的组成

测试系统由计算机、数据采集器、高灵敏度有源压电力传感器和光电相位传感器等组成，如图 2.11 所示。

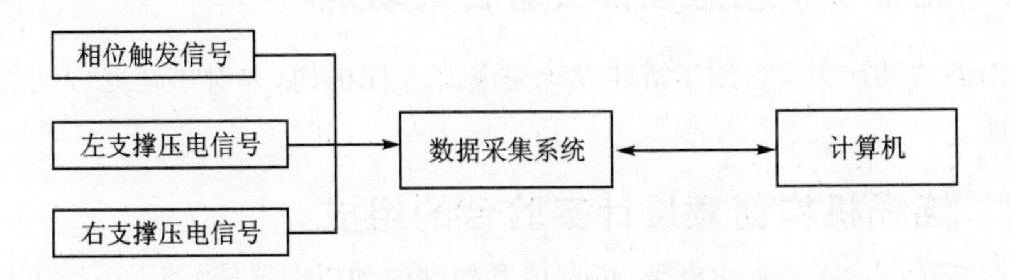

图 2.11　动平衡实验台测试系统的组成

2.4.3 动平衡实验台的工作原理

当被测转子在部件上被拖动旋转后，由于转子的中心惯性主轴与其旋转轴线存在偏移而产生不平衡离心力，迫使支承作强迫震动，安装在左右两个硬支撑机架上的两个有源压电力传感器感受此力而发生机电换能，输出两路包含有不平衡信息的电信号输出到数据采集装置的两个信号输入端；与此同时，安装在转子上方的光电相位传感器产生与转子旋转同频同相的参考信号，通过数据采集器输入计算机。计算机通过采集器采集此三路信号，由虚拟仪器进行前置处理，跟踪滤波，幅度调整，FFT变换等相关处理，校正面之间的分离解算，最小二乘加权处理等。最终算出左右两面的不平衡量(g)、校正角(°)以及实测转速(r/min)。

2.4.4 动平衡实验台主要技术参数

转子动平衡实验台的主要技术参数如下：

(1) 外形尺寸：500 mm×400 mm×460 mm。

(2) 质量：65 kg。

(3) 电机额定功率：120 W。

(4) 电源：AC 220 V/50 Hz。

(5) 工件最大外径：ϕ260 mm。

(6) 两支承间距离：50～400 mm。

(7) 支承轴径范围：ϕ3～30 mm。

(8) 圈带传动处轴径范围：ϕ25～80 mm。

(9) 工件质量范围：0.1～5 kg。

(10) 平衡转速：1 200 r/min，2 500 r/mim。

(11) 最小可达残余不平衡量：0.3g mm/kg。

(12) 一次减低率：≥90%。

2.5 连杆机构创意设计实验台

2.5.1 连杆机构创意设计实验台的功能

连杆机构创意设计实验台用于搭建设计完成的连杆机构，并对搭建完成的连杆机构进行运动功能验证。

2.5.2 连杆机构创意设计实验台的组成

连杆机构创意设计实验台由框架、可调位置的纵向和横向导轨、若干个滑块和系列连杆构件所组成，如图2.12所示。

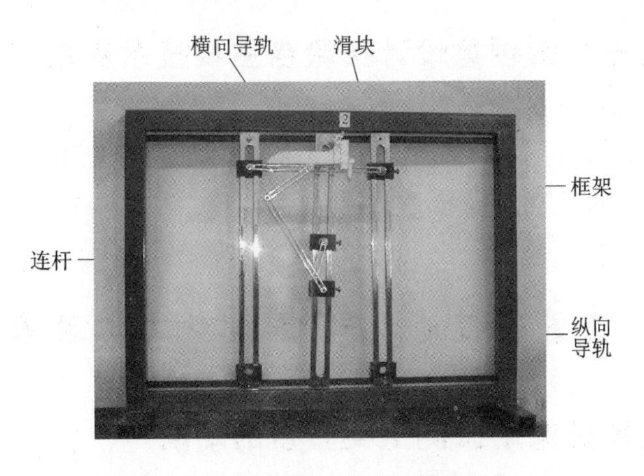

图 2.12　连杆机构创意设计实验台

2.5.3　连杆机构创意设计实验台的工作原理

根据设计完成的连杆机构运动简图，用此实验台来搭接出连杆机构的样机模型。例如飞机高度指示机构的设计与搭接。根据设计题目的要求，如图 2.13(a)所示，对机构进行选型和设计，得到如图 2.13(b)所示的设计结果后，应用连杆机构创意设计实验台搭建机构的模型，如图 2.13(c)所示。最后利用手动搭建的机构模型，验证设计的正确性和合理性。

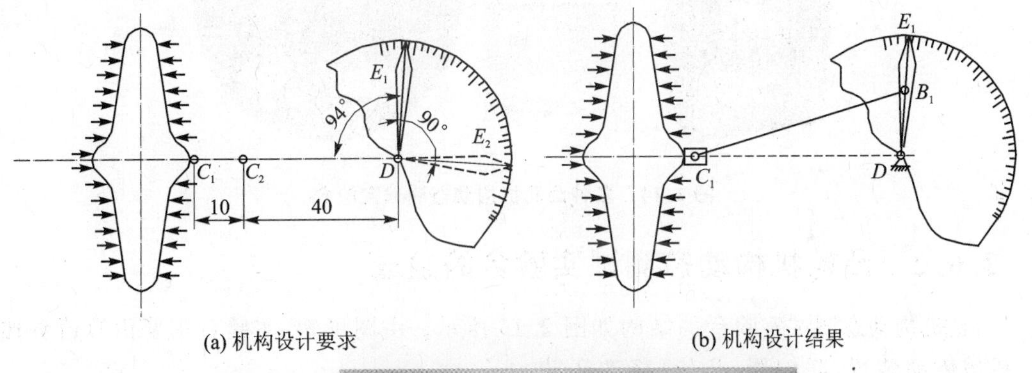

(a) 机构设计要求　　(b) 机构设计结果

(c) 搭建的机构实物模型

图 2.13　飞机高度指示机构的设计与实验搭建模型

2.5.4 连杆机构创意设计实验台主要技术参数

连杆机构创意设计实验台主要技术参数如下：

(1) 总体尺寸为1000 mm×300 mm×770 mm。

(2) 连杆的最大长度为340 mm。

(3) 连杆的最小长度为100 mm。

2.6 凸轮机构动态测试实验台

2.6.1 凸轮机构动态测试实验台的功能

本设备在通过多媒体软件对凸轮机构的运动参数进行设计的基础上，进行盘形凸轮机构中凸轮运动的速度波动测试与仿真，并对盘形凸轮机构中推杆的运动学参数及运动规律进行实测与仿真。

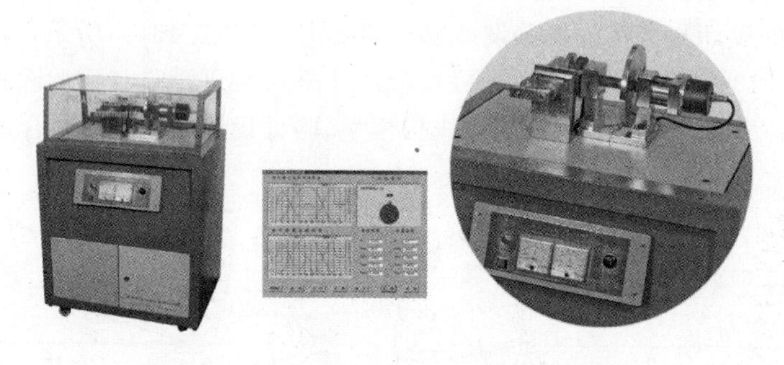

图2.14　多种凸轮机构动态测试实验台

2.6.2 凸轮机构动态测试实验台的组成

凸轮机构动态测试实验台的结构如图2.15所示。由图可知，实验台主要由直流调速电机、机械传动装置、联轴器、凸轮、移动从动杆、角位移传感器、线位移传感器、信号采集、转换、传输模块和计算机等组成。学生可以根据选择的实验项目，在台座上自主进行传动系统的实物配置、安装调试，搭接出不同的实验机构，并在此平台上进行机械传动的性能测试与分析，体验机械传动设计的基本原理与方法，掌握工程实践技能。

图2.15　凸轮机构动态测试实验台的结构

该实验台可将盘形凸轮机构改装为圆柱凸轮机构，因而可进行上述两种凸轮机构的测试实验。盘形凸轮机构的偏距可调节，飞轮质量可调节，使机构运动特性多样化。

盘形凸轮机构配有4个凸轮，共包含8种推、回程运动规律，一种滚子移动从动件。表2.2所列为实验凸轮明细表。

表 2.2　实验凸轮明细表

凸轮编号	推程运动规律	回程运动规律	偏距 e/mm
1	等速	改进等速	5
2	等加速等减速	改进梯形	5
3	改进正弦加速度	正弦加速度	0
4	五次多项式	余弦加速度	5
圆柱凸轮	改进等速	改进等速	0

2.6.3　凸轮机构动态测试实验台的工作原理

在机械传动系统中，凸轮机构可以用来实现按某种要求做规律性的相对运动，了解或掌握它们的结构特点和传动性能，是进行机械系统设计的基础。本实验针对移动滚子从动件盘形凸轮机构和移动滚子从动件圆柱凸轮机构进行机构结构分析与运动分析、速度波动的调节及其平衡等章节的教学，利用计算机仿真技术与实际机构动态测试相结合的实验手段，对机械原理课程的上述内容进行综合实验训练。

凸轮运动参数测试原理框图如图 2.16 所示。计算机利用实验台测试出的凸轮运动参数，如转速 n(r/min)、角位移 φ、线位移 s 等数据自动绘制出凸轮实测运动参数曲线，并以下述关系式自动绘制出理论曲线，通过计算机多媒体虚拟仪表显示其速度、加速度波形图，如凸轮等加速、等减速运动规律。

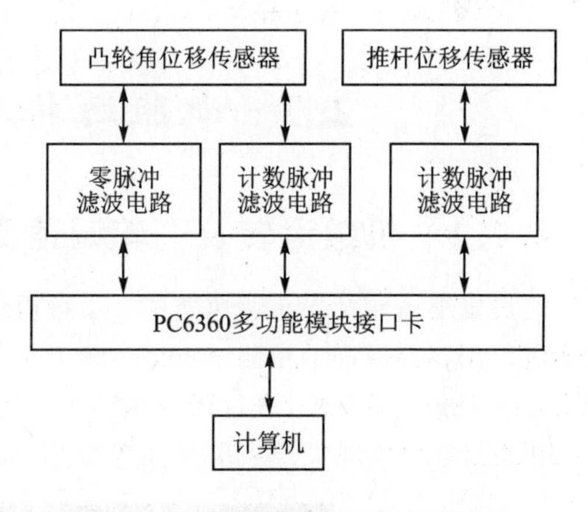

图 2.16　凸轮运动参数测试原理框图

根据从动件在一个运动行程中，起始与终点处的位移连续、速度连续以及等加速和等减速分配的要求建立边界条件，可得从动件在推程中等加速、等减速运动规律的方程为：

等加速段：

$$\left.\begin{aligned} s &= \frac{2h\phi}{\phi_2} \\ v &= \frac{4h\omega\varphi}{\varphi_2} \quad \left(0 \leqslant \varphi \leqslant \frac{\varphi}{2}\right) \\ a &= \frac{4h\omega^2}{\varphi_2} \quad \left(0 \leqslant \varphi \leqslant \frac{\varphi}{2}\right) \end{aligned}\right\} \tag{2.19}$$

等减速段：

$$\left.\begin{aligned}s&=h-\frac{2h(\varphi-\varphi_2)}{\varphi_2}\\v&=\frac{4h\omega(\varphi-\varphi_2)}{\varphi_2}\quad\left(\frac{\varphi}{2}\leqslant\varphi\leqslant\varphi\right)\\a&=\frac{4h\omega^2}{\varphi_2}\quad\left(\frac{\varphi}{2}\leqslant\varphi\leqslant\varphi\right)\end{aligned}\right\}\tag{2.20}$$

2.6.4 凸轮机构动态测试实验台主要技术参数

凸轮机构动态测试实验台主要技术参数如下：

(1) 盘形凸轮基圆 $r_0=40$ mm,滚子半径 $r_1=7.5$ mm,推杆升程 $h=15$ mm。

(2) 圆柱凸轮外径 $r_1=40$ mm,推杆升程 $h=15$ mm。

(3) 带减速器的直流伺服电机功率 90 W,转速可调(0～260 r/min)。

(4) 偏心距值 $e=5$ mm,凸轮质量 2.03 kg,凸轮转动惯量 1 000 kg mm^2。

(5) PIE-1000-R05E 光栅角位移传感器(5 V/1 000 脉冲/转)2 个。

(6) WYDC-25L 直线位移传感器 1 个,线性误差<0.5%。

(7) 配置:盘形凸轮 4 个(共包含八种运动规律),圆柱凸轮 1 个(共包含两种运动规律)。

(8) 外形尺寸 680 mm×480 mm×720 mm,质量 50 kg。

2.7 机组运转及飞轮调速实验台

2.7.1 机组运转及飞轮调速实验台的主要功能

通过机组运转及飞轮调速实验台了解机组稳定运转时速度出现周期性波动的原因和利用飞轮进行调速的原理。在测试机组运转工作阻力的基础上,掌握机器周期性速度波动的调节方法。在实验的基础上,进行飞轮的设计计算。

机组运转及飞轮调速实验台如图 2.17 所示。

图 2.17 机组运转及飞轮调速实验台

2.7.2　机组运转与飞轮调速实验台的组成及工作原理

1. 实验系统组成

如图 2.18 所示，本实验系统由以下部分组成：0～0.7 MPa 小型空气压缩机组（DS－II 型飞轮实验台）、主轴同步脉冲信号传感器（已安装在 DS－II 型飞轮实验台中）、半导体压力传感器（已安装在 DS－II 型飞轮实验台中）、实验数据采集控制器（DS－II 动力学实验仪）、计算机及相关实验软件。

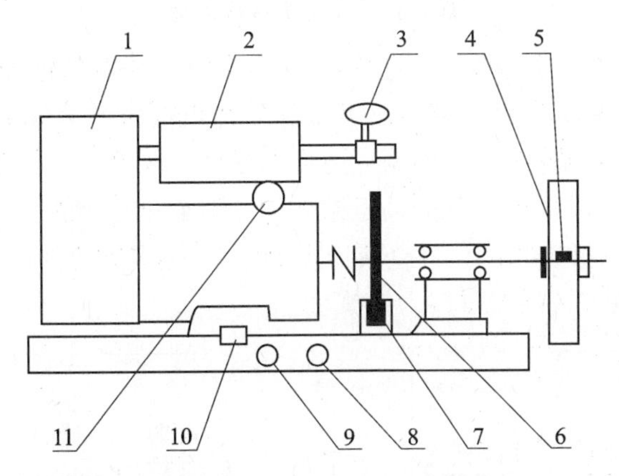

1—空压机；2—储气罐；3—出口阀门；4—飞轮；5—平键；6—分度盘片；7—同步脉冲信号传感器
8—同步脉冲传感器输出口；9—压力传感器输出口；10—动力开关；11—压力表

图 2.18　机组运转与飞轮调速实验台

2. DS－II 型动力学实验台

如图 2.18 所示，DS－II 型动力学实验台由空压机组、飞轮、传动轴、机座、压力传感器、主轴同步脉冲信号传感器等组成。压力传感器已经安装在空压机的压缩腔内，9 为其输出接口。同步脉冲发生器的分度盘 6（光栅盘）固装在空压机的主轴上，与主轴曲柄位置保持同步固定的关系，同步脉冲传感器的输出口为 8。开机时，改变储气罐压缩空气出口阀门 3 的大小，就可以改变储气罐 2 中的空气压强，因而也就改变了机组的负载，压强值可以从储气罐上的压力表 11 上直接读出。根据实验要求，飞轮 4 可以随时从传动轴上拆下或装上。

本实验台采用的压力传感器原理如图 2.19 所示，其敏感元件为半导体敏感器材（膜片），压敏部分采用一个 X 型电阻四端网络结构，替代由四个电阻组成的电桥结构。在气压的作用下，膜片产生变形，从而改变电桥的电阻值，输出与压强相对应的电压信号。常温情况下，在 5 V 供电电压时，相对于 0～700 MPa 的空气压强的输出电压为 0.2～4.5 V。实验数据采集控制器（DS－II 动力学实验仪）的机箱背后设有调节压力传感器输出增益的调节螺钉。

主轴同步脉冲信号传感器是光电式传感器，它将空压机主轴（曲柄）位置传送给实验数据采集系统。

3. DS－II 型动力学实验仪

DS－II 型动力学实验仪由单片机控制，完成气缸压强和同步数据的采集和处理，同时将采集的数据传送到计算机进行处理，其面板如图 2.20 所示。打开电源，指示灯亮，表示仪器已经通电。“复位”键是用来对仪器进行复位的。仪器的背面如图 2.21 所示，有两个 5 芯航空插

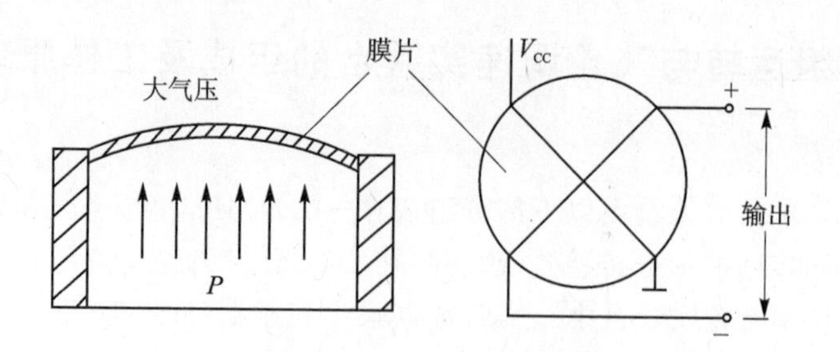

图 2.19 压力传感器原理

头,分别标明"压强输入"和"转速输入",将 DS-II 型动力学实验台的相应插头插入插座即可。标明"放大"字样的调节螺钉是用于调节压力传感器输出信号增益的。一般当空压机储气罐达到最大压力时(参见"系统标定")应控制压力传感器输出电压≤4.8 V,一般取 4.5 V 左右。输出电压可通过"压强输入"插座上方的端子来测量。背面上还有两个通信接口:一个是标准的 9 针 RS232 接口,用于仪器与计算机直接连接;另一个是多机通信口,将本仪器与多机通信转换器连接,通过多机通信转换器再接入计算机。

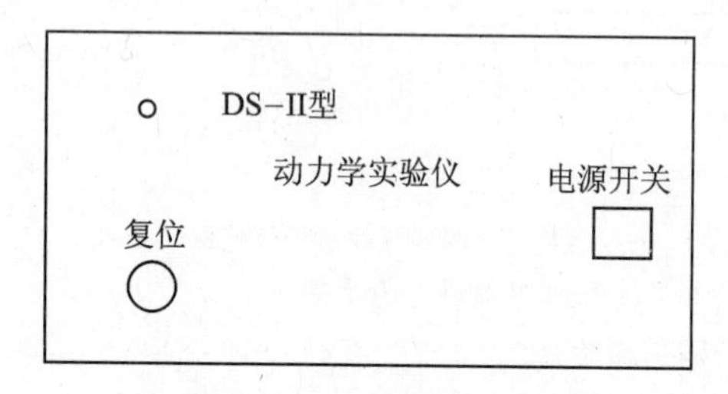

图 2.20 动力学实验仪面板

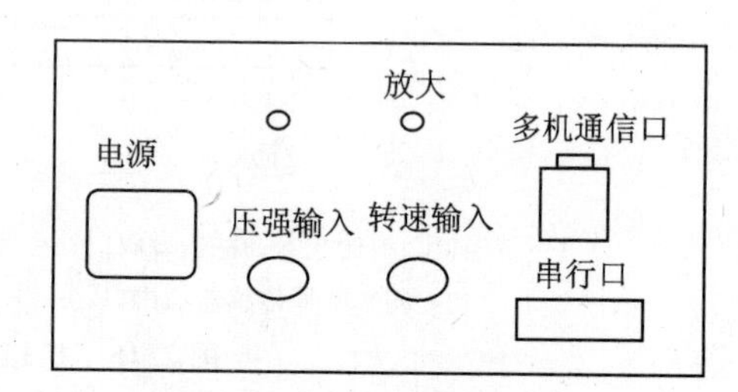

图 2.21 动力学实验仪背面

4. 实验台的工作原理

机器的运动规律是由各构件的质量、转动惯量和作用于各构件上的力等多方面因素决定的。作用在机器上力的大小、方向不断发生变化,导致了机器运动和动力输入轴(主轴)角速度的波动和驱动力矩的变化。机器主轴速度过大的波动,对机器完成其工艺过程是十分有害的,它可使机器产生振动和噪声,使运动副中产生过大的动负荷,从而缩短机器的使用寿命;然而这种波动大多是不可避免的,因此,应在设计中采取较经济的措施将过大的波动予以调节。为了将其速度限制在工作允许的范围内,需要在系统中安装飞轮。飞轮设计是机械动力设计中的重要内容之一。

由于等效力矩和等效转动惯量的周期性变化会引起速度的周期性波动,例如冲床工作时,冲头每冲一个零件,速度就波动一次。在波动的一个周期内,输入功和总耗功是相等的,因此机器的平均转速是稳定的;但在一个周期中,任一时间间隔中输入功和总耗功并不相等,所以瞬时速度又是变化的。这种速度波动的大小可用飞轮来控制。装置飞轮的实质就是增加机械的转动惯量,减少周期性速度波动的程度。

一般采用角速度的变化量和其平均角速度的比值来反映机械运转的速度波动程度。这个比值以 δ 表示,称为速度波动系数,或称速度不均匀系数。公式如下:

$$\delta = \frac{\omega_{\max} - \omega_{\min}}{\omega_m} \tag{2.21}$$

为了使所设计的机械系统在运转过程中的速度波动在允许的范围内，设计时保证 $\delta \leqslant [\delta]$。$[\delta]$为许用值。飞轮设计的关键是根据机械的平均角速度和允许的速度波动系数$[\delta]$来确定飞轮的转动惯量。从机械原理课程中已经知道，飞轮转动惯量的公式为

$$J_F \geqslant \frac{900[W]}{\pi^2 n^2 [\delta]} \tag{2.22}$$

式中：$[W]$是最大盈亏功(kJ)；n 是主轴转速(r/min)；$[\delta]$是允许的速度波动系数。飞轮的转动惯量确定后，就可以确定其各部分的尺寸了。飞轮按其结构可分为轮形和盘形两种。

(1) 轮形飞轮：轮形飞轮是最常用的飞轮。如图 2.22 所示，这种飞轮由轮毂、轮辐和轮缘三部分组成。由于与轮缘相比，其他两部分的转动惯量很小(仅 15％左右)，因此，一般可以略去不计。这样简化后，实际的飞轮转动惯量稍大于要求的转动惯量。若设飞轮外径为 D_1，轮缘内径为 D_2，轮缘质量为 m，则轮缘的转动惯量为

$$J_F = \frac{m}{8}(D_1^2 + D_2^2) \tag{2.23}$$

当轮缘厚度 H 不大时，可近似认为飞轮质量集中于其平均直径 D 的圆周上，于是得：

$$J_F \approx \frac{m}{4} D^2 \tag{2.24}$$

式中，mD^2 称为飞轮矩，其单位为 $kg \cdot m^2$。知道了飞轮的转动惯量 J_F，就可以求得飞轮矩。根据飞轮在机械中的安装空间，选择轮缘的平均直径 D 后，即可用式(2.24)计算飞轮的质量 m。若设飞轮宽度为 B(m)，轮缘厚度为 H(m)，平均直径为 D(m)，材料密度为 ρ(kg/m³)，则

$$m = \frac{l}{4}\pi(D_1^2 + D_2^2)B\rho = \pi\rho BHD \tag{2.25}$$

在选定了 D 并由式(2.25)计算出 m 后，便可根据飞轮的材料和选定的比值 H/B 求出飞轮的剖面尺寸 H 和 B。对于较小的飞轮，通常取 $H/B \approx 2$；对于较大的飞轮，通常取 $H/B \approx 1.5$。

(2) 盘形飞轮：当飞轮的转动惯量不大时，可采用形状简单的盘形飞轮，如图 2.23 所示。设 m、D 和 B 分别为其质量、外径及宽度，则整个飞轮的转动惯量为

$$J_F = \frac{m}{2}\left(\frac{D^2}{4}\right) = \frac{m}{8} D^2 \tag{2.26}$$

当根据安装空间选定飞轮直径 D 后，即可由式(2.26)计算出飞轮质量 m。又因 $m = \pi D^2 B\rho/4$，故根据所选飞轮材料，即可求出飞轮的宽度 B 为

$$B = \frac{4m}{\pi\rho D^2} \tag{2.27}$$

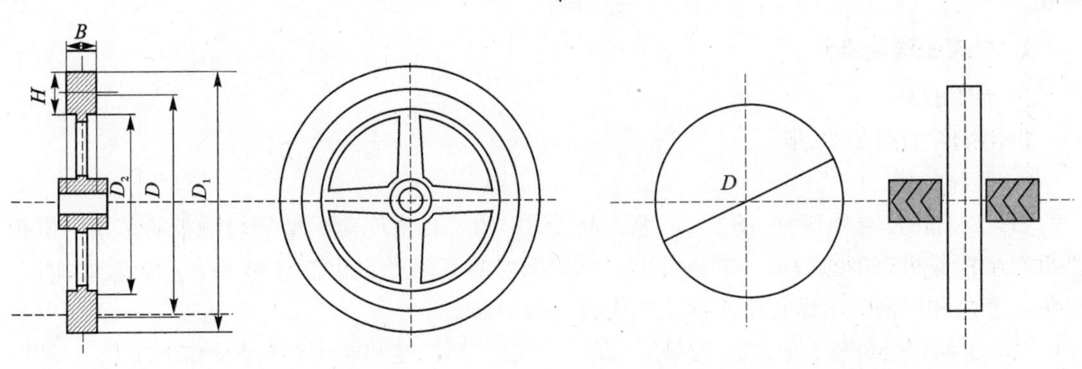

图 2.22　轮形飞轮　　　　图 2.23　盘形飞轮

2.7.3 机组运转及飞轮调速实验台主要技术参数

机组运转及飞轮调速实验台主要技术参数如下：

(1) 空压机气压范围：$p=0\sim0.7$ MPa。

(2) 电机额定功率：$P=550$ W。

(3) 电机转速：1400 r/min。

(4) 电源：220 V 交流/50 Hz。

(5) 实验台尺寸：长×宽×高=600 mm×300 mm×330 mm。

2.8 机械系统运动方案创新设计实验台

2.8.1 实验台的功能

机械系统运动方案创新设计实验台用于创建设计完成的机构(连杆机构、凸轮机构、齿轮机构、蜗轮蜗杆机构、间歇运动机构及组合机构等)，并对创建完成的机构进行运动功能验证。实验台如图2.24所示。

图2.24 机械系统运动方案创新设计实验台

2.8.2 实验台的组成

机械系统运动方案创新设计实验台主要由三部分组成：机架和构件组件、驱动单元和控制单元。

1. 机架和构件组件

1) 机架组件

机架组件如图2.25所示。

2) 构件组件

(1) 二自由度导轨组件：图2.26所示为机架中的二自由度薄板型导轨滑板的结构。滑板是机架与杆件相连接的基板。滑板可以在机架框内横竖两个自由度调整到合适位置并固定，滑板上有两种规格的内螺孔用来固定连架铰链或导路。

(2) 主动铰链组件：图2.27为单层、双层、三层主动铰链和曲柄杆的外形结构。

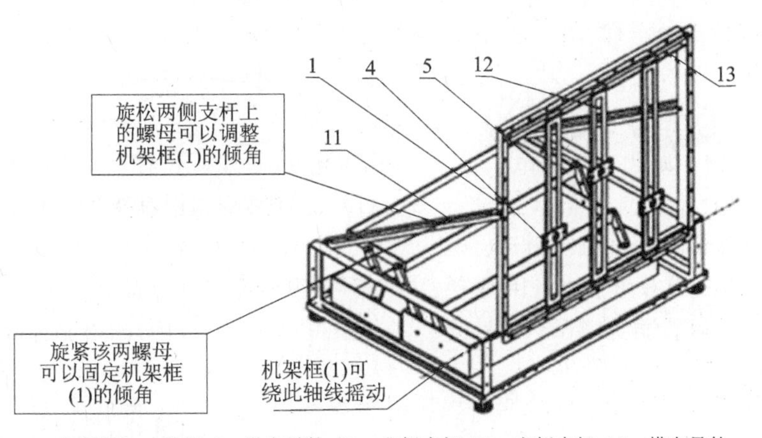

1—机架框；4—滑板；5—纵向导轨；11—左侧支杆；12—右侧支杆；13—横向导轨

图 2.25　实验台的机架组件

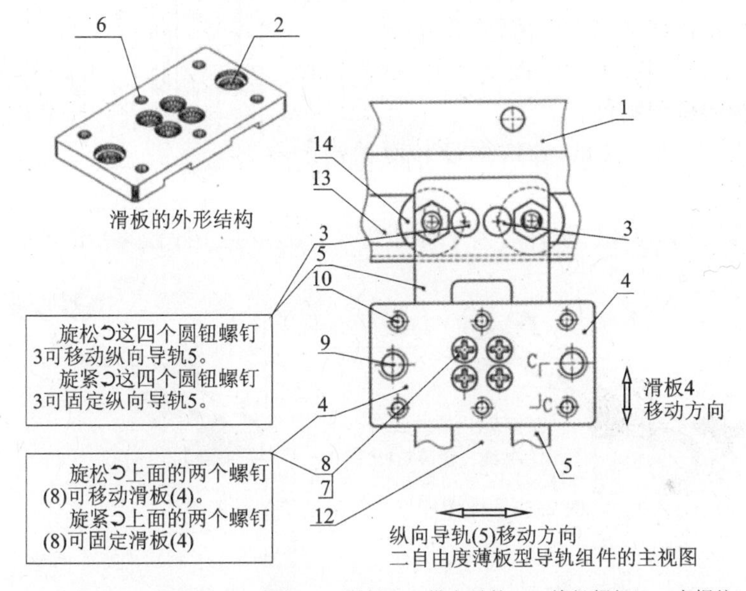

1—机架框；2，6—螺纹孔；3—螺钉；4—滑板；5—纵向导轨；8—旋松螺钉；9—内螺纹；

10—内螺纹；12—右侧支杆；13—横向导轨；14—滚轮；15—空腔

图 2.26　二自由度导轨组件

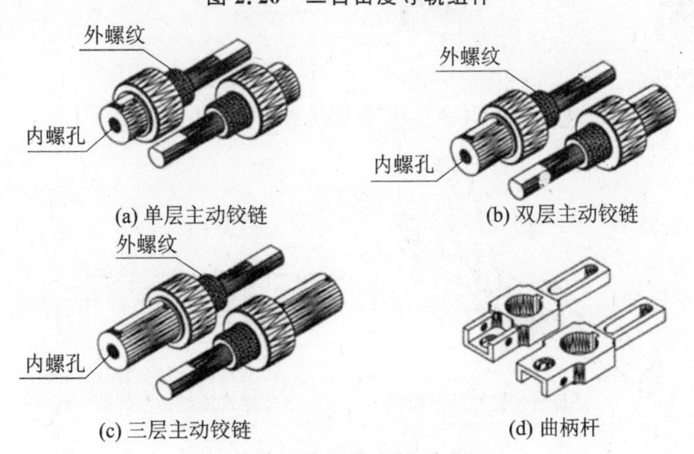

图 2.27　主动铰链的外形结构

(3) 直齿圆柱齿轮组件:图 2.28 所示为实验台提供的 11 种齿数的直齿圆柱齿轮。

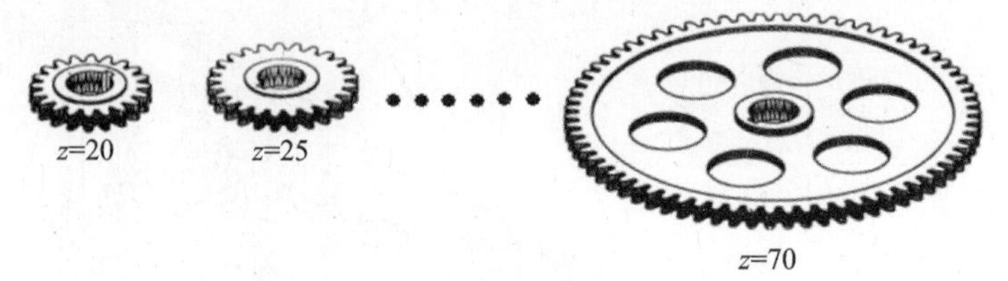

图 2.28　直齿圆柱齿轮组件

(4) 构件杆和低副组件:实验台提供了一组系列长度的构件杆,如图 2.29 所示。长度不同的构件杆具有相同尺寸的矩形横截面,这样便于用作滑块移动的导路。各个构件杆都开有若干个长孔,相邻长孔之间所留实体的长度远远小于长孔的长度,这样尽可能增大从动铰链在构件杆上位置的调整范围。

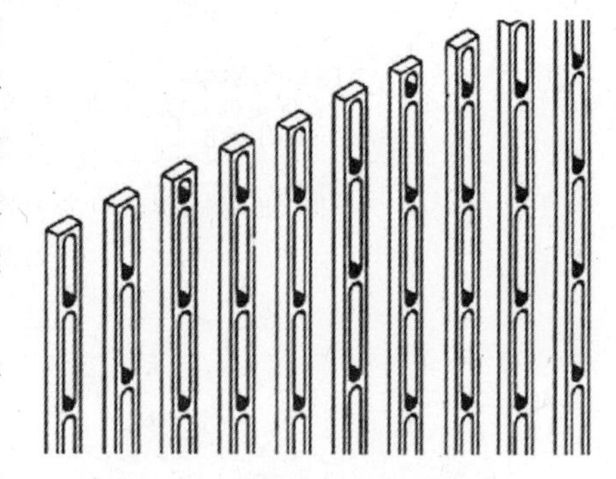

图 2.29　一组系列长度的构件杆

低副组件可以有多种形式。图 2.30 所示为构件杆与铰链相连接的低副组件。

图 2.31 所示为从动铰链、铰链螺母和两种铰链螺钉的外形结构。

图 2.32 所示为从动铰链组件与两个构件杆(16)组装成二杆普通铰链的外形结构。

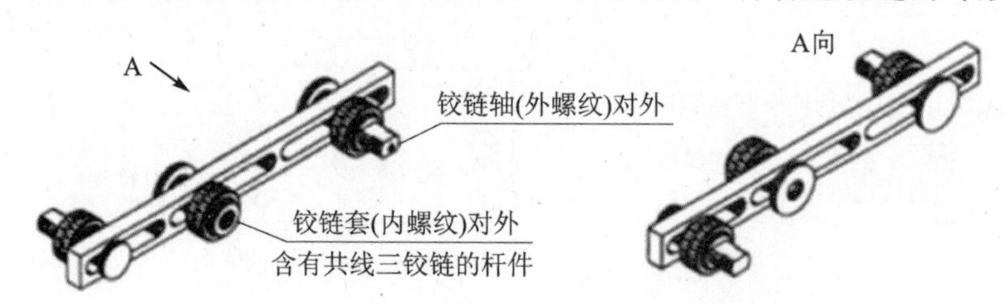

图 2.30　构件杆与铰链相连接的低副组件

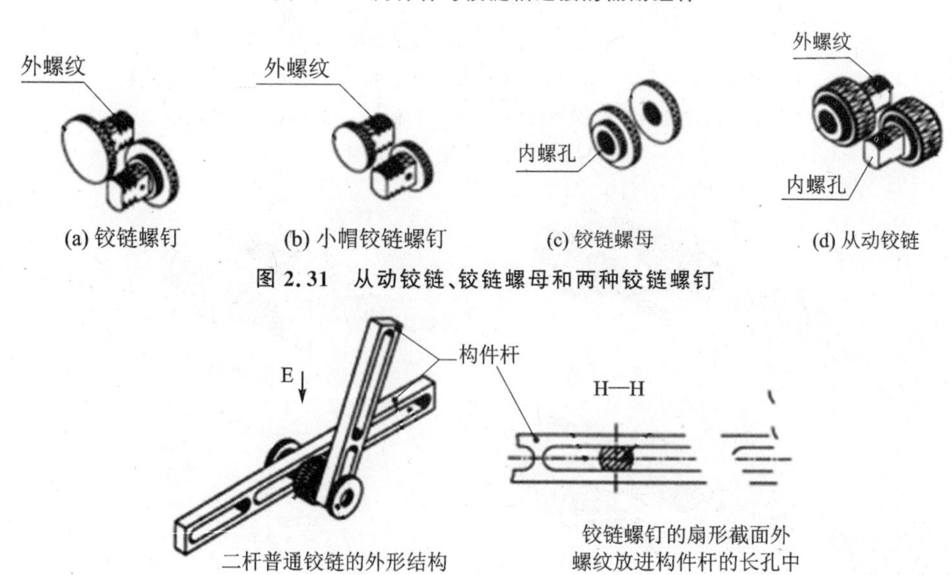

图 2.31　从动铰链、铰链螺母和两种铰链螺钉

图 2.32　二杆普通铰链

图 2.33 所示为从动铰链组件与三构件杆组装成的三杆复合铰链。与二杆普通铰链相比，三杆复合铰链多用了一根构件杆和一套从动铰链，而结构及组装方法相同。

需要说明的是，为了避免杆件干涉有时需要组成转动副的两构件杆不在邻层而在隔层。可用图 2.34 所示的铰链长轴和垫块，与从动铰链组件和构件杆组装。铰链接长轴的扁形截面外螺纹穿过垫块的条形孔与从动铰链的内螺纹旋合，铰链接长轴的内螺纹与铰链螺钉的扁形截面外螺纹（已穿过构件杆的长孔）旋合。

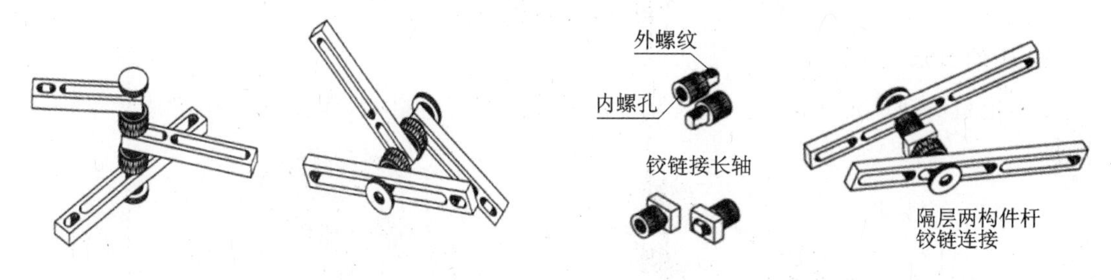

图 2.33　三杆复合铰链

图 2.34　杆件不干涉的组装方式

图 2.35 所示为带铰滑块的外形结构，图 2.36 所示为带铰滑块与两构件杆和一个铰链螺母的组合。

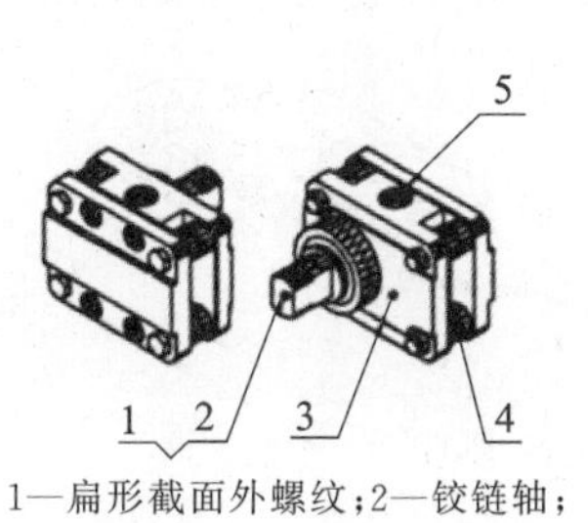

1—扁形截面外螺纹；2—铰链轴；3—滑块体；4—滚子；5—轴承孔

图 2.35　带铰滑块

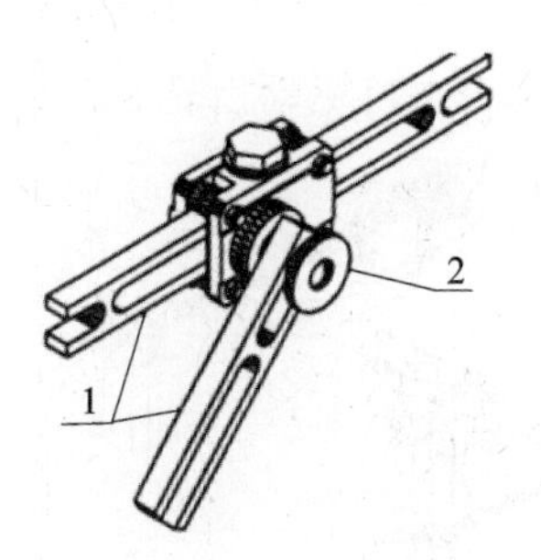

1—构件杆；2—铰链螺母

图 2.36　带铰滑块与两构件杆及铰链螺母的组合

图 2.37 所示为齿条组件的外形结构，图 2.38 所示为齿条组件与带铰滑块和构件杆的组合，图 2.39 所示为蜗杆组件。

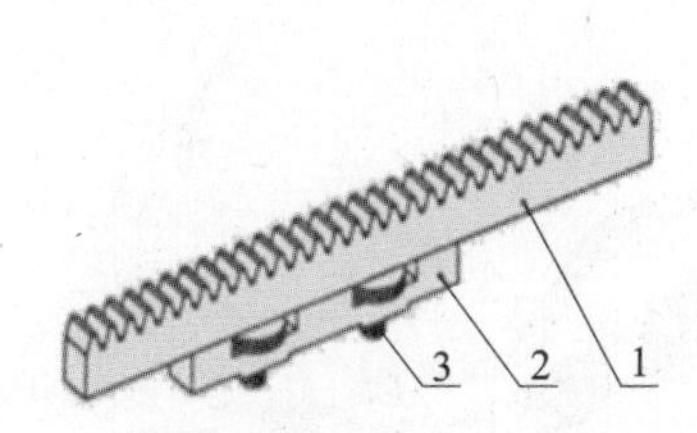

1—齿条组件；2—齿条螺钉；3—外螺纹

图 2.37　齿条组件

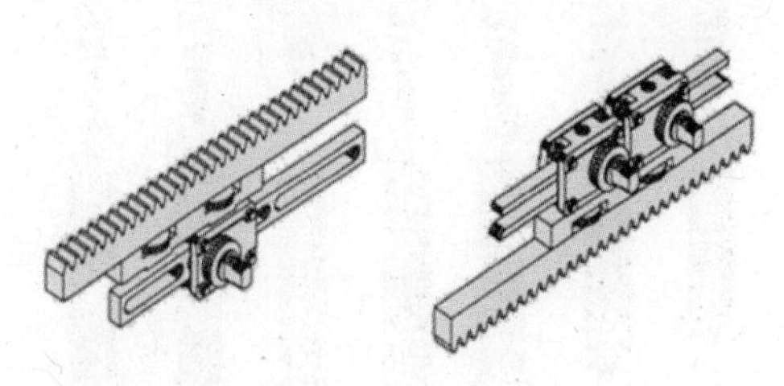

图 2.38　齿条组件与带铰滑块和构件杆的组合

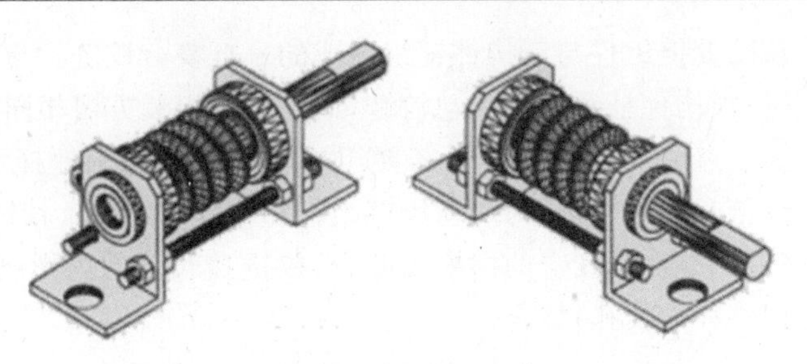

图2.39 蜗杆组件

2. 驱动单元

(1) 电机驱动单元:图2.40所示为软轴联轴器、L形电机架及电机的安装方法。

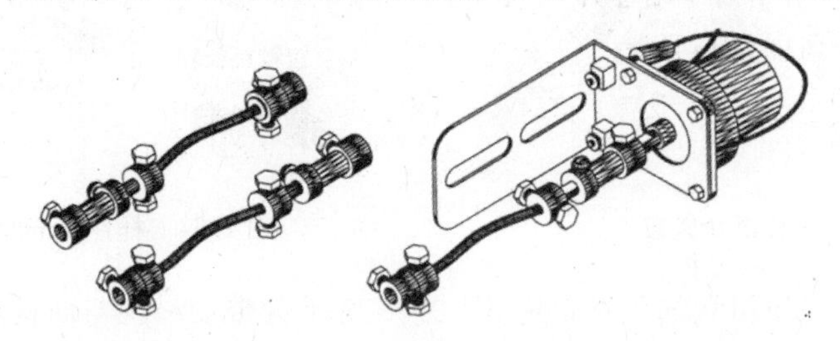

图2.40 软轴联轴器、L形电机架及电机的安装方法

图2.41所示为电机驱动齿轮和曲柄的安装,而图2.42所示为电机驱动蜗轮的安装。

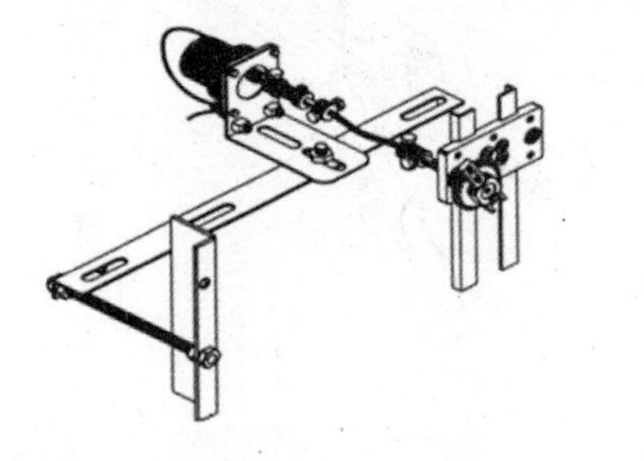

图2.41 电机驱动齿轮和曲柄的安装

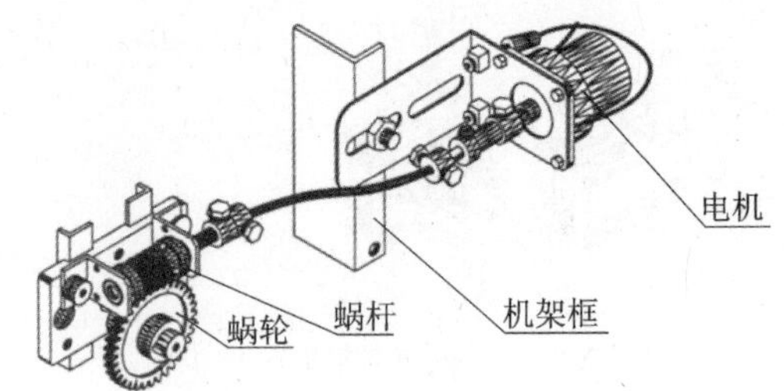

图2.42 电机驱动蜗轮的安装

(2) 气缸驱动单元:图2.43所示为七种行程的气缸系列,图2.44所示为气缸铰链与活动杆件的连接。

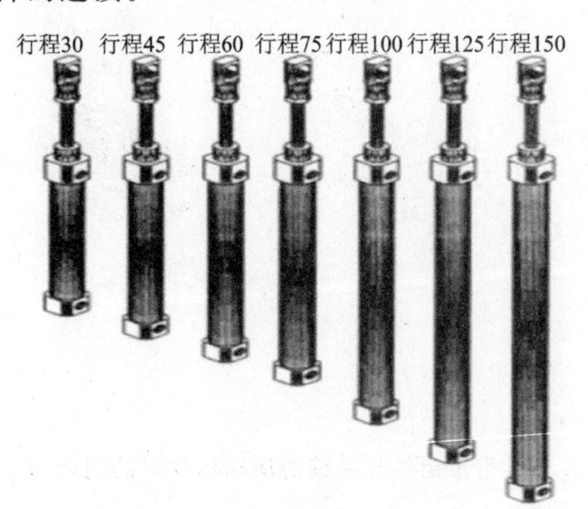

图2.43 七种行程的气缸系列

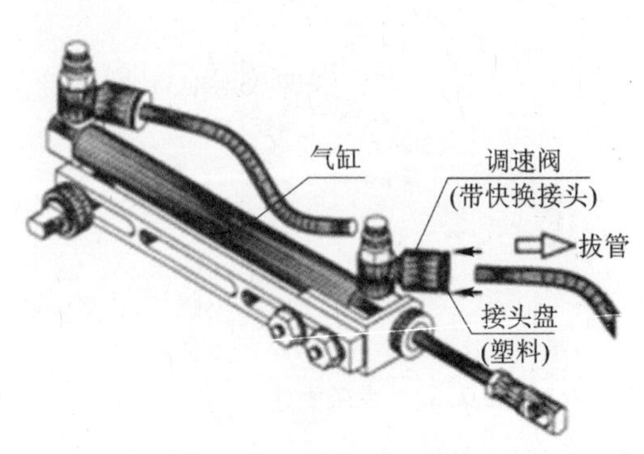

图2.44 气缸铰链与活动杆件的连接

3. 驱动单元

图 2.45 所示为电机驱动单元的控制示意图。

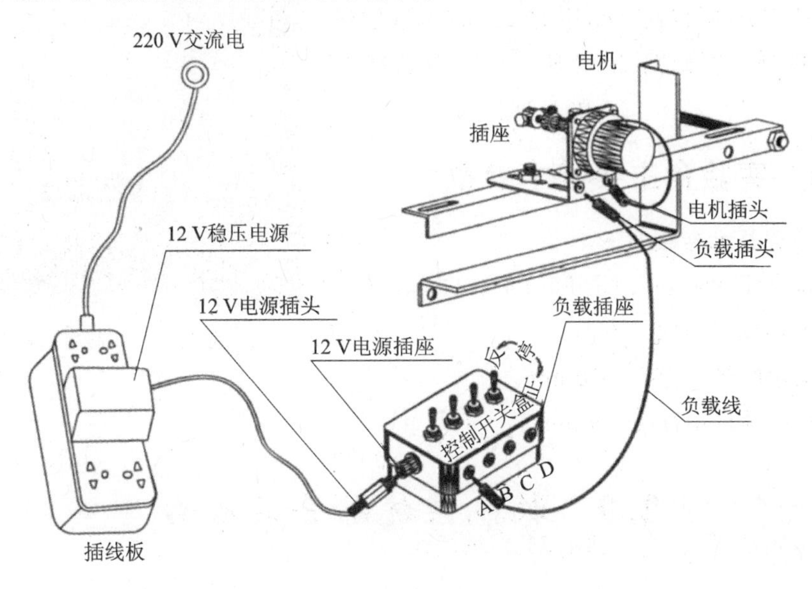

图 2.45　电机驱动单元的控制示意图

图 2.46 所示为气缸驱动单元的控制示意图。

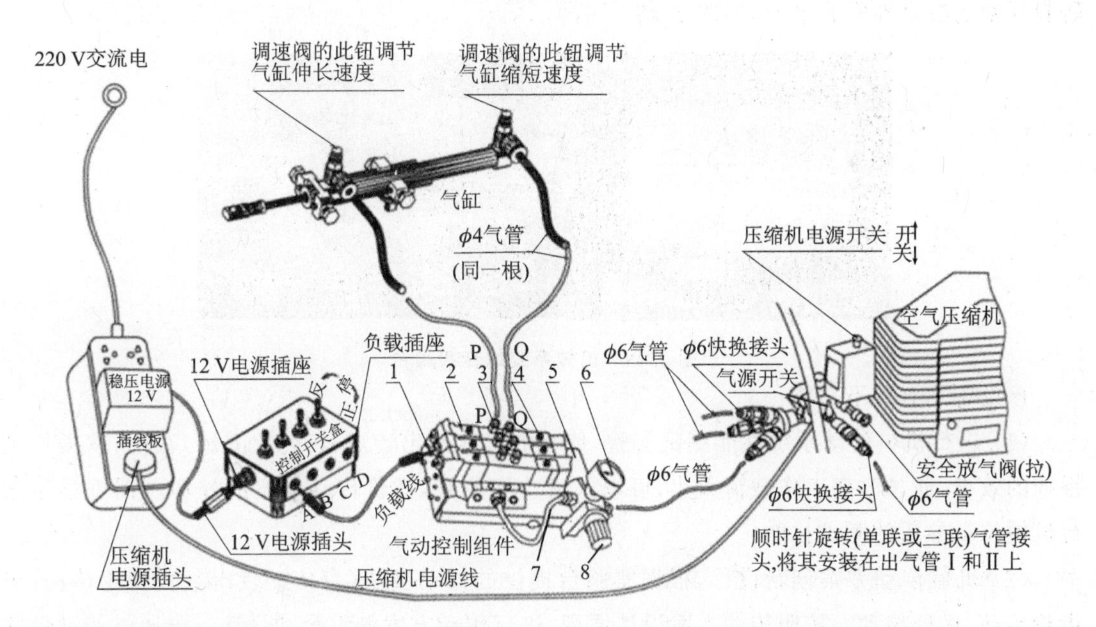

1—电磁阀电源插座(12 V,三个,分别与三个电磁阀对应);2—三位五通电磁阀(三个);3—ϕ4 气管接头(2×3=6 个);4—手动单端气开关;5—过滤减压二联件;6—工作气压表(调至 0.4～0.5 MPa);7—ϕ6 进气管快换接头;8—工作气压调节旋钮(须向外拔才可转动)

图 2.46　气缸驱动单元的控制示意图

2.8.3 实验台的工作原理

根据设计完成的机械系统,用此实验台可以创建其物理样机模型。例如图2.47所示的装载机搭接模型。

图2.47 装载机搭接模型

2.8.4 实验台主要技术参数

实验台主要技术参数如下:

(1) 总体尺寸:880 mm×1 000 mm×900 mm。

(2) 电源:交流 220 V/50 Hz。

(3) 移动副的最大行程:150 mm。

(4) 移动副的最小行程:30 mm。

2.9 机械系统综合实验台

2.9.1 实验台的主要功能

机械系统综合实验台是我们中心在国内现有的机械传动性能测试实验台的基础上,自行研制开发的综合性实验平台,如图2.48所示。

图2.48 机械系统综合实验台

该设备具有以下功能:

(1) 进行机械传动系统性能测试实验(传动的输入输出转矩/转速的测试),进而取得传动系统的效率,通过改变工作载荷大小,可以求出功率曲线,评价传动方案的好坏。训练学生进行机械传动参数的测试技能。

(2) 机械传动方案创新设计,根据实验台提供的传动模块(带传动、链传动、齿轮传动、锥齿轮传动、蜗杆传动),按照传动方案设计原理,进行传动方案的组合和设计。再通过传动性能测试,进行最佳传动方案的确定。

(3) 该系统提供了几种常用执行机构,根据直线、旋转等传感器可以测试执行构件的位移,再根据位移与速度及加速度的关系,可以绘制出执行构件的速度/加速度曲线,理解构件的运动性能。

(4) 该产品采用模块化结构、变型功能强，具有较好的可操作性和二次开发性，自动进行数据采集处理、工况控制与实验结果自动输出，测试精度高，是培养学生创新能力及工程实践能力的理想装置。

2.9.2　实验台的组成及工作原理

本实验台由实验台台体、实验台动力输入装置、多种典型机械传动装置、检测装置、控制装置、加载装置、执行机构、控制及测试软件、计算机、多种类型联轴器等组成。其系统工作原理如图 2.49 所示。

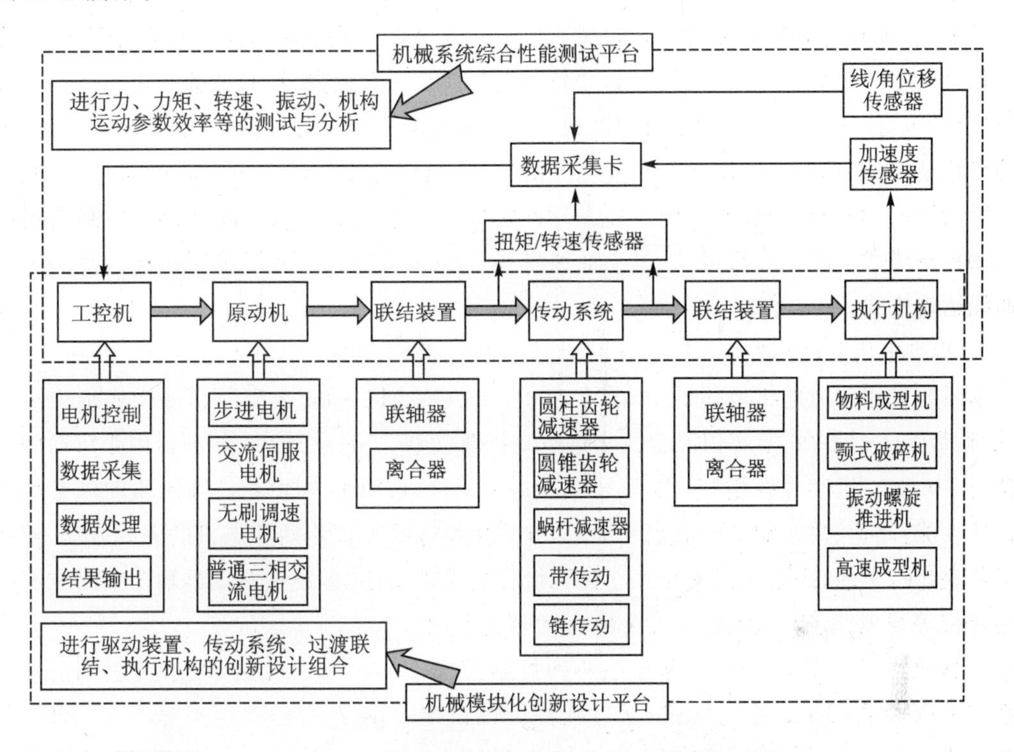

图 2.49　机械系统综合实验台工作原理图

实验台电机驱动部分，采用交流伺服电机、步进电机、无刷电机、交流变频电机四种驱动型式；控制部分采用 PLC 控制，多轴运动卡控制方式；电机调速、加载器加载、多个传感器测试和数据采样分析均采用计算机控制，测试精度高，测试方便。

本实验台采用模块化结构，学生可通过对典型传动部分中不同传动形式的选择，组合搭配，通过相关支撑连接，构成多种类型的传动实验台。对所选择组合的实验台，进行不同的负载状况下，传动装置输入、输出各项运动动力参数、传动装置效率、机构运动参数和振动参数的测试及性能分析。

1. 驱动电机控制原理

1) 交流伺服电机的控制

交流伺服电机控制主要包括以下几部分：PC、控制卡、端子板、驱动器、电机。本系统选用了GT系列控制器中的PCI系列运动控制卡,该运动控制器可以同步控制四个运动轴,实现多轴协调运动。其核心由ADSP2181数字信号处理器和FPGA组成,可以实现高性能的控制计算。我们只采用单轴控制,端子板的型号选为GT-200-SV-PC2-G。控制伺服电机时,控制器输出+/-10 V模拟电压控制信号。

本系统选用了四通电机公司的交流伺服电机及配带的电机数字式交流伺服驱动器,电机型号为:60CB040C-2DE6E,功率为400 W,最高转速为3 000 r/min,电机自带编码器,编码器反馈线与驱动器的编码器接口CN3相连。控制器提供电机运动所需的驱动电流、电压,对电机提供各种保护措施,通常是以微处理器为核心,由计算机编程运动轨迹,向伺服电机发出运动指令,实现被控对象的加速、匀速、减速控制。数字化交流伺服与模拟交流伺服相比,在功能上具有明显的优势。它可一机多用,如作速度、力矩、位置控制,可接收模拟电压指令和脉冲指令(自带位置环)。各种监控参数均以数字方式设定(无可调电位器),稳定性好,具有较丰富的自诊断、报警功能。采用SV卡输出模拟量时,控制对象为伺服电机,通常需要调整PID(比例—积分—微分)参数,本系统已经在软件中进行了适当的设定。固高运动控制器提供四种运动控制模式,即S-曲线模式、梯形曲线模式、速度曲线模式、电子齿轮模式。我们采用梯形曲线运动模式。

2) 步进电机驱动与控制

本系统采用四通电机公司的130BYG250E-SAKRMT-0602型两相混合式步进电动机驱动,自带SH-22206型两相混合式步进电动机驱动器。SH-22206驱动器用于驱动四通电机公司110/130机座号两相(四相)混合式步进电动机,采用H桥恒相流高压驱动以获得电机的最佳性能:高速、快速响应和高启动频率,并采用特殊技术抑制两相电机的固有振动,使两相电机低速运行平稳,高速输出力矩大。特殊设计的保护功能,即使在驱动器输出短路或电机绕组接错相等异常情况下也能自动保护驱动器避免损坏。本驱动器可采用双脉冲及单脉冲两种控制模式,本系统采取了单脉冲的控制模式,通过软件可以设定控制模式。6030电机控制卡插于上位机PCI插槽内,通过上位机程序对控制卡读写操作,可向其发送速度、位置、加速度命令。通过软件可以设置每个轴的驱动信号的输出方式,我们采用脉冲/方向的方式,如图2.50所示。在6030驱动函数库中总共有40多个函数,这些函数可粗分类为初始化函数、运动控制函数、检测函数及插补函数。我们根据实验系统需要编写了控制程序,可以实现给定位置、速度、加速度等的电机控制。

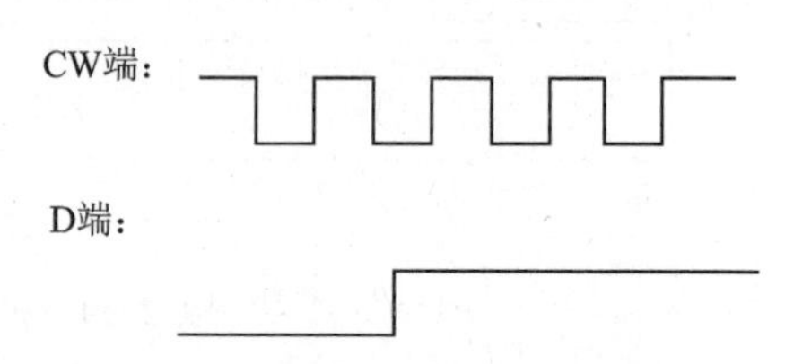

图2.50 脉冲/方向驱动信号

3) 无刷直流电机的驱动与控制

本系统采用四通电机公司的92BL-5015h1-LK-B-000型无刷直流电机驱动,自带BL-2203B无刷直流驱动器。该驱动器提供了三种调速方式供选择:

(1) 内部电位器调速,逆时针旋转驱动器面板上的电位器,电机转速减小;顺时针,则转速增大。

(2) 外部输入调速,将外接电位器的两个固定端分别接于驱动器的+12和COM端上,将调节端接于 AVI 上，即可使用外接电位器调速，也可以通过其他的控制单元如 PLC 单片机等输入模拟电平信号到 AVI 端实现调速。相对于 COM AVI 的接受范围为直流 0～10 V，对应电机转速为 0～8 000 r/min，端子内接电阻 200 kΩ 到 COM 端，因此悬空不接将被解释为 0。输入端子内也含有简单的 RC 滤波电路，因此可以接受 PWM 信号进行调速控制。我们要采用的就是通过 PLC 输出 PWM 信号来控制电机转速，此时内部电位器要设于最小状态。

(3) 多段速度选择，通过控制驱动器上的 CH1 - 3 三个端子的状态，可以选择内部预先设定的几种速度。这里不作详细说明。

选用的是松下电工的 FP0 - C16T 型 PLC，FP0 型的特点和优点是显著的。它属于超小型，可满足设备、机械、控制盘小型化的要求，因而适用于实验室控制单台电机的需要。此外，在程序内存中采用 EEPROM，程序和设备的内容不用备用电池，设备或机器不用停车就能更换程序，缩短运转调整时间和维修时间，I/O 有 LED 显示，方便输入输出状态的确认等。最主要的是，它的 PWM 功能(脉宽调制输出)，可用单个 FP0 实现简单的模拟量控制。除了速度的控制，还需要控制电机的启动停止、正反转方向等，在 PLC 的输出继电器和无刷直流驱动器之间增加了光耦为核心的处理电路，可以很好地解决电压匹配、电机失控等不利因素。

4) 直流伺服电机驱动与控制

本系统使用的直流电机带有 WK - 422 型 PWM 调速电源，通过旋转控制面板上的调速旋钮可以改变电机转速，调速电源通过改变励磁电压和电枢电压来调节转速。

2. 检测与数据采集

1) 转矩转速测量原理

为了测得减速装置的效率，在其输入输出端加装了转矩转速传感器，采用的是 JC 型系列数字式扭矩转速测量仪。测量转矩的基本原理就是采用应变电测原理，当应变轴受扭力影响产生微小变形后，粘贴在应变轴上的应变计阻值发生相应变化，我们将具有相同应变特性的应变计组成测量电桥，应变电阻的变化即可转变为电压信号的变化进行测量。

转速测量的基本原理是当测速码盘连续旋转时，通过光电开关输出具有一定周期宽度的脉冲信号，根据码盘的齿数和输出信号的频率，即可计算出相应的转速。可见，需要获得来自传感器的对应转矩和转速的脉冲信号的频率。选用 PCI - 8554 型 10 通道通用定时/计数器及 8 通道 DIO 卡。拥有 10 个独立的 16 位定时/计数器和 1 个级联的 32 位定时器，该卡就具有测量频率的功能，我们采用 4 路定时/计数器来采集输出、输入转矩转速传感器的频率值。然后根据公式计算出对应的转矩、转速值。

2) 转角位移测量原理

本系统的执行机构装有光电轴角编码器，用于实时反馈摆杆的角位置。编码器选用 PIB - 720 - G05E 型，具有稳定可靠、精度高、体积小、质量轻、频响高、寿命长、安装方便等特点。同样选用 PCI - 8554 型 10 通道通用定时/计数器及 8 通道 DIO 卡采集脉冲。编码器的输出信号为 TTL 电平输出相位差 90°的方波信号，如图 2.51 所示。

采用 8554 卡的两路计数器来记录摆杆正反两个方向的位置变化，通过 D 触发器和与门组成的电路来识别正反方向的脉冲变化，如图 2.52 所示。1Y 和 2Y 输出的脉冲分别是正方

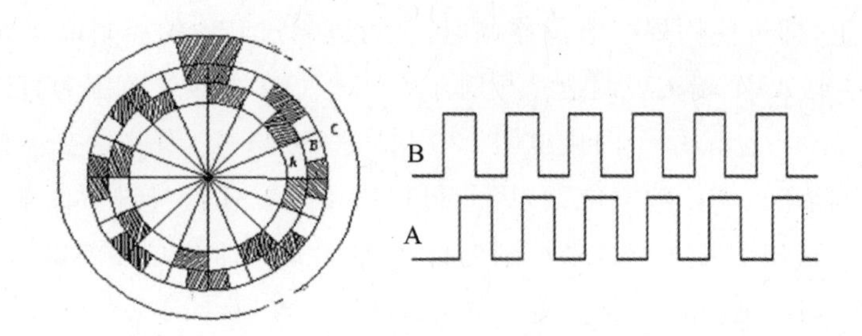

图 2.51　编码器及编码器输出信号

向和反方向的脉冲变化,从而可以记录位置变化情况,进而得出速度、加速度的数值。

3) 直线位移的测量原理

本系统采用 JGX-3 光栅线位移传感器对系统末端执行机构的位移量进行精确测量。该光栅尺由特种玻璃制成,其栅距为 0.02(50 对线/mm),工作电压为+5 V,输出信号为 TTL 电平输出相位差 90°方波信号,如图 2.53 所示。

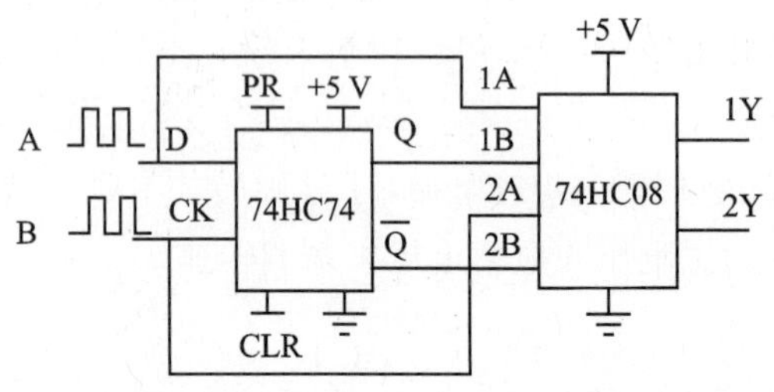

图 2.52　识别正反方向的脉冲变化的电路

图 2.53　5 V-TTL 输出

同样选用 PCI-8554 型 10 通道通用定时/计数器及 8 通道 DIO 卡采集脉冲。采用 8554 卡的两路计数器来记录光栅尺正反两个方向的位置变化,通过 D 触发器和与门组成的电路来识别正反方向的脉冲变化,如图 2.52 那样 1Y、2Y 输出的脉冲分别是正方向和反方向的脉冲变化,从而可以记录位置变化情况,进而得出速度、加速度的数值。其原理为:当光栅尺正向转动时,若方波 A 相位先与方波 B 相差 90°,经过 D 触发器处理 Q 输出高电平,$\bar{Q}$ 输出低电平,经与门处理,则 1Y 波形与 A 的波形相同,2Y 没有产生方波。同理,当光栅尺反向转动时,2Y 波形与 B 波形相同,1Y 没有产生方波。所以,计数器记录的 1Y 和 2Y 的脉冲数即为光栅尺正负两方向移动产生的脉冲数,二者的差值就是执行机构的相对位置,其导数就是速度的相对值,二次导数就是加速度的相对值。

2.9.3　实验台主要技术指标

1. 动力部分

动力部分采用工程中常用的多种电机,提供实验台动力。

(1) 步进电机　额定功率 0.4 kW,转速范围 0～1 500 r/min,输入电压 220 V 交流。

(2) 交流伺服电机　额定功率 0.4 kW,转速范围 0～1 500 r/min,输入电压 220 V 交流。

(3) 无刷调速电机　额定功率 0.5 kW,转速范围 0～1500 r/min,输入电压 220 V 交流。

(4) 普通三相交流电机　额定功率 0.6 kW,同步转速 1500 r/min,输入电压 220 V 交流。

2. 典型机械传动部件

传动装置的模块有:斜齿轮减速器、蜗杆减速器、锥齿轮减速器、V 型带传动、链传动等。传动装置的主要技术参数如表 2.3 所列。

表 2.3　传动装置的主要技术参数

序　号	机械传动装置	技术参数
1	斜齿轮减速器	$Z_1=20, Z_2=60, i=3$
2	蜗杆减速器	$Z_1=2, Z_2=20, i=10$
3	锥齿轮减速器	$Z_1=20, Z_2=40, i=2$
4	V 型带传动	$D_1=60$ mm, $D_2=100$ mm, $a=485$ mm
5	链传动	$Z_1=20, Z_2=36, i=1.8$

3. 测试部分

(1) JSC4-10 型转矩转速传感器:额定转矩 10 Nm,转速范围 0～6 000 r/min。

(2) JSC4-50 型转矩转速传感器:额定转矩 50 Nm,转速范围 0～6 000 r/min。

(3) JSC4-150 型转矩转速传感器:额定转矩 150 Nm,转速范围 0～6 000 r/min。

(4) JGX-3 型光栅线位移传感器:测试精度 5 μm。

(5) PIB-720-G05E 编码器:测试精度 0.1%。

(6) DASP 振动测试系统。

(7) 数据采集:PCI-8554 10 通道通用定时/计数器及 8 通道 DIO 卡。

4. 控制部分

(1) FP0-C16T 可编程序控制卡。

(2) 6030 运动控制卡。

(3) 上位计算机。

5. 加载部分

(1) 磁粉制动(加载)器:额定转矩 50 Nm,激磁电流 0～2 A。

(2) 张力控制器。

6. 执行机构

本实验台选取工程上比较典型的机构作为机械系统的末端执行器,包括滞回送料机构、选料机构、牛头刨床机构、压盖机构等。这里特别强调的是,把执行机构的安装台设计为移动式平台,这个移动式平台可以安装不同的执行机构以适应不同的功能要求。移动式平台与主平台的连接采用螺栓连接,如图 2.54 所示。移动平台可根据机械系统的设计方案与主平台成直线配置,或者配置在主平台的左右两侧,目的在于体现实际机械系统中,传动和执行机构的布局的形式多样性。

实验台的执行机构为由连杆机构组合而成的组合机构,分别如图 2.55(a)、(b)和(c)

所示。

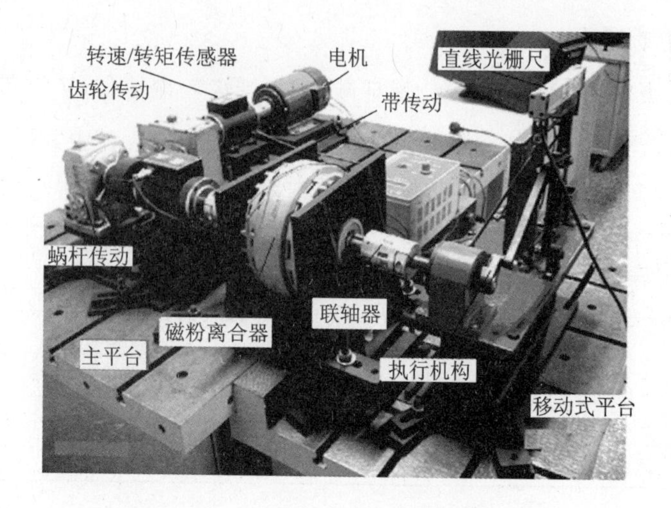

图 2.54　移动式平台与主平台

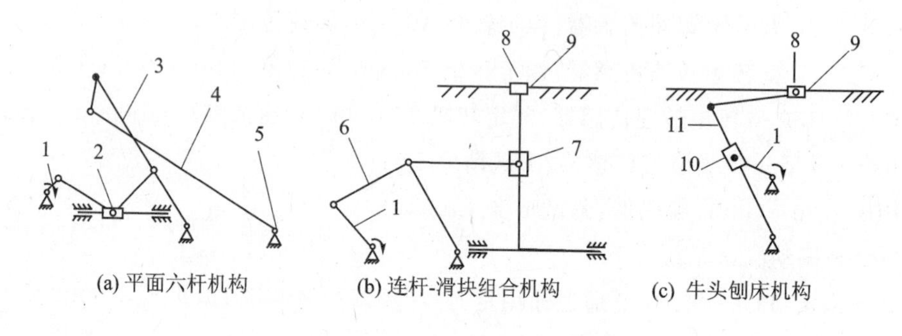

(a) 平面六杆机构　(b) 连杆-滑块组合机构　(c) 牛头刨床机构

图 2.55　执行机构的运动简图

2.10　机械运动控制实验台

2.10.1　X-Y 工作台的主要功能

X-Y工作台是目前最为典型的机电一体化系统，是许多数控加工设备和电子加工设备的基本部件，如：数控车床的纵横向进刀装置、数控铣床和数控钻床的X-Y工作台、激光加工设备工作台，表面贴装设备等。因此，采用X-Y工作台作为机电一体化教学装置，具有现实和普遍意义。

在实验中采用的X-Y工作台如图2.56所示，集成了4轴运动控制器、电机及其驱动、电控箱、运动平台等部件。各部件全部设计成相对独立的模块，便于面向不同实验进行重组，用于进行电机驱动实验、机械运动控制实验等。

图 2.56　X-Y 工作台

2.10.2　实验台的组成

1. 机械部分的组成

机械部分是一个模块化十字工作台，单自由度模块由滚珠丝杠和精密导轨组成，用于实现目标轨迹和动作。为了记录运动轨迹和动作效果，专门配备了笔架和绘图装置，笔架可抬起或下降，其升降运动由电磁铁通、断电实现，电磁铁的通断电信号由控制卡通过IO口给出。其中机械本体采用了模块化设计，可以根据实验的需要自行安排采用不同的执行电机和控制不同轴数的应用系统或实验平台。

执行装置根据驱动和控制精度的要求可以分别选用交流伺服电机、直流伺服电机和步进电机。直流伺服电机具有起动转矩大、体积小、质量轻、转矩和转速容易控制、效率高的优点；但维护困难，使用寿命短，速度受到限制。交流伺服电机具有高速、高加速度、无电刷维护、环境要求低等优点，但驱动电路复杂、价格高。一般伺服电机和驱动器组成一个速度闭环控制系统，可以根据实验的要求自行配置，通过运动控制器构造一个位置(半)闭环控制系统。步进电机不需要传感器，不需要反馈，用于实现开环控制；步进电机可以直接用数字信号进行控制，与计算机的接口比较容易；没有电刷，维护方便、寿命长；启动、停止、正转、反转容易控制。步进电机的缺点是能量转换效率低，易失步(输入脉冲而电机不转动)等。当采用交流伺服电机作为执行装置时，安装在电机轴上的增量码盘充当位置传感器，用于间接测量机械部分的移动距离，如果要直接测量机械部分移动位移，则必须额外安装光栅尺等直线位移测量装置。实验台目前采用的是直流伺服电机，在实验教学中，可以根据学生层次和课程的需要更换不同类型的电机，以方便教学。

2. 控制部分组成

控制装置由PC机、运动控制卡和相应驱动器等组成。运动控制卡接受PC机发出的位置和轨迹指令，进行规划处理，转化成伺服驱动器可以接受的指令格式，发给伺服驱动器，由伺服驱动器进行处理和放大，输出给执行装置。控制装置和电机(执行装置)之间的连接示意如图2.57所示。

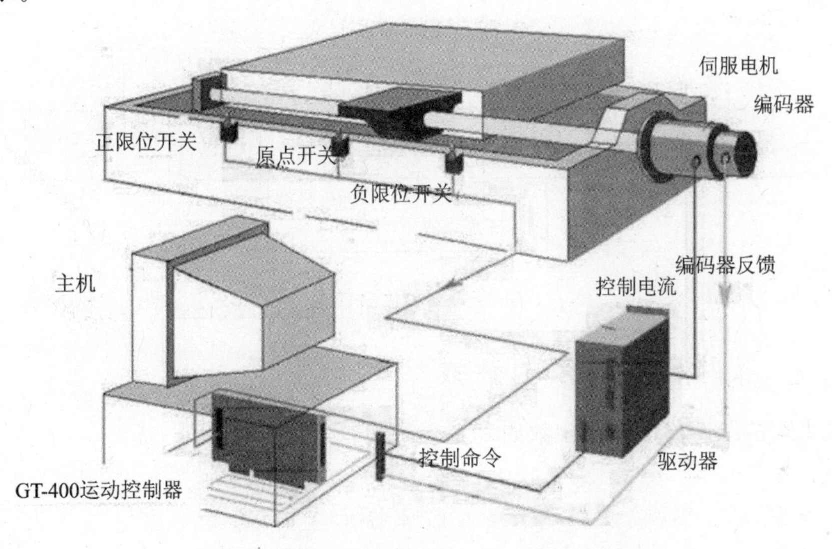

图2.57　控制装置和电机之间的连接示意图

3. 上位机操作界面

上位机采用的是自行开发的操作界面。可以实现诸如直流电机伺服电机驱动实验中的位置、速度等的显示及参数的调整,平台模拟和实际运动轨迹等。操作界面如图 2.58 所示。

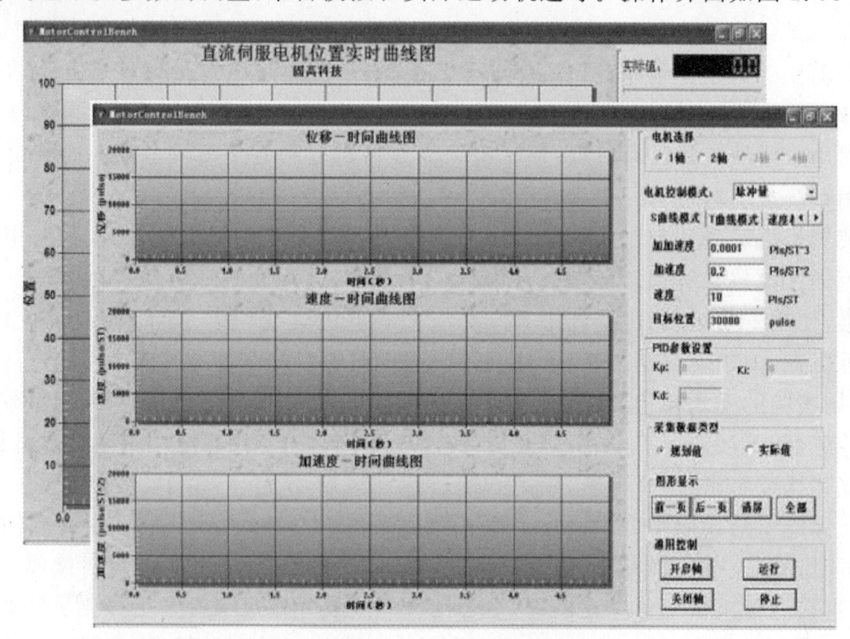

图 2.58　上位机控制界面

2.10.3　实验台的工作原理

通过上位机软件向运动控制器发送响应的参数及控制指令,运动控制卡对 PC 机发出的指令进行处理,转化成驱动器可以接受的指令,驱动器驱动电机运动,并通过响应的传感器反馈速度和位置参量,输入信号与反馈信号之差的误差信号被传送回控制器,以便减小误差,使系统的输出达到希望的值,实现了闭环控制。工作原理图如图 2.59 所示。

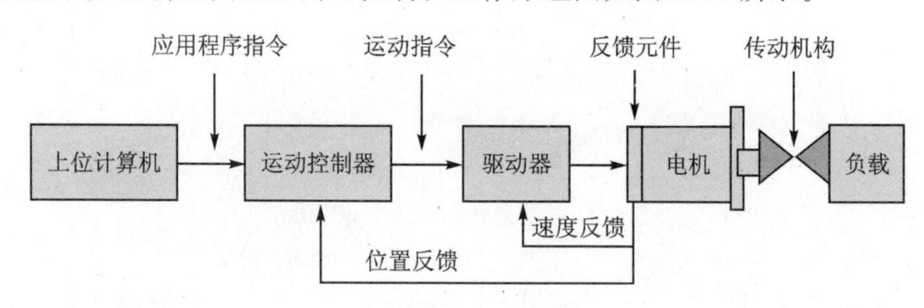

图 2.59　工作原理图

2.10.4　实验台主要技术参数

实验中采用的线性模块技术参数如表 2.7 所列。

表 2.7　线性模块主要技术参数

行程/mm	长度/mm	底座外形尺寸/mm		台面尺寸/mm		负载重量/N	重复定位精度/mm	定位精度/mm
		长	宽	长	宽			
200	~578	490	350	200	200	500	±0.03	0.05

组装成的 X-Y 工作台主要技术参数如表 2.8 所列。

表 2.8　X-Y 工作台主要技术参数

行程/mm		底座外形尺寸/mm			台面尺寸/mm			负载重量/N	重复定位精度/mm	定位精度/mm
X	Y	L	W	H	L	W	H			
200	200	490	350	180	200	200	10	500	±0.03	0.05

2.11　机械设计学生工作室设备简介

机械设计学生工作室，是学生进行自主科技创新活动的一个实践平台。学生工作室在满足一定的实验教学的基础上，面向“冯如杯”、大学生训练计划、全国“挑战杯”以及各级“机械创新设计大赛”等科技创新活动，提供学生科技作品的制作环境。机械设计学生工作室备有小型车床、铣床、钻床、冲床，小型线切割机器，用于学生自己进行相关作品的制作和加工。同时，工作室的钳工平台和配备的基本机械装配工具用于学生进行科技作品的装配、调试等。在此基础上，配备了专职的高级技术人员，协助、指导学生进行制作加工。

北航本科教改的思路为“强化基础、突出实践、重在素质、面向创新”。加强核心基础教育，在高年级实施专业工程实践训练。为此，通过多方调研和研究国内外著名大学的机械工程专业及相关专业的工程实践性训练环境情况后发现，世界一流大学如美国斯坦福大学、密歇根大学、东京大学、早稻田大学等都设立了学生工作室，根据工程特点，以“制作中学习知识”为指导思想，为学生提供一个 DIY 环境。通过项目的形式，使学生利用这个条件进行机械设计、加工、安装调试的全过程。题目形式也是学生根据自己调研进行拟定，在这个开放的环境进行制作。学生学习和体验了机械工程设计、制造的思维，同时创意制作出各种各样的作品和产品，培养了学生的实践能力及工程意识。

机械设计系列课程突出工程实践的特点，不仅要学习理论课程，还要对实际结构、机构进行学习和设计。多年来，由于缺少亲自动手制作的环节，课程学习与学生的经验和实际脱节很大。特别是强调工程设计和创新能力的当今，亟需一个自己制作调试的环境。

为此，配合我校的实践创新体系和机械设计系列课程的进一步改革，并根据机械设计基础课程教学大纲的修订，以强调能力培养为特色的新的培养目标为目的，建设了培养学生机械设计的全方位实践能力和创新设计制作平台如图 2.60 所示。在这个工作室中，学生通过自己动手可以把设计的机械、机构变成实物，使学生对机械设计的全过程有更系统的理解。

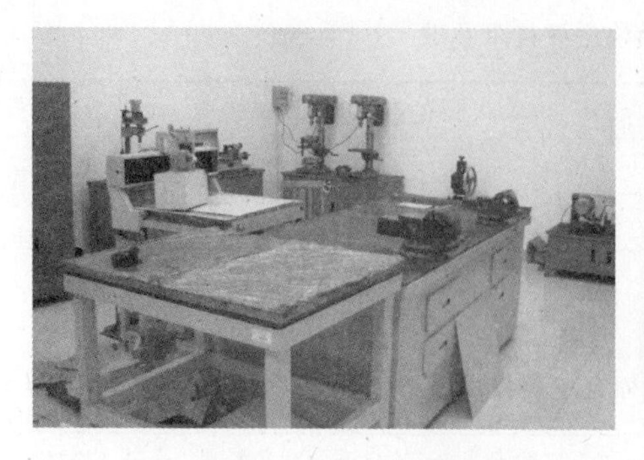

图 2.60　学生工作室机械加工间

2.11.1　机械设计学生工作室的主要功能

机械设计学生工作室的主要功能如下：

(1) 基本学习训练：围绕工程制图、机械原理、机械设计课程，利用微型工作室提供一个环境，使学生对常用零部件、构件等进行自己制作加工，从而学习机械的组成、结构。

(2) 机械设计全过程制作平台：在这个工作室中，学生经过自己动手可以进行把创新设计的机械、机构变为现实。使学生对机械设计的全过程有一系统的理解。

(3) 创意活动的支持平台：这个工作室提供的设备用于学生进行科技创新活动，支持“冯如杯”等创新设计活动。

(4) 实验中心仪器设备的维修间：这些设备可兼作本实验中心的维修设备，方便实验设备的维护和修理，保证实验设备的正常运行。

(5) 机械系统实验配套的制作平台：与机械系统及交互创意实验相配套的有关机械零部件的制作平台。

2.11.2　机械设计学生工作室的主要设备

机械设计学生工作室主要设备如表 2.9 所列。

表 2.9　机械设计学生工作室主要设备表

设备名称	型　号	数量/个
小型车床	Maix 车床(及套件)	1
小型铣床	Maix 铣床(及套件)	1
小型线切割机床	32 型	1
手动冲床	0.5 吨	1
电动锯床	300×25×1.25	1
微型车床(美国谢兰)	4100A/加工尺寸 200，精度 0.01	4
微型铣床(美国谢兰)	5100A/70×330 mm，精度 0.01	2
铣齿机(优耐美)	加工齿轮	1
金属车床(优耐美)	加工塑料/有机玻璃/铝合金	4
铣床(优耐美)	加工塑料/有机玻璃/铝合金	4

2.12　机械设计基础网络虚拟实验室

机械设计系列课程的教学中涉及许多常用的机械零件、部件，初次学习该课程的学生大多对其结构、特征不是很明确，而教材中的附图也只是平面图，学生不能直观地了解其结构。而且在许多连接、组件、部件的学习中，只看到局部的剖面图，对部件各组成零件以及他们的连接关系没有明确的认识。机械设计课程的一个主要目的是使学生学会简单零件及部件的设计和选用，而在后续的机械设计课程设计的教学中遇到的最大问题是各零件的结构以及连接、装配关系表达不清楚，致使课程设计的教学得不到应有的效果，直至影响毕业设计和以后的工程实际问题的解决。例如：轴类结构有许多典型结构，课堂上只能讲解少数的图例，学生很难形成较清晰的结构设计思路；而像斜齿轮的当量齿轮、锥齿轮的背锥、皮带传动失效形式等理论知识和基本概念的学习，学生只能从书本上获得一个模糊的印象，而未能得到直观形象的实际理解。本虚拟实验室的建成，将有效地解决这一问题。

借助于虚拟技术，把机械零件用三维的实体形式演示出来，使学生可以直观地了解各种常用机械零件的结构等。同时，利用虚拟装配技术，实现典型部件连接、装配的虚拟装拆，使学生能够深刻地理解各零件、组件的装配关系，提高零件、结构的学习和认知水平。学生可以通过计算机仿真交互地进行实验，达到事半功倍的效果。所以本虚拟实验系统基于以上考虑，并利用校园网的形式在网络上公开，建设成一个网络开放式的虚拟实验系统。另外，机械设计基础网上虚拟实验系统的建设弥补硬件实验平台的不足，另外提供交互的实验环境，使学生能够有参与感等优点。

2.12.1　机械设计基础网络虚拟实验室的构建

前面所述的机械设计基础网络虚拟实验室建设涉及三维建模技术，流行的开发软件有：SolidWorks、3D Max、AutoCAD、Pro/E 以及 UGraph Play 等。在这些技术中，在目前所见到的三维 CAD 解决方案中，设计过程最简便、最方便的莫过于 SolidWorks，它主要具有以下特点：

(1) 零件建模：SolidWorks 提供了无与伦比的、基于特征的实体建模功能。通过拉伸、旋转、薄壁特征、高级抽壳、特征阵列以及打孔等操作来实现产品的设计。也可以通过放样、填充以及拖动等可控制的相切操作产生复杂的曲面，进而直观地对曲面进行修剪、延伸、倒角和缝合等操作。

(2) 生成装配体：SolidWorks 提供了一种智能零件技术，即可以动态地查看装配体的所有运动，并且可以对运动的零部件进行动态的干涉检查和间隙检测。利用这个技术来完成诸如将一个标准的螺栓装入螺孔中，而同时按照正确的顺序完成垫片和螺母的装配。它提供了一种利用捕捉配合的智能化装配技术，来加快装配体的总体装配。智能化装配技术也能够自动地捕捉并定义装配关系。在 SolidWorks 中经过实体建模的各个零件实体，首先通过零件的配合关系，指定点、线、面等约束，使零件有机地组合在一起，形成装配体或装配单元。比如，轴和孔配合，在指定共轴线约束后，就可以把轴和孔有机地组装在一起。

(3) 装配体爆炸：为了了解装配体的组成和各个零件的关系，SolidWorks 提供了一种爆炸视图的功能，它就是将装配体中的各个零部件分散开来形成散开的爆炸视图，以便于进行察看。通过确定爆炸的方向、设定爆炸距离及爆炸的顺序,例如包括哪些零部件、所使用的距离以及在什么方向显示来爆炸零部件。爆炸视图与装配体的配置一起保存。

(4) 网络交互环境:大家知道,经过三维构建的模型,尤其是机械零部件,其图形格式存储量大,并且由于网络传输速度的限制,难以实现在线浏览的交互操作。比较幸运的是 SolidWorks 自带一种叫做 eDrawings 的浏览器,它是一种可动态浏览、批注、通过 email 传输图纸的传递工具,自带一种客户端察看程序,并且可以非常方便地嵌入我们设计的用户界面内。提供的文件格式任何人都能简单接受和快速浏览,并且包括模型的三维演示。由于它带有 Built-in Viewer 内嵌的浏览器,任何有微机的人都可快速地浏览 eDrawings,无需附加的 CAD 软件或特殊的浏览器。并且,eDrawings 本身文件很小,可通过电子邮件发送、下载,并自行浏览,高效易懂。使用者只要下载该软件,就可以很方便地进行浏览。最大的特点是它还可以进行浏览对象的放大、旋转以及进行装配体的"爆炸"等操作。

利用 SolidWorks 的这些特点,快速地进行实体建模,实现零件的真实实体结构的再现。进而,利用网络进行快速地传输,就可以直观地观看零件的整体结构,也可以经过 eDrawings 提供的浏览界面工具从任意角度和以任意大小进行观察。除了简单的三维零件的浏览、观看以外,系统还要进行虚拟部件连接的装拆实验,机械零件的装配结构是在零件建模后,通过给定一些装配之间的约束关系进行的。主要的实现流程如图 2.61、图 2.62 所示。

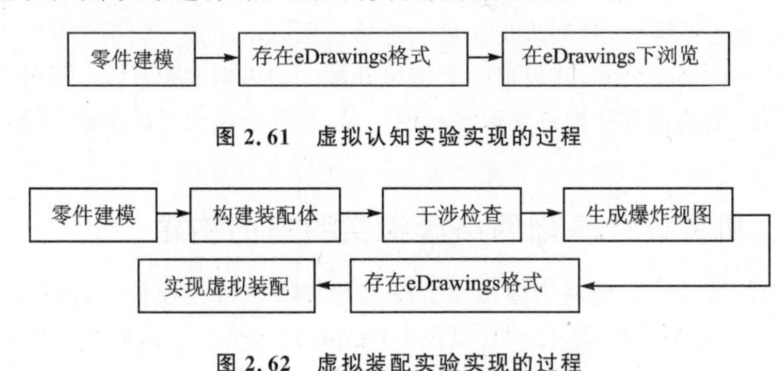

图 2.61 虚拟认知实验实现的过程

图 2.62 虚拟装配实验实现的过程

2.12.2 机械设计基础网络虚拟实验室的功能

机械设计基础网络虚拟实验室几乎囊括了机械设计所包含的全部内容,它主要由四大部分组成,如图 2.63 所示。网络界面如图 2.64 所示。

1. 常用机械零件交互认知实验

在机械零件交互认知实验中,主要包括了螺栓、键、防松元件,圆柱齿轮、圆锥齿轮、蜗轮、蜗杆、带、带轮,轴、轴系固定元件、密封元件和滚动轴承、滑动轴承共 14 项内容。基于机械设计课程的主要内容,利用 SolidWorks 软件进行开发。

以轴端密封为例:由于这一部分是学生理解的难点,为了帮助学生更加直观、形象地理解,把轴端密封部分的页面进行了特别设计。从图 2.65 可以看出,轴端密封部分共分为三个环节:轴端密封零件、1/4 剖视装配体和完整装配体。这样就可以在对轴端密封零件认知的基础上,通过点击页面右上角的"转到完整视图"和"转到密封零件图"这两个图标来帮助学生进行进一步理解。

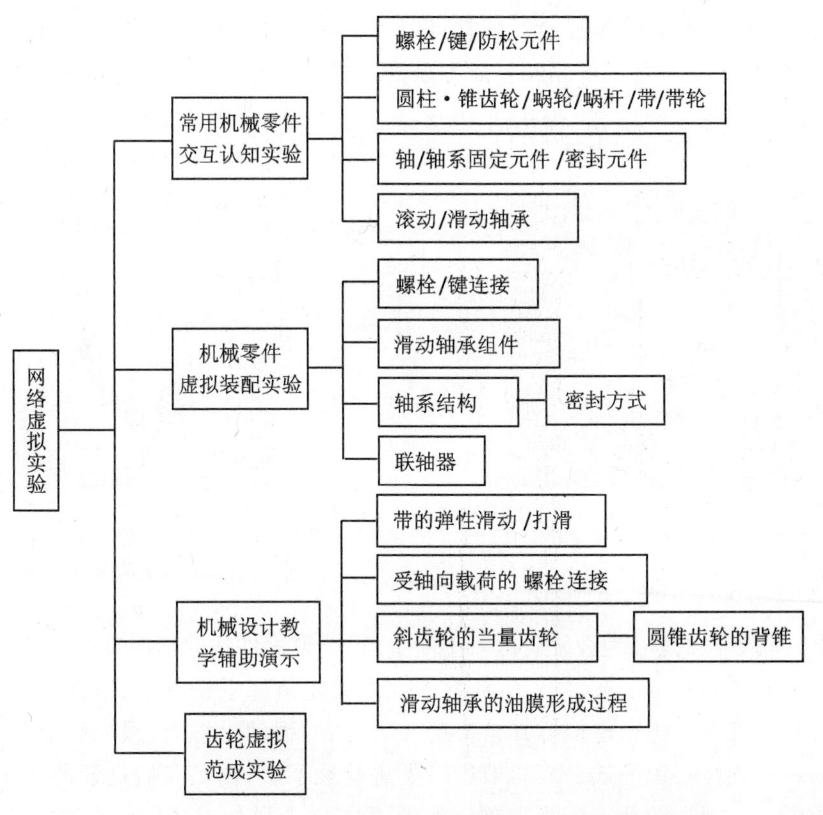

图 2.63　机械设计基础网络虚拟实验室主要内容

图 2.64　机械设计基础网络虚拟实验室

在图 2.66 的界面上,学生单击任意一项都可以对机械零件进行三维的、全方位的观察和认识,甚至剖面结构也可以有所了解。此界面可以将任意零件以任意角度剖开,观察界面结构(图中箭头所示为控制剖开方向)。

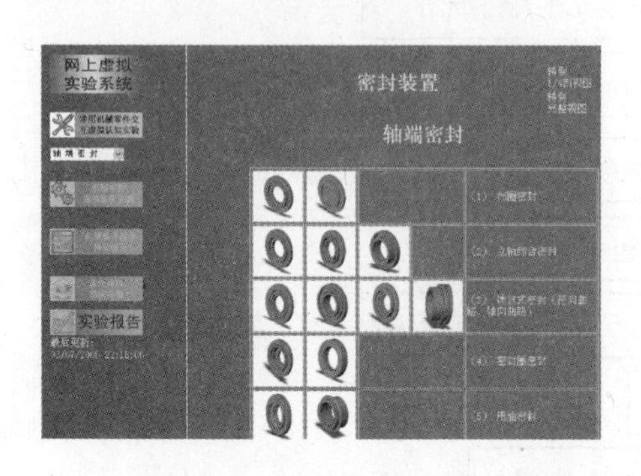

图 2.65　密封元件的认知

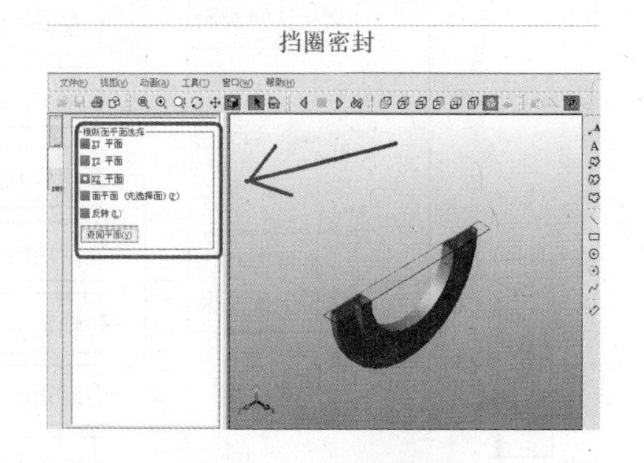

图 2.66　任意剖面的认知

2. 机械零件虚拟装配实验

在完成以上所有零件的基础上,又进行了进一步设计,把零件按照标准装配起来。所有装配体不仅在预先设定的 eDrawings 2003 环境下都可以通过鼠标进行点击、拖曳、放大、缩小、旋转、测量等操作,而且可以进行虚拟拆卸与装配,以达到增强动手能力、强化装配顺序意识、对零件装配得到一个感性认识的效果。如果还想更清楚地了解,那么我们设计的 1/4 剖视图就是最好的方法了。在剖视的状态下可以像观察真实零件一样的对虚拟结构进行全 360°角的观测,还可以对零件的尺寸有所了解(图 2.67)。

机械零件虚拟装配实验主要包括螺栓连接、键连接,滑动轴承组件,轴系结构、密封方式,联轴器五个环节,每个环节又有若干分支。下面以联轴器为例看一下虚拟装配和拆卸。图 2.68 是齿轮联轴器在标准拆卸后的情况,通过鼠标点击可以完成虚拟装配,在左侧"标注"框里会提示正确的装配顺序。在装配体中也可以像零件那样进行剖视,剖视的横断面平面可以随意选择。

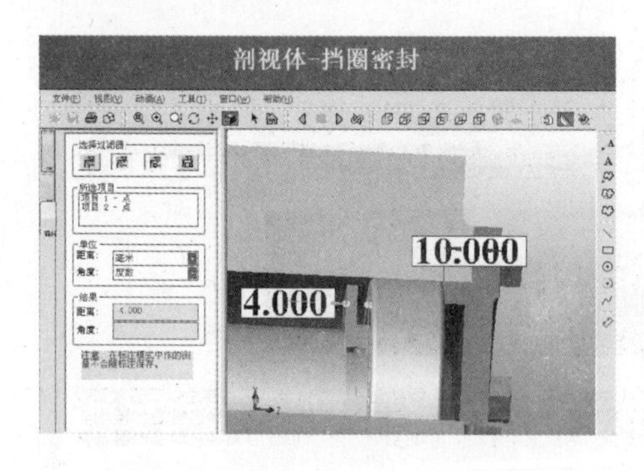

图 2.67　1/4 密封部分剖视图

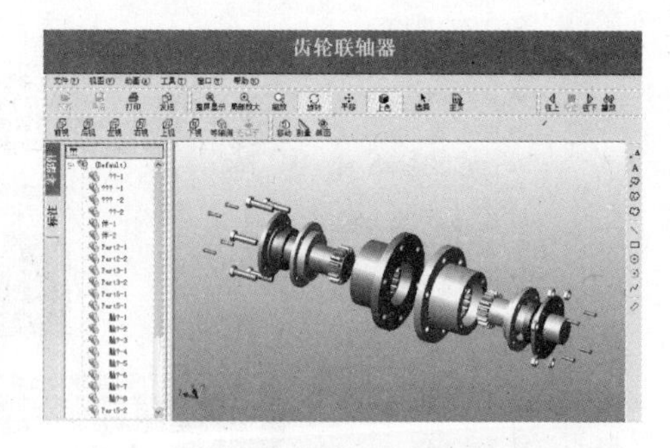

图 2.68　齿轮联轴器的虚拟装配

3. 机械设计教学辅助演示

在机械设计中有一些常见难题,这无论给老师还是学生都带来了很大的麻烦,老师在课堂上讲的只能给学生一个模糊的概念,而不能形象真实地理解,机械设计教学辅助演示就恰恰弥补了这一缺憾。主要包括带的弹性滑动和打滑、受轴向载荷的螺栓连接、斜齿轮的当量齿轮、

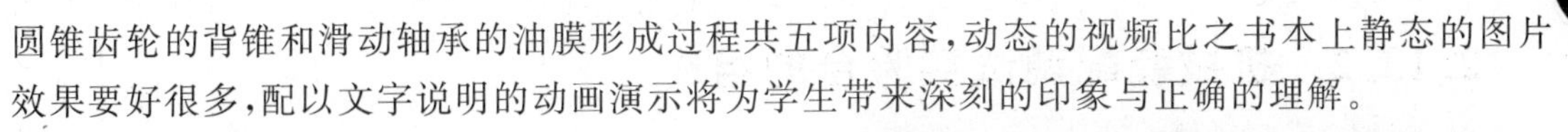

圆锥齿轮的背锥和滑动轴承的油膜形成过程共五项内容，动态的视频比之书本上静态的图片效果要好很多，配以文字说明的动画演示将为学生带来深刻的印象与正确的理解。

4. 齿轮虚拟范成实验

齿轮范成实验是机械设计中的重要实验，通过此实验学生能掌握用范成法加工渐开线齿轮的基本原理，观察渐开线齿轮齿廓曲线的形成过程，了解渐开线齿轮齿廓的根切现象和用径向变位避免根切的方法，分析比较标准齿轮与变位齿轮齿形的异同。系统采用 V－Basic 编程，建立刀具运动参数模块、毛坯尺寸模块、范成运动及刀具运动模块，通过参数化输入，绘制出齿轮范成加工后的齿轮的形状如图 2.69 所示，可以很生动地看到齿轮的范成以及其中出现的根切现象和变位情况，并且输出打印结果。最后，学生进行撰写实验报告和分析讨论。变实物实验为虚拟实验，又不失实验的真实性，达到使学生理解概念的目的，很好地解决了传统实验的硬件设施带来的问题。

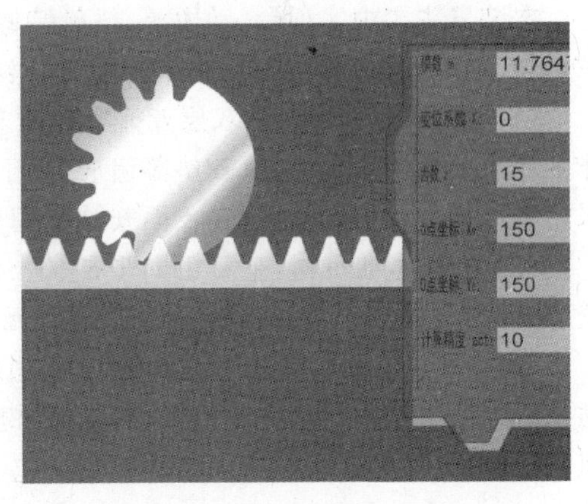

图 2.69　网络虚拟齿轮范成实验

2.13　机械装配调试实验台

2.13.1　机械装配调试实验台的功能

如图 2.70 所示，该实验设备依据相关国家职业标准、行业标准和岗位要求设置各种实际工作任务，以实际实践活动为主线，通过“做中学”，真正提高学生的动手技能和就业能力。基于机械装调技术中的钳工基本操作、装配、测量及调整、质量检验的工作过程进行设计。培养学生的机械识图、常用工具和量具的选择及使用、机械零部件和机构工艺与调整、装配质量检验等综合能力。

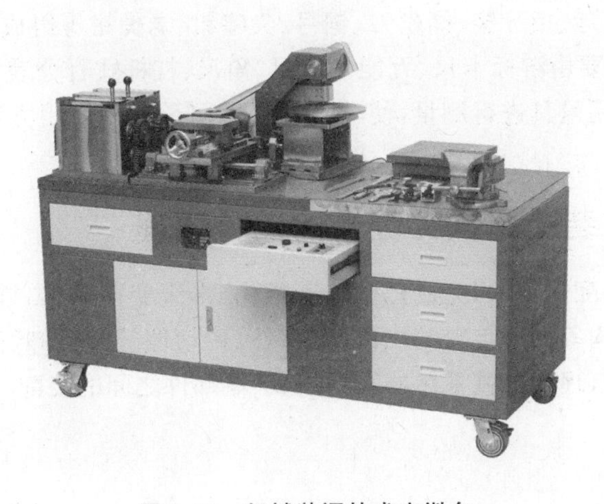

图 2.70　机械装调技术实训台

2.13.2 机械装配调试实验台的组成

本装置主要由实训台、动力源、机械装调对象(机械传动机构、多级变速箱、二维工作台、间歇回转工作台、齿轮减速器、冲床机构等)、装调工具、常用量具等部分组成。

(1) 实训台:采用铁质双层亚光密纹喷塑结构,包括操作区域和机械装调区域两部分。操作区域主要由实木台面、橡胶垫等组成,用于钳工加工和装配各种机械零部件;机械装调区域采用铸件操作台面,学生可在上面安装和调整各种机械机构。

(2) 机械传动机构:主要由同步带、链、齿轮、蜗杆等传动机构组成,通过学生在平台上的安装、调整与检测,掌握机械传动机构的装配与调整技能。

(3) 多级变速箱:具有双轴三级变速输出,其中一轴输出带正反转功能,顶部用有机玻璃防护。主要由箱体、齿轮、花键轴、间隔套、键、角接触轴承、深沟球轴承、卡簧、端盖、手动换档机构等组成,可完成多级变速箱的装配工艺实训。

(4) 二维工作台:主要由滚珠丝杆、直线导轨、台面、垫块、轴承、支座、端盖等组成。分上下两层,上层手动控制,下层由多级变速箱经齿轮传动控制,实现工作台往返运行,工作台面装有行程开关,实现限位保护功能;能完成直线导轨、滚珠丝杆、二维工作台的装配工艺及精度检测实训。

(5) 齿轮减速器:主要由直齿圆柱齿轮、角接触轴承、深沟球轴承、支架、轴、端盖、键等组成,可完成减速器的装配工艺实训。

(6) 间歇回转工作台:主要由四槽槽轮机构、蜗轮蜗杆、推力球轴承、角接触轴承、台面、支架等组成。由多级变速箱经链传动、齿轮传动、蜗轮蜗杆传动及四槽槽轮机构分度后,实现间歇回转功能,可完成蜗轮蜗杆、四槽槽轮、轴承等的装配与调整实训。

(7) 冲床机构:主要由曲轴、连杆、滑块、支架、轴承等组成,与间歇回转工作台配合,实现压料功能模拟,可完成冲床机构的装配工艺实训。

(8) 动力源:配置交流减速电机、调速器、电源控制箱等,为机械系统提供动力源。电源控制箱带有调速电机电源接口,行程开关接口。

(9) 装调工具:主要有套装工具(55件)、台虎钳、划线平板、拉马、钩形扳手、卡簧钳、紫铜棒、截链器、轴承拆装套筒。套装工具由工具箱、内六角扳手、呆扳手、活动扳手、锉刀、丝锥、铰杠、划规、样冲、锤子、板牙、板牙架、螺丝刀、锯弓、尖嘴钳、老虎钳等组成。

(10) 常用量具:主要由游标卡尺、万能角度尺、角尺、杠杆式百分表、千分尺、塞尺、深度游标卡尺等组成;通过使用量具进行测量,使学生掌握常用量具的使用方法,掌握机械装配的检测方法等。

2.13.3 机械装配调试实验台的工作原理

根据机械装置的装配图要求,完成机械传动机构、多级变速器、二维工作台、齿轮减速器、间隙回转机构、冲床机构等典型装置的机构、支撑件、传动件等的拆卸、安装及调整,使学生体验机械装置的装配工艺,理解机械系统的结构组成、零部件之间的装配关系及主要零件的装配调整方法。

2.13.4　机械装配调试实验台的配置和主要技术指标

1. 基本配置

机械装调技术综合实训台配置如表2.10所列。

表2.10　机械装调技术综合实训台配置表

序　号	名　称	型号及规格	数　量
1	实训台	实训台外形尺寸：1 800 mm×700 mm×825 mm；全钢结构，桌子下方带储存柜，柜子上方和右侧带4个抽屉； 铸铁平板：1 100 mm×700 mm×40 mm； 实木桌板：700 mm×700 mm×40 mm	1台
2	电源控制箱	设在台面下方，带滑动导轨，通电调试时拉出操作，控制箱包括单相漏电断路器、电源指示灯、操作说明、调速器等	1台
3	交流减速电机	功率：90 W；减速比：1∶25	1台
4	调速器	适用电机：6～90 W； 调速范围：90～1 400 r/min	1个
5	带传动机构	主要配置有：同步带2根、同步带轮4只、键、轴、轴承、支座、端盖、交流减速电机等	1套
6	链传动机构	主要配置有：单排链1个、链轮2个、键、轴、轴承、支座、端盖等	1套
7	齿轮传动机构	主要配置有：6个直齿圆柱齿轮、2个直齿圆锥齿轮、键、轴、轴承、支座、端盖等	1套
8	多级变速箱	主要配置有：箱体（顶部为有机玻璃，既可起到防护作用，又可直接观察箱体内的结构及运行情况）、齿轮（直齿圆柱齿轮6个、滑移齿轮2组）、轴承（角接触轴承6个、深沟球轴承5个）、花键轴、间隔套、键、卡簧、端盖、手动换挡机构等	1套
9	二维工作台	主要配置有：滚珠丝杠及螺母2副（长度分别为506 mm、356 mm；公称直径20 mm；导程5 mm；右旋）、直线导轨4条和滑块6个（日本THK品牌，长度分460 mm、280 mm两种；宽度15 mm）、工作台面（采用3块厚为24 mm的钢板）、轴承（角接触轴承4个、深沟球轴承2个）、轴承座、端盖、垫块等	1套
10	齿轮减速器	主要配置有：直齿圆柱齿轮4个、轴承（角接触轴承4个、深沟球轴承4个）、支架、轴、端盖、键等	1套
11	间歇回转工作台	主要配置有：四槽槽轮、工作台面、蜗轮、蜗杆、键、轴、轴承（包括推力球轴承1个，圆锥滚子轴承1个，角接触轴承8个）、支座、端盖等	1套
12	冲床机构	主要配置有：曲轴、连杆、滑块、支架、键、轴、轴承（角接触轴承2个）等	1套
13	配件	使用说明书、备用螺丝、防锈油等	1套
14		蜗轮蜗杆模块升级包	1套

2. 工具、量具配置

机械装调技术综合实训台工具量具配置如表2.11所列。

表2.11 机械装调技术综合实训台工具量具配置表

序 号	名 称	型号及规格	数 量	备 注
1	内六角扳手	9件套六角扳手	1套	套装工具
2	呆扳手	10、12、14、17各1把	4把	套装工具
3	活动扳手	8"	1把	套装工具
4	整形锉		6把	套装工具
5	锉刀	平锉、半圆锉、三角锉、圆锉各1个	4个	套装工具
6	板牙架、板牙	M25(1");M6×1.0、M7×1.0、M8×1.25、M10×1.5、M12×1.75各1个	1套	套装工具
7	绞杠、丝锥	M3～M12(1/16"～1/2");M6×1、M7×1、M8×1.25、M10×1.5、M12×1.75各1个	1套	套装工具
8	划线工具	划规(6"、150 mm)1个、划针1个	1套	套装工具
9	样冲		1个	套装工具
10	锤子	木柄圆头锤、木柄钳工锤各1把	2把	套装工具
11	螺丝刀套装	一字、十字大小各1个	4把	套装工具
12	锯弓	可调式结构	1把	套装工具
13	尖嘴钳		1把	套装工具
14	钢丝钳		1把	套装工具
15	三角套筒扳手	8 mm、9 mm、10 mm	1把	套装工具
16	钢丝刷		1把	套装工具
17	铁皮剪		1把	套装工具
18	直尺		1把	套装工具
19	吹塑工具箱		1个	套装工具
20	台虎钳	150 mm	1台	
21	划线平板	300 mm×300 mm	1块	
22	紫铜棒		1根	
23	轴用卡簧钳	直嘴7寸和弯嘴7寸	各1把	
24	拉马		1个	
25	轴承拆装套筒		1套	
26	轴承拆卸专用支架		1个	
27	轴承预紧量检测工具		1套	
28	截链器		1把	
29	刮刀		1把	
30	橡皮锤		1把	
31	圆螺母扳手	M14、M16、M27	各1把	
32	普通游标卡尺	测量范围:0～300 mm,分度值:0.02 mm	1把	

续表 2.11

序　号	名　称	型号及规格	数　量	备　注
33	深度游标卡尺	测量范围:0～200 mm,分度值:0.02 mm	1把	
34	角尺		1把	
35	杠杆式百分表	测量范围:0～0.8 mm	1个	
36	磁性表座	大、小各1个	2个	
37	千分尺	测量范围:0～25 mm	1把	
38	万能角度尺	测量范围:0～320°	1把	
39	塞尺	测量范围:0.02～1.00 mm	1把	

3. 主要技术参数

(1) 输入电源:单相三线 AC(220±0.1) V,50 Hz。

(2) 交流减速电机1台:额定功率 90 W,减速比 1:25。

(3) 外形尺寸(实训台):1800 mm×700 mm×825 mm。

(4) 设备质量:600 kg。

(5) 安全保护:具有电流型漏电保护,安全符合国家标准。

第三章　机械设计基础教学认知实验

3.1　机械的组成

人类为了满足生产和生活的需要，设计和制造了类型繁多、功能各异的机器。机器是执行机械运动的装置，用来变换或传递能量、物料，如内燃机、电动机、洗衣机、机床、汽车、起重机，各种食品机械。机械的种类很多，它们的用途、性能、构造、工作原理各不相同，通常一台完整的机器包括三个基本部分。

（1）原动机部分：其功能是将其他形式的能量变换为机械能（如内燃机和电动机分别将热能和电能变换为机械能）。原动部分是驱动整部机器以完成预定功能的动力源。

（2）工作部分（或执行部分）：其功能是利用机械能去变换或传递能量、物料、信号，如发电机把机械能变换成为电能，轧钢机变换物料的外形，等等。

（3）传动部分：其功能是把原动机的运动形式、运动和动力参数转变为工作部分所需的运动形式、运动和动力参数。

以上三部分都必须安装在支撑部件上。为了使三个基本部分协调工作，并准确、可靠地完成整体功能，必须增加控制部分和辅助部分。

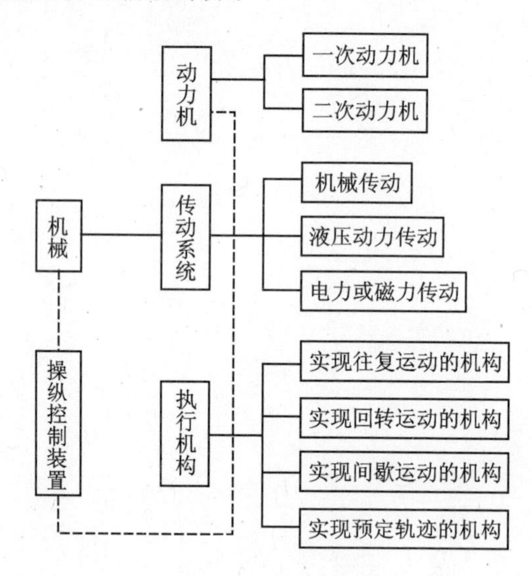

图 3.1　机器组成框图

所有的机器都是由许多零件组合而成，内燃机的组成如图 3.2 所示。

机械零件可分为两大类：一类是在各种机器中经常用到的零件，称为通用零件，如齿轮、链轮、涡轮、螺栓、螺母等；另一类则是在特定类型的机器中才能用到的零件，称为专用零件，如内燃机的曲轴、汽轮机叶片等。根据机器功能、结构要求，某些零件需固联成没有相对运动的刚性组合，成为机器中独立运动的单元，通常称为构件。构件与零件的区别在于：构件是运动的基本单元，而零件是加工单元。如图 3.2(b)所示，内燃机的连杆由连杆体 1、连杆盖 4、螺栓 2

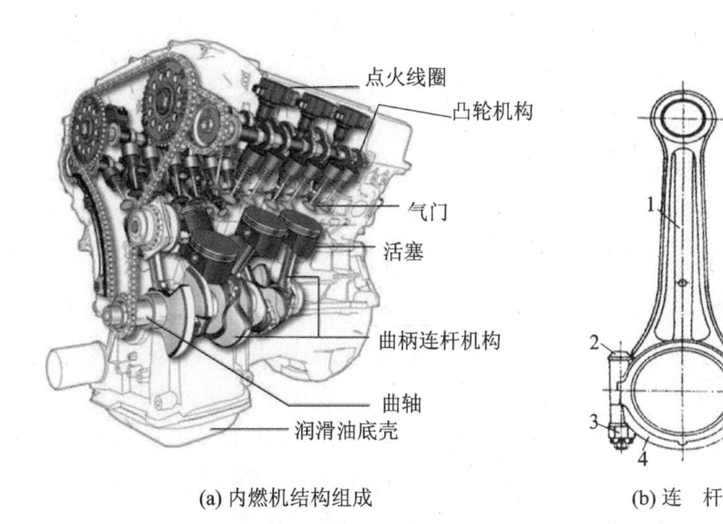

(a) 内燃机结构组成　　(b) 连　杆

图 3.2　内燃机的组成

以及螺母 3 这 4 个零件组成，形成一个运动整体。

3.2　机械设计基础教学认知体系

3.2.1　机械设计基础教学认知体系的建设理念

在高等教育把扩大规模转向提高高等教育办学质量的今天，北航提出了“强化基础，突出实践，重在素质，面向创新”的教学改革思路。围绕这个改革思路，通过调研了解全国兄弟院校的相关实验室的改革情况，构建出的新型实验教学体系就是：以开放式的实验室为基地，在培养学生工程素质、技能的基础上，拓展学生对机械设计对象形态、组成、结构及工作原理的认知和理解；使学生在学习掌握机械设计对象的工作原理及设计方法同时，利用现代测试技术和各种手段，培养学生自主地进行实验测试能力；通过设计性、综合性实验项目和学生科技创新活动，培养学生进行机械设计的创新思维能力和相互协作的科研精神，激发学生献身航空航天事业的精神，为培养创新型人才创造良好的环境。

现代化网络技术的发展，又给我们提供了进行网上认知的新手段。因此，在传统的陈列柜展示方式的基础上，探索利用网络技术和虚拟技术，进行机械设计基础认知实验的网络教学，可以弥补实验室硬件的不足，学生可以不受时间限制、随时随地进行观看、浏览。因此，根据这个教学理念，构思出开放式机械设计基础认知实验教学环境建设方案。

1. 拓宽机械设计基础认知实验内容

在认知的内容上，配合机械设计系列课程，展开对机械设计的对象如机构、常用机械零件的简单认知，进一步加深学生对设计对象形态、组成、结构工作原理的认知和理解。为了体现航空航天特色，在其现有的内容的基础上，增加航空、航天零件的展示和陈列；为了反映现代机械工业的发展，增加近年来开始大量使用的新型机械零件。由常规的机械零件的认知拓展到航空航天、新型机械零件，拓宽工程设计对象的认知体系。

2. 开放式、网络式的认知实验环境

在规划认知内容的基础上,全面实现认知实验的开放。把原来在展室中的陈列柜,搬至室外,置于公共场地,将实物面向全校师生。这不仅满足现场教学的使用需求,也丰富了校园文化,增强了学习氛围。网络虚拟认知实验室的建设,充分利用了网络资源,提供了大量的信息。通过开发交互式认知系统,可以进行对象构态等三维学习。开发实验室常年全天开放,网络实验室也是全天开放,机器认知实验室定期开放。

3. 展品名词术语双语化

随着我国工业化的进程,在加入WTO以后,大量的机电产品都采用英文说明。机械工业要与世界接轨,让学生了解机械部件的英文含义和专业词汇是培养与时俱进型人才的必要条件。另外,研究型大学强调培养研究型人才,为学生事先了解和学习英文专业词汇,以后阅读、撰写英文专业论文、了解国外的产品信息打下良好的基础。因此,陈列品采用汉英双语注释,使学生在学习认知的同时,掌握和了解其有关名词的英文含义。结合2006年教育部开展的国际机械工程专业认证,需要将学生培养成为国际化人才,在国际范围内从事机械工程方面的工作。

3.2.2 机械设计基础认知实验硬件环境建设

在北航"985教育振兴行动计划(一期)"建设资金的支持下经过多年的努力,在研究、规划机械设计基础实验教学体系的基础上,建成了开放式机械设计陈列厅、直升飞机主传动展示陈列室、机械原理陈列室、机械创新机构模型室、典型机械、结构装置等一系列硬件及实物认知环境。同时,建设了《机械设计基础教学实验中心网站》,开发了网络虚拟认知实验室。形成了特色鲜明及开放式、认知手段多元化的立体机械设计基础认知实验教学环境。

1. 机械设计陈列厅

机械设计陈列厅(图3.3)以机械零件陈列为主体,建设了包括常用机械零件的名称(中英文对照)、结构、类型;常用机械零件的加工工艺,刀具及加工过程;航空用机械零件的名称、结构;航天用机械零件的名称、结构;新型机械零件名称、结构等的机械设计陈列厅。该陈列厅面向学习机械设计系列课程的学生用于常用机械零、部件的结构认知,常用零部件的加工方法的了解。为了使学生了解现代机械工业的发展,新型机构、机械装置、机器、传动等以及机械学科的将来也被展示,如数控机床、精密机械及机器人中使用的直线导轨、直线轴承、球面螺旋传动、齿型带传动、谐波齿轮、环形减速器等;新型零件如特殊轴承、精密轴承、球面关节等。

图3.3 机械设计陈列厅

2. 飞机主传动系统展示厅

飞机主传动系统陈列厅(图3.4)也是面向全校全天开放,展示直升飞机的主传动系统的实物结构,包括主减速器、中间减速器及尾减速器等部分。展示室配有电动驱动,通过交互按钮,减速系统可以进行动作。学生通过观察减速器的动作情况,理解典型的螺旋锥齿轮传动和典型的两级行星齿轮传动,提高学生学习机械设计系列课程的兴趣和加强学生对直升机的工作原理的理解。

3. 机械原理陈列室

机械原理陈列室(图 3.5)用来展示机械中的常用机构的组成、工作原理,包括了常用的各种平面机构,在该陈列室中,我们还新建了典型巧妙机构模型的陈列,对学生开放,学生可以自主地对这些模型进行观察并使其动作,观察其巧妙创新之处,为学生展开机械科技创新提供新思路。陈列室的所有展品配备同声讲解,在观看的同时有相应的讲解。

4. 典型机器认知、结构、机械传动的认知

展示本校科学研究中所设计开发的典型的机械产品、实验装置、专利产品,使学生了解学校的相关机械专业的科研成果,增强学生自豪感,激励有志于科学研究工作的学生,每年进行更新。把实验中心建设成一个宣传的窗口。本实验中心配备了典型机器如牛头刨床、粉粒料包装机、制鞋机,以及现代信息机械等一系列典型机械装置,作为同学们进行机器、机构的实物认知内容(图 3.6)。在结构认知方面,本中心配备有各种常用的减速器十多台,为学生进行机器结构、功能认知时的装拆使用。在进行减速器装拆和结构分析的基础上,实验室还购置了十余种新型减速器的工业产品,作为学生了解现代减速器结构、原理的认知平台。减速器装拆实验多年来已经过多轮的实验,效果显著,同时,该实验室也向学生定期开放,并且在学生进行机械设计课程设计时,配合其进行观察和认知。

图 3.4　飞机主传动系统展示室

图 3.5　机械原理陈列室

图 3.6　典型/创意机构

3.2.3　机械设计基础认知的网络环境

根据现代化网络技术的发展,本实验中心自行建设了机械设计基础教学实验中心网站(图 3.7),该网站已在校园网上公开,面向全校师生开放,作为机械设计基础认知的一个网络实验教学的平台。现代网络技术的发展给我们提供了进行网上陈列的一个新手段。网络已进入千家万户,而且各个高校基本上都建设了校园网。将常用机械设计基础的认知内容建设在校园网上,学生可以不受时间限制、随时随地进行观看、浏览。比如,机构的动作原理可以在网上让学生直接观察机构的动作,理解机构的组成等。另外,对于机械零件的网络展示,利用三维造型创建常用零件的结构,使学生在认识结构的同时,利用人-机交互技术在网上进行操作,对零件的实体从不同的角度进行认知。

网站提供中心介绍、网络实验课程指导、在线服务等功能,学生可以便捷地从网上获取有关本学期实验教学的信息和实验室资源信息。

在网站上开设了机械百科栏目,建立了与机械课程的相关技术的一些背景知识,机械发展史,机械的现在和未来等知识。链接了清华大学的机械百科网站,列举了同学在机械设计或者课外活动制作中所需的相关机械产品的网站,为同学提供便捷的服务。另外,在该栏目下,提供了机械设计专业名词术语英汉对照表格,以供学生阅读相关外文资料。通过这些手段,使同学加强对机械的了解,增强学习机械设计基础课程的兴趣。

此外,还开发了网络实验报告提交和批阅系统,通过多年的试运行,效果良好。目前,网络虚拟实验室已在校园网上公开(图3.8)。

图3.7 教学实验中心网站

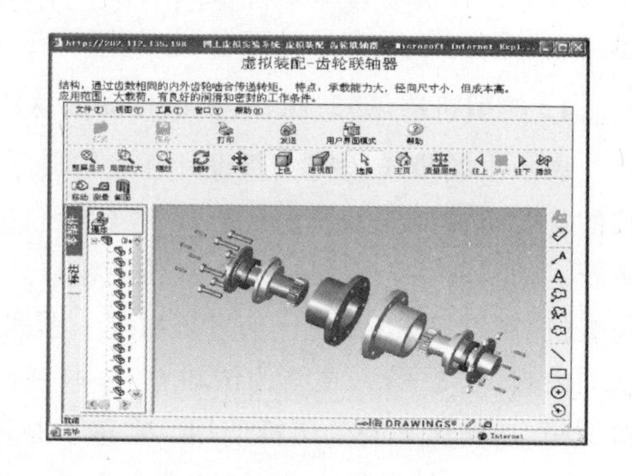

图3.8 网络虚拟装拆实验

3.3 常用机构认知实验

3.3.1 实验目的

本实验是通过观察现场陈列的各种典型电动机构,初步了解常用机构的结构、类型、特点及应用,加深理解各种常用机构之间的相对运动关系,增强对所研究对象的感性认识。本实验是开放实验,学生可利用业余时间进行。

3.3.2 实验内容

在机械原理陈列室内,展出各种典型机构共十柜,几乎包括了《机械原理》课程研究的所有机构,各个机构模型可定时按顺序运动,在演示时同步播放解说词,它实际上是一部直观、活动的教材。为便于仔细观察运动构件之间的相对运动关系,各机构模型也可不定时地间断运动,重复演示,加深印象。

1. 常用机构陈列内容

第一柜 绪言。

这一柜简要介绍机器与机构。其中有单缸汽油机(由曲柄滑块机构和凸轮机构所组成)、蒸气机(由曲柄滑块机构等组成)和缝纫机(由曲柄滑块机构和凸轮机构所组成)。可以看出一个共同特点:机器都由一个或几个机构按照一定的运动要求互相配合而成。

第二柜 平面连杆机构。

这一柜介绍了被广泛应用的平面连杆机构,它常分为三大类:

(1) 铰链四杆机构,通过采取不同的杆件为机架得到曲柄摇杆机构、双曲柄机构和双摇杆机构。

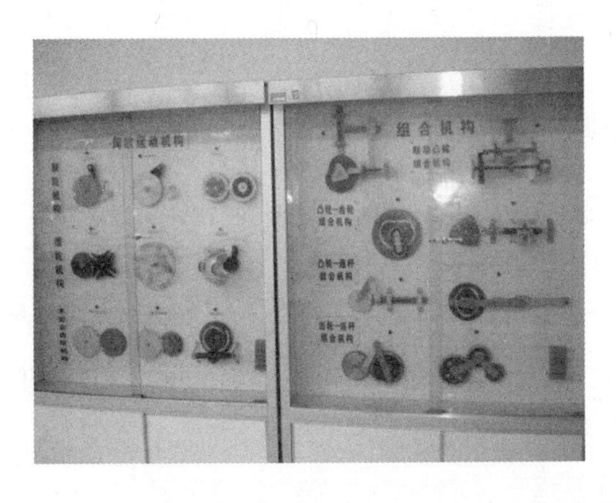

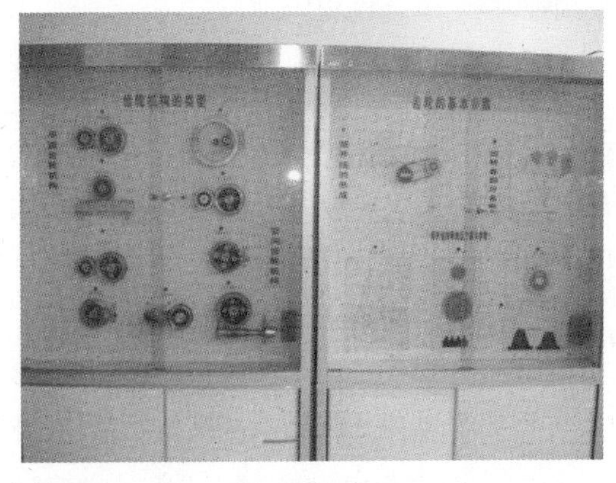

图 3.9　机械原理陈列柜

(2) 带一个移动副的四杆机构，简称单移动副机构。有曲柄滑块机构、曲柄摇块机构、转动导杆机构、移动导杆机构。

(3) 带有两个移动副的四杆机构，简称双移动机构。有曲柄移动导杆机构，双滑块机构、双转块机构。

第三柜　机构运动简图及其画法和平面连杆机构的应用。

这一柜有两个内容：第一部分是机构运动简图及其画法；第二部分是平面连杆机构的应用举例。

第四柜　凸轮机构。

这一柜介绍了凸轮机构的主要组成部分和基本形式。如盘形凸轮、移动凸轮、槽凸轮、等宽凸轮、等径凸轮、主回凸轮等机构，还有空间凸轮机构。

第五柜　齿轮机构。

这一柜介绍了齿轮机构的各种类型。根据轴线相对位置可分为两轴平行、两轴相交、两轴相错三大类齿轮传动机构。

(1) 两轴平行的有：内、外啮合的直齿和斜齿圆柱齿轮机构、齿轮齿条机构、人字圆柱齿轮机构。

(2) 两轴相交的有：直齿圆锥齿轮机构、曲线圆锥齿轮机构。

(3) 两轴相错的有：螺旋齿轮机构、圆柱蜗轮蜗杆机构等。

第六柜　齿轮机构参数。

这一柜介绍齿轮基本参数及一些齿轮的基本知识，并演示渐开线和摆线的形成。

渐开线齿轮的主要参数是：齿轮 Z、模数 m、分度圆压力角 α、齿顶高系数 h_a^*、顶隙系数 c^*。

第七柜　周转轮系。

这一柜介绍了周转轮系的基本情况。周转轮系是由几对齿轮组成的传动系统，分为差动轮系和行星轮系。

第八柜　间歇运动机构。

这一柜介绍各种间歇运动机构及两个停歇运动连杆机构。

常用的间歇机构有：棘轮机构、槽轮机构、齿轮式间歇机构等。

第九柜　组合机构。

这一柜按机构的串连、并联、反锁、迭合四种组合形式介绍各种组合机构。组合机构由几个基本机构组成,它综合了基本机构的优点,因此满足了多种要求。

第十柜　空间连杆机构。

这一柜介绍了一些基本的空间连杆机构以及它们的应用。有RSSR空间机构、RCCR联轴节、万向联轴节、4R揉面机构、角度传动机、萨勒特机构等。

2. 典型机构模型及实物

实验室备有十多种巧妙机构,以及二十多种典型的实际已经使用的机构,还包括了机构学史上一些典型机构。典型机构模型及实物如图3.10所示。

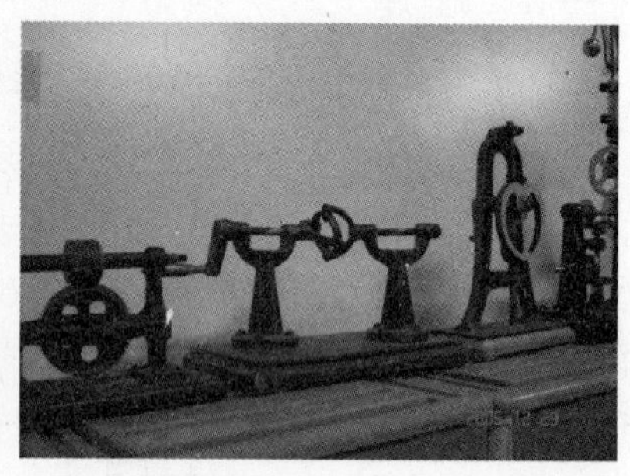

图3.10　典型机构模型及实物

面向学生开放,学生自己可以动手操作机构,观察机构的运动原理和机构构思的巧妙之处。运用收集和购买的典型机构模型和实物,使学生在学习常用机构的基础上,了解和认知一些典型或巧妙的机构,激发学生的机械创新意识,培养工程素质,启迪学生智慧。

3.3.3　思考题

1. 绪　言

(1) 简述机器的组成。

(2) 单缸汽油机、缝纫机、蒸气机是由哪些机构组成的?它们的共同特点是什么?

2. 平面连杆机构

(1) 曲柄摇杆机构、双曲柄机构和双摇杆机构组成原理是什么?

(2) 曲柄滑块机构、曲柄摇块机构、转动导杆机构、移动导杆机构与四杆机构有何联系?简述它们的应用。

(3) 曲柄移动导杆机构,双滑块机构、双转块机构与四杆机构有何联系?简述它们的应用。

3. 机构运动简图及其画法和平面连杆机构的应用

(1) 机构的自由度计算对测绘运动简图有何帮助?

(2) 如何判断高副与低副?

(3) 对所测机构能否改进?

4. 凸轮机构

(1) 在设计盘形凸轮、移动凸轮、槽凸轮、等宽凸轮、等径凸轮、主回凸轮等机构,还有空间

凸轮机构是如何考虑它们的传力特点和运动特点的？

(2) 推杆带有滚子时对凸轮轮廓有何影响？

5. 齿轮机构

(1) 简述齿轮啮合条件。

(2) 啮合齿轮的轴线有几种情况？各有何使用特点？

6. 齿轮机构参数

(1) 齿轮齿数 Z、模数 m、分度圆压力角 α、齿顶高系数 h_a^*、顶隙系数 c^* 的具体含义？

(2) 渐开线齿面是如何形成的？

(3) 若无齿侧间隙和齿顶间隙齿轮传动时会发生哪些问题？

7. 周转轮系

(1) 行星轮系和差动轮系有何区别？

(2) 怎样计算行星轮系和差动轮系的自由度？

8. 间歇运动机构

(1) 棘轮机构、槽轮机构、齿轮式间歇机构在使用时应注意哪些问题？

(2) 上述机构在传力上有何特点？

9. 组合机构

(1) 哪些机构可以通过串连、并联、反锁、迭合为组合机构，同时又能综合其各自优点？

(2) 传动链增长后运动传递会发生哪些变化？

10. 空间连杆机构

(1) 简述 RSSR 空间机构、RCCR 联轴节、万向联轴节、4R 揉面机构、角度传动机、萨勒特机构的特点。

(2) 空间连杆机构在装配、使用及维护方面应注意哪些问题？

3.4　机械零件现场认知实验

机械零件现场认知实验是机械设计课程教学过程中的一个重要的实验环节，在课堂讲授机械设计基本理论之前，通过现场教学，能够获得有关机械零件的感性认识，为学习机械设计课程设计打下良好的基础。机械零件现场认知实验如图 3.11 所示。

3.4.1　目的和要求

目的和要求如下：

(1) 通过观察和观看机械零、部件的类型和结构，了解其特点和应用。

(2) 了解机械零、部件的基本工作原理，为在课堂上深入学习机械零、部件的设计理论打好基础。

(3) 通过观察机械零、部件的失效形式，掌握机械零、部件的失效特征和设计准则。

(4) 通过观察和观看飞机减速器的工作原理和结构，了解机械设计在航空航天领域的应用。

图3.11　机械零件现场认知环境

3.4.2　教学内容

在机械设计陈列室内展出通用机械零件共23柜,陈列内容有:

第一柜　带传动:带传动的类型、带的类型、带轮结构、张紧装置。

第二柜　齿轮传动:齿轮传动基本形式、齿轮失效形式、受力分析、齿轮结构。

第三柜　轴类零件陈列:轴的类型、轴上零件定位、轴的结构设计。

第四柜　轴上零件固定装置模型:轴上零件固定方式,所使用的固定零件,轴向固定,径向固定、锁紧等。

第五柜　滚动轴承陈列:滚动轴承的各种类型陈列。

第六柜　滚动轴承陈列:滚动轴承的各种类型剖分结构陈列。

第七柜　滚动轴承与装置设计:滚动轴承主要类型、直径系列与宽度系列、轴承装置典型结构。

第八柜　滑动轴承陈列:推力滑动轴承、轴瓦结构、向心滑动轴承、润滑用油杯、密封方式。

第九柜　密封装置模型陈列:密封件类型,密封的介子,密封的载荷及转速条件。

第十柜　通用标准紧固件总陈列:螺纹的类、螺纹连接的基本类型、标准连接件、螺纹连接的应用、螺纹连接的防松、提高强度措施。

第十一柜　机械弹簧总陈列:拉簧,压簧,扭簧;圆柱弹簧,圆锥弹簧,发条弹簧,碟形弹簧。

第十二柜　联轴器模型陈列:刚性联轴器、弹性联轴器,链条联轴器,万向联轴器。

第十三柜　离合器模型陈列:牙嵌式离合器,电磁离合器,超越离合器,摩擦离合器。

第十四柜　轴加工工艺流程陈列:轴加工工序。

第十五柜　齿面加工方法陈列:铣齿,插齿,滚齿,磨齿等工艺。

第十六柜　齿面加工工艺陈列:拉内花键,检验滚齿(留剃量),插齿(留剃量),倒角(齿部),钳工去毛刺,剃齿,齿部高频淬火,推孔,绗齿,检验加油入库。

第十七柜　外圆与内孔加工方法陈列:车外圆,磨外圆;钻内孔,镗内孔,铰内孔。

第十八柜　平面加工工艺:梯形槽,燕尾槽,铣通键槽,铣不通键槽,平面,磨平面,刨平面等;平面加工顺序,平面加工刀具,T型槽的加工过程,燕尾槽加工过程。

第十九柜　螺纹加工方法陈列:板牙,攻丝,搓丝,车螺纹,铣螺纹,滚螺纹,磨螺纹,车方牙、梯形螺纹、圆锥管螺纹,圆柱螺纹,管制螺纹。

第二十柜　航空航天类零件陈列:螺栓,螺母,动作筒。

第二十一柜　航空航天类零件陈列:发动机叶片。

第二十二柜　HK 航空航天类零件陈列。

第二十三柜　XJL 新型机械零件陈列:新型传动带,轴承。

3.4.3　填空题

(1) 按照横剖面形状划分,常用带的类型有____带和____带两大类。

(2) 通常带的张紧装置分____张紧和____张紧两类。

(3) 平行轴斜齿轮传动、____、____、____和内齿轮传动都是平行轴齿轮传动,直齿锥齿轮传动____和____都是相交轴齿轮传动,____和____都是交错轴齿轮传动。

(4) 齿轮传动的失效形式主要有____折断和____损伤两类。其中齿面损伤又有______、____、____和____之分。

(5) 根据轴的承载情况可分为____轴、____轴和____轴。

(6) 零件在轴上的可分为____固定和____固定。

(7) 从轴的结构工艺性考虑,当同一轴上在不同轴向位置有多个键槽时,键槽应布置在____。

(8) 轴上零件轴向固定的方法有:____、____、____、____、____等。

(9) 轴上零件周向固定的方法有:____、____、____、____、____、____等。

(10) 滚动轴承通常由____、____、____及____四部分组成。

(11) 滚动体是滚动轴承的核心元件,它使相对运动表面间的____摩擦变为____摩擦。

(12) 转速较____、载荷较____,要求旋转精度____时宜选用球轴承;转速较____、载荷较____或有冲击载荷时选用滚子轴承。

(13) 写出下列代号所表示轴承的类型:1200 ____、52302 ____、22301 ____、62/22 ____、30204 ____、70/28 ____、N422 ____、81111 ____。

(14) 若分别以 d、D 表示内、外径,而 B 表示轴承的宽度,试比较以下四种轴承之间的关系:内径____外径________宽度____。

(15) 滚动轴承与轴的配合应为____;滚动轴承与轴承座孔的配合应为____。(内圈与轴为基孔制,外圈与孔为基轴制,内圈与轴为基轴制,外圈与孔为基孔制)

(16) 油孔用来供应润滑油,油____则用来输送和分布润滑油。油沟不应该开在油膜____区内,否则会降低油膜的承载能力。

(17) 滚动轴承的密封是为了防止____从轴承中流失,同时也为了防止外界____、____侵入轴承。

(18) 密封按照原理不同可分为____式密封和____式密封两大类。哪类密封受速度的限制?

(19) 常用螺纹按牙型可分为____螺纹、____螺纹、____螺纹和____螺纹四种。

(20) 按照构成螺纹连接的主要零件划分,螺纹连接的主要类型有:____连接、____连接、____连接和____连接。

(21) 从螺纹连接放松原理来分可分为:利用摩擦,具体装置及方法如____、____、____、____。

(22) ____;直接锁住,具体装置及方法如____、____、____;破坏螺纹副关系,具体装置及方法如____、____、____。

(23) 按照受力性质,弹簧主要分为____弹簧、____弹簧、____弹簧和弯曲弹簧。按照弹簧形状可分为____弹簧、____弹簧、____弹簧、____弹簧、____弹簧等。

(24) 刚性联轴器有____联轴器、____联轴器和____联轴器等。

(25) 挠性联轴器有____联轴器、____联轴器、____联轴器、____联轴器和____联轴器等。

(26) 嵌入式离合器包括:____嵌式离合器、齿嵌式离合器、____嵌式离合器和键嵌式离合器。

(27) 磁粉离合器、安全离合器、离心离合器及超越离合器各自的结构特点是什么?

(28) 操纵离合器的方法有:____的、电磁的、气压的和____的等。

(29) 摩擦式离合器包括:____离合器、多盘式离合器、____离合器和块式离合器。

3.4.4 新型减速器展示

近年来出现了一些新开发并已转化成为产品的工业用新型减速器,如:可调速减速器、摆线针轮减速器、行星无级变速器、谐波减速器、上置式蜗杆减速器、下置式蜗杆减速器、微型蜗杆减速器、两级圆柱齿轮减速器、圆锥-圆柱齿轮减速器、汽车差速器等如图 3.12 所示。

图 3.12 新型减速器

在学习拆装常用减速器的基础上,学习并了解现代新型减速器的原理和组成结构,把握并跟踪机械工业的发展脉搏,了解机械传动的先进技术,开拓思路,这对激发更高的学习机械传动的兴趣是十分必要的。

3.4.5 直升机主传动系统展示

直-5 直升机是我国制造的第一代直升机,是哈尔滨飞机制造公司于 20 世纪 60 年代初在苏联米里设计局研制的苏联第一代米-4 军用运输直升机的基础上,于 1958 年试制并首次试飞成功。其后,经过我国科研工作者的努力,对其进行了大量的改进,从旋翼的使用寿命和全机的飞行性能到座舱的有效空间,飞机的重量等 12 个项目进行了设计和工艺重大改进。通过一系列改进后,直-5 最大平飞速度由原机的 185 km/h 提高到 210 km/h,巡航速度由 140 km/h 提高到 170 km/h,动升限由 5 500 m 提高到 6 000 m。

直-5 是一种多用途直升机,可用于空降、运输、救护、水面救生、地质勘探、护林防火和边境巡逻等(图 3.13)。可以昼夜复杂条件下飞行,运送 11 名全副武装的伞兵(超载可运 15 名),载 1 200 kg 装备或货物(超载 1 550 kg)。救护时可运 8 名担架伤员和 1 名医护人员。直升机外部可吊运 1 350 kg 货物。

图 3.13　直-5 直升机

图 3.14　主减速器

直-5 直升机的主要技术数据：机长（旋翼和尾浆旋转）25.015 m；机高 4.4 m；旋翼直径 21 m；最大起飞质量 7 600 kg；最大平飞速度 210 km/h；最大航程（带副油箱）780 km。

直升飞机的主传动系统由主减速器、传动轴、中间减速器、尾减速器等组成，发动机与主减速器，主减速器与中间、尾减速器之间以及和附件之间均有传动轴和联轴节相联，以传递功率。

主减速器：直升机上主要传动部件如图 3.14 所示，也是传动装置中最复杂、最大、最重的部件。发动机通过螺旋锥齿轮啮合驱动主轴，作为主减速器的输入，然后，动力和运动通过主减速器将高转速、小转矩的发动机功率变成低转速、大扭矩传递给旋翼轴。主减速器是一个独立的部件，安装在机身上部的减速器舱内，用支架支撑在机体承力结构上。

直-5 直升机主减速器主要由机匣和齿轮传动组成。机匣通过螺栓连接直接固定到中机身框架和梁上，机匣承受了直升机的全部载荷。传动机构主要由行星齿轮传动组成，通过螺旋锥齿轮把主轴的动力和运动经由尾轴传递到中间轴。

中间减速器：发动机的功率通过主减速器和尾轴传给尾桨。为了提高外露尾桨的位置，使直升机抬头时不致使尾桨触地，在直升机的尾梁与尾斜梁之间装有一个中间减速器，使尾轴的轴线向上转折一定的角度，如图3.15 所示。

图 3.15　中间减速器

图 3.16　尾减速器

直-5 直升机的中间减速器由机匣，齿轮传动机构，油雾分离通气嘴，磁螺塞和量油玻璃窗组成。

尾减速器：直-5 直升机的尾减速器主要用于改变尾传动轴的转速和转动方向，以带动尾桨旋转。也可用于传动尾桨叶进行变距，以保证直升机的航向操纵。尾减速器主要由机匣、输入齿轮、输出齿轮和尾桨变距操纵机构组成，如图 3.16 所示。

第四章　工程制图实验

工程图学课程包括画法几何和机械制图，其主要目标是培养三种能力，即把想法变为图形的能力，把图形变为模型的能力，把模型变为产品的能力。工程图形是工程界表达、交流的语言，在工程设计中，工程图形作为构思、设计与制造中工程与产品信息的定义、表达和传递的主要媒介。课程的主要培养用图形表达设计思维的方法，并且先于其他课程使学生接触到工程实践，培养严谨细致的工作作风。

机械制图通过几个实践环节进行教学，首先通过开设"工程设计工具"课程，培养学生进行机械设计的基本素质和技能。其次先于其他课程接触工程实际，进行工程对象的认知，具体地利用本实验中心建设的机械设计基础认知环境，从几何形体—模型—真实机械零件—机械部件—机器这样一个认知过程培养工程意识。然后，通过一些常用机器的拆装，进行机器组成分析实验。在此基础上，通过一些典型零件的测绘，学会使用常用的机械测量工具和测量方法，理解其与零件的设计、加工关系，装配关系，公差、表面粗糙度等基本概念。利用网络技术、虚拟装配实验室，将虚拟设计、虚拟装配等高新技术引入工程图学演示类实验，大大拓宽学生的视野和思路。

4.1　典型零件测绘实验

4.1.1　实验目的

实验目的如下：

(1) 掌握内外尺寸的测量方法。

(2) 掌握常用尺寸测量原理，操作使用及数据处理。

(3) 熟悉常用零件的测量技术。

(4) 理解零件的尺寸公差，表面粗糙度概念及表达方法。

4.1.2　实验仪器及工具

实验仪器及工具如下：

(1) 外径千分尺；内径百分表、量块。

(2) V形架、平板。

(3) 螺纹中径千分尺，螺纹三线(针)、螺纹牙规。

(4) 公法线千分尺、游标卡尺、渐开线函数表(自备)，标准渐开线直齿圆柱齿轮一件。

4.1.3　实验内容及步骤

1. 零件尺寸的测量

1) 测量内容及方法

阶梯孔的尺寸测量和圆度误差测量：内径百分表是测量孔径的常用测量仪，根据孔径的大

小选择不同长度的固定量柱一套。仪器的测量范围取决于固定量柱的范围。测量任务是图 4.1的阶梯孔的孔径的测量和圆度误差的测量。

(1) 首先，根据被测孔径的基本尺寸选择相应的固定量柱旋入量杆的头部。

(2) 根据被测孔径的基本尺寸调节外径千分尺，然后将内径百分表的量柱活动测头压入千分尺，找准孔径基本尺寸的百分表指针读数。

(3) 将内径百分表放入被测零件孔内，找出与基本尺寸相比百分表指针读数的差值。

(4) 根据被测孔径的深度分多个断面进行测量。

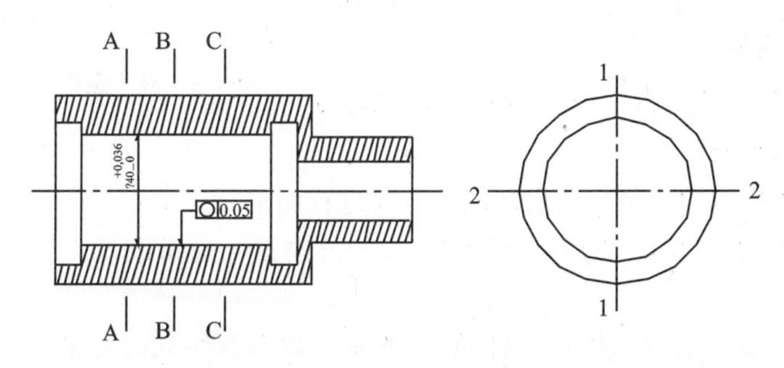

图 4.1　阶梯轴的测量

2) 减速器输出轴形状误差的测量

以减速器输出轴如图 4.2 所示，为一阶梯轴，其主要作用是支撑轴上齿轮和联轴器，它们的公共轴线是相关表面的基准轴线，主要从以下几方面进行测量：

(1) 基准外圆表面 A 和 B 的径向圆跳动误差测量，将输出轴放置在偏摆检查仪的两顶尖之间，将千分表(或百分表)分别垂直放在 A 和 B 外圆表面上，旋转零件一周，千分表(或百分表)上的最大和最小读数差即为 A、B 表面相对于 A、B 公共基准轴线的径向圆跳动值，如图 4.3 所示。

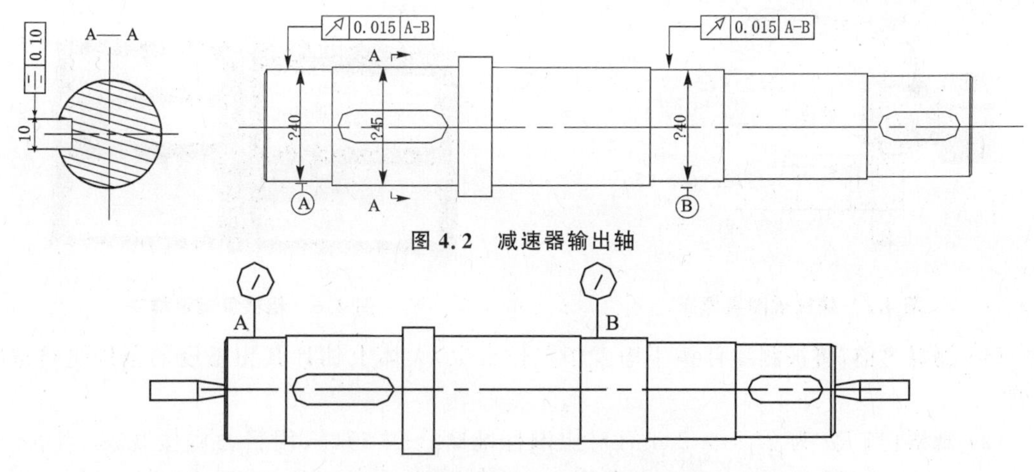

图 4.3　基准外圆表面径向圆跳动的测量

(2) 键槽对轴线的对称度的测量(图 4.4)，在键槽中塞入定位块(量块)，在 V 形架上测量。先用百分表将定位块的上平面校平(沿径向与平面平行)，记下读数 x_1，再将工件旋转 180°，在同一横截面方向将定位块校平，记下此时的读数 x_2。设两次读数差为 A，则对于半径为 R、槽深为 t 的轴，键槽对轴线在测量截面的对称度误差为

$$f = \frac{A \cdot \frac{t}{2}}{R - \frac{t}{2}} \tag{4.1}$$

同时,沿键槽长度方向进行测量,取长度方向两点 a_1,a_2 的最大读数误差为长度方向对称度误差,则:轴上键槽的对称度误差为

$$f = a_1 - a_2 \tag{4.2}$$

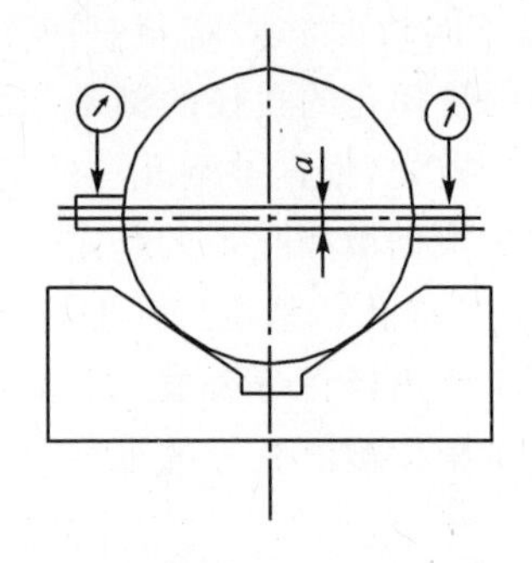

图 4.4 轴上键槽对轴线对称度的测量

2. 普通螺纹测量

(1) 螺纹大径(d)的测量　用普通指示量具(如千分尺)进行直接测量。

(2) 螺纹中径(d_2)的测量　采用螺纹千分尺进行测量。

(3) 螺纹小径(d_1)、螺距(P)和牙型半角($\alpha/2$)的测量　通常利用万能工具显微镜或工具显微镜测量。

(4) 螺距的测量可采用螺纹规,如图 4.5 所示。没有螺纹规时可采用简单的压印法测量螺距,螺距$P=T/(n-1)$,式中 n 为测量范围 T 内的螺纹数。应多测几个螺距值,然后取平均值。

3. 零件表面粗糙度测量

测量表面粗糙度的方法很多,有比较测量法、光切法、干涉法、激光反射法等。比较测量法是通过视觉或触觉对被测零件表面与一组表面粗糙度样板比较块进行对照比较,凭人的经验估计和判断被测表面的粗糙度参数。粗糙度测量样块如图 4.6 所示。

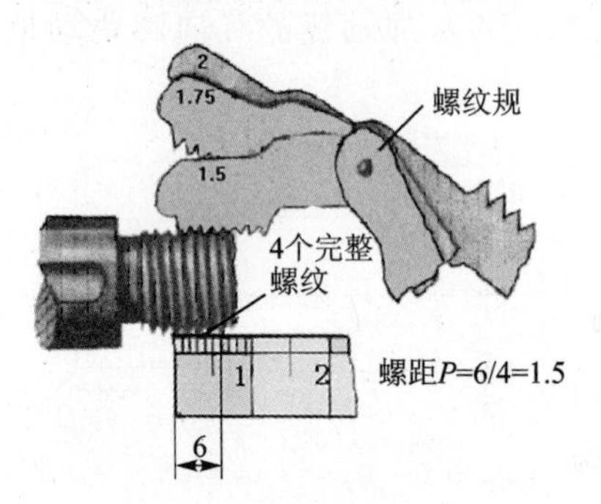

图 4.5 螺纹规测量螺距

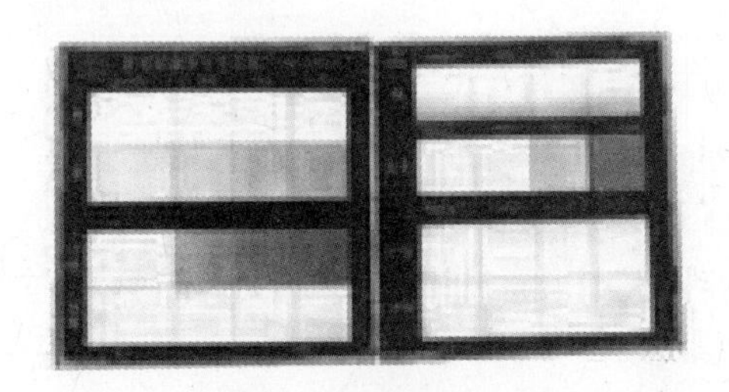

图 4.6 粗糙度测量样块

(1) 测量之前,将被测零件擦干净置于工作台上,大体上估计其粗糙度的范围进行以下观测。

(2) 观察:当 Ra 为 25~3.2 μm(对应旧标准∇2~∇5)时,用目力直接观察;当 Ra 为 1.6~0.8 μm(对应旧标准∇6~∇7)时,用 5~10 倍放大镜进行观察;当 Ra 为 0.4~0.2 μm(对应旧标准∇8~∇9)时,用双物镜比较显微镜进行观察。

(3) 对照粗糙度样块,确定出粗糙度等级。

4. 齿轮参数测量

掌握应用公法线千分尺测量渐开线圆柱齿轮主要参数,熟悉并巩固齿轮部分尺寸与参数

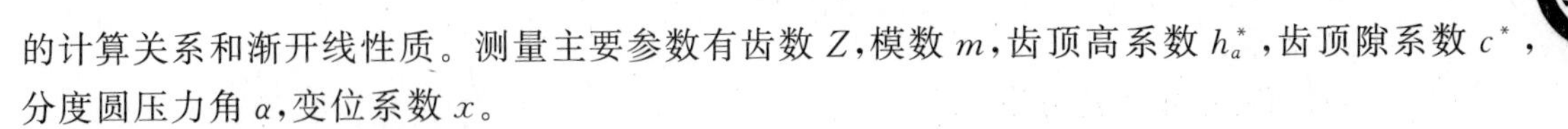

的计算关系和渐开线性质。测量主要参数有齿数 Z，模数 m，齿顶高系数 h_a^*，齿顶隙系数 c^*，分度圆压力角 α，变位系数 x。

(1) 用公法线千分尺测定公法线长度，确定 m 值。

如图 4.7 所示，用公法线千分尺跨过 k 个齿，测得齿廓间的公法线距离 W_k（单位：mm），然后再跨过 $k+1$ 个齿，测得其距离为 W_{k+1}。跨越齿数根据被测齿轮的齿数确定如表 4.1 所列。

表 4.1　跨越齿数

Z	12～18	19～27	28～36	37～45	46～54	55～63	64～72	73～81
K	2	3	4	5	6	7	8	9

根据渐开线的性质，齿廓间的公法线长度与所对应的基圆的圆弧长度相等，所以，

$$W_{k+1} - W_k = P = \pi m \cos\alpha \tag{4.3}$$

于是，

$$m = \frac{W_{k+1} - W_k}{\pi \cos\alpha} \tag{4.4}$$

式中，压力角 α 已经标准化，将测量结果 W_{k+1}、W_k 及 $\alpha=20°$ 代入式(4.4)，得出 m 值。然后将此值与渐开线圆柱齿轮模数(GB/T 1357—1987)对照，取得最接近计算 m 的标准模数为该齿轮的模数。

(2) 测量变位系数 x，根据变位齿轮的公法线计算公式：

$$W_{k(变)} = m\cos\alpha[\pi(k-0.5) + z\,\mathrm{inv}\alpha] + 2xm\sin\alpha \tag{4.5}$$

其中，x 为径向变位系数，$\mathrm{inv}\alpha$ 为 α 的渐开线函数，$\mathrm{inv}20° = 0.014\ 904$，$k$ 值由上表确定。根据测量的公法线长度和上式，变位系数通过下式计算出：

$$x = \frac{W_{k(变)} - W_{k(标)}}{2m\sin\alpha} \tag{4.6}$$

如果 $W_{k(变)} - W_{k(标)} = 0$，则该齿轮为标准齿轮。

(3) 齿顶高系数和顶隙系数的测量

根据齿根高的计算公式：

$$h_f = m(h_a^* + c^* - x) = (mz - d_f)/2 \tag{4.7}$$

式中，d_f 为齿根圆的直径，可以用游标卡尺测得，如图 4.8 所示；仅齿顶高系数 h_a^*、齿顶隙系数 c^* 未知，故只要分别将标准齿的齿顶高系数 $h_a^*=1$，齿顶隙系数 $c^*=0.25$，短齿的齿顶高系数 $h_a^*=0.8$，齿顶隙系数 $c^*=0.3$ 代入计算，符合等式的一组即为所求的值。

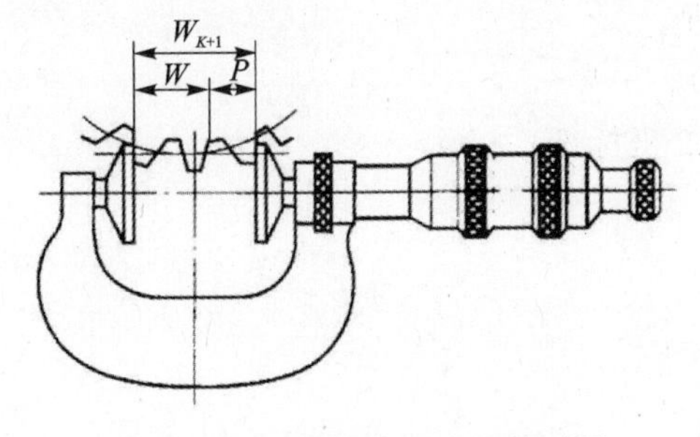

图 4.7　直齿圆柱齿轮公法线测量

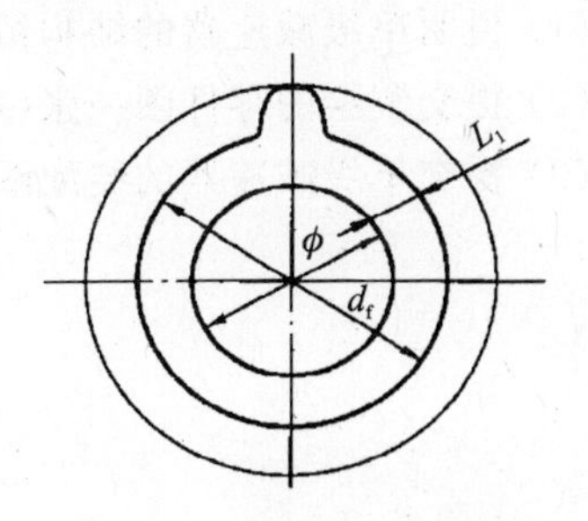

图 4.8　齿根圆直径的测量

实验报告要求：

(1) 分析零件，确定表达方案。

(2) 画零件草图。

(3) 测量和标注尺寸。

4.2 单级圆柱齿轮减速器的综合测绘

4.2.1 实验目的

实验目的如下：

(1) 通过简单一级减速器的装拆，初步理解机器的工作原理。

(2) 了解典型机器的组成和结构，了解常用机械零件的结构和形式。

(3) 学习机器的测绘方法和装拆方法。

(4) 理解机器的整体结构，为绘制机器的装配图奠定基础。

4.2.2 实验设备及工具

实验对象：单级圆柱齿轮减速器

实验工具：游标卡尺，公法线千分尺，外径千分尺，内径百分表，平板、V形块，粗糙度样板，高度游标尺，扳手，锤子，铜棒。

4.2.3 实验步骤

实验步骤如下：

(1) 测量减速器的外形尺寸、安装尺寸。

(2) 按正确的顺序拆卸减速器。

(3) 完成减速器中指定零件的测绘，并绘制零件图。

(4) 完成减速器中指定零件的表面粗糙度、尺寸精度、配合尺寸的测量。

(5) 用草图绘制减速器的装配图俯视图。

(6) 将减速器装配还原。

4.2.4 实验报告要求

实验报告要求如下：

(1) 说明单级减速器的结构组成和工作原理。

(2) 提交测绘的零件图一张(用A3坐标纸)。

(3) 提交单级减速器的装配图俯视图(用A2坐标纸)。

第五章　机械原理实验

机械原理实验作为机械原理课程的实践教学环节，是实现理论联系实际、激发学生学习兴趣的重要环节和手段。为适应机械原理课程的改革需要，机械原理实验内容也在不断进行改革，通过购买和自行研制国内领先的实验设备，已逐渐将实验内容的重心过渡到认知性、创新性实验。机械原理实验围绕常用机构认知→机构组成→机构设计→机构分析与参数测试→机构动力学与飞轮调速→转子动平衡→机械运动方案创新设计展开。本章就机械原理实验的实验内容和步骤进行介绍。

5.1　机构运动简图测绘

5.1.1　实验目的

实验目的如下：

(1) 学会根据实际机器或模型绘制机构运动简图的方法。

(2) 验证机构自由度的计算公式，并由理论计算和实际机器比较判断机构运动的确定性。

5.1.2　实验基本要求

实验基本要求如下：

(1) 机器及各种构件、运动副必须用规定符号来表示。

(2) 对于平面机构，应选择与机构中各构件运动所在的平面相平行的平面作为投影面。所画的机构位置应选择各个构件和运动副最显露的位置。

(3) 在机构运动简图中必须表示出与运动有关的一切尺寸(如转动副间的中心距和移动副导路的方位等)，而与运动无关的尺寸不必画出。注意保持各构件的相对位置关系。

(4) 原动件要以箭头表示其运动方向，并由原动件依次以1、2、3……数字编号，各个运动副均以A、B、C……大写英文字母标注。

5.1.3　实验方法与步骤

具体的方法与步骤如下：

(1) 首先了解机器的功用和所要实现的运动变换，然后由原动件开始按运动传递顺序观察，认清机架和运动构件，特别要仔细观察具有微小运动的构件，从而确定组成机构的构件数目。

(2) 根据各相邻构件的相对运动性质及其接触情况，确定各个运动副的类型。

(3) 判别所画机构中各构件运动所在平面，从而选择合适的投影面，并确定所画的机构位置。

(4) 目测各构件的相对尺寸，大致按比例徒手画出机构运动简图的草图，如图5.1所示的锯床机构运动简图的绘制。

(5) 按实际机器仔细核对机构运动简图。计算机构的自由度,并根据实际机构的原动件数判别机构运动是否确定。

(6) 整理报告,绘制较规整的机构运动简图。

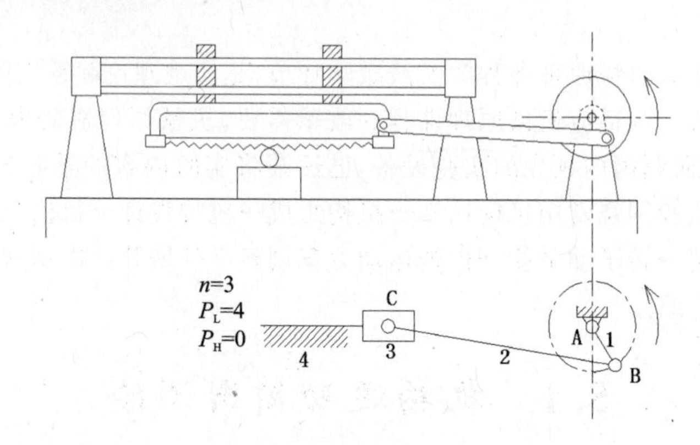

图 5.1 锯床机构结构示意图和运动简图

5.1.4 实物模型

实物模型包括:锯床、牛头刨床、颗粒包装机、液体包装机,以及若干新型机构模型。

5.1.5 实验报告

1. 实验目的

简述实验目的。

2. 机构运动简图及自由度计算

完成如表 5.1 所列的机构运动简图绘制和其他各项的填写与计算。

表 5.1 机构运动简图及自由度计算

机构运动简图 机构名称:	原动件数	
	活动构件数	$n=$
	低副数	$P_L=$
	高副数	$P_H=$
	自由度	$F=$
	机构运动是否确定	

5.1.6 思考题

(1) 举例说明,哪些是与运动有关的尺寸,哪些是与运动无关的尺寸。

(2) 机构自由度的计算对绘制机构运动简图有何帮助?

5.2 连杆机构创意设计实验

5.2.1 实验目的

使学生通过完成设计任务要求的机构或机械系统运动方案，应用虚拟样机技术进行分析以及在“机构组合实验台”上搭接所设计的机构或机构系统，培养机构运动设计中的创新意识，提高创新设计能力以及应用先进的分析手段对机构运动特性进行分析、评价的能力。

5.2.2 实验基本要求

实验基本要求如下：

(1) 每人选取或设计一个题目作为本实验的设计内容。

(2) 在上实验课前，必须至少完成所选题目的一个方案设计，并完成该方案的尺寸设计。

(3) 上实验课时，带上所完成的设计方案。

5.2.3 实验方法与步骤

实验方法与步骤如下：

(1) 构思设计任务中机构传动系统的组成方案，画出机构示意图。

(2) 对所构思出的机构方案进行论证及评价，选出较佳方案。

(3) 详细设计所确定的机构，按比例绘制出机构的运动简图。

(4) 用“组合式可调平面连杆机构模型”进行组装试验。

(5) 对机构的设计方案提出改进意见。

(6) 撰写机构设计及实验组装说明书。

5.2.4 实验报告

实验报告内容包括：①设计题目简介。②机构运动方案设计与论证。③机构设计。④机构的仿真分析验证。⑤机构的搭接。⑥实验遇到的问题及对策。

5.2.5 设计题目

1. 飞机襟翼展开机构设计

1) 题目简介

飞机在正常飞行状态时，襟翼与机翼较为紧密地接触，即处在Ⅰ位置，在某些飞行状态下，则要求将襟翼展开放下到Ⅱ位置，如图5.2所示。

2) 原始数据及设计要求

固定铰链要安装在机翼允许安装的区域内，而运动铰链也要安装在襟翼上允许安装的区域范围内，其他尺寸如图所示，并要求机构的许用传动角$[\gamma]=50°$。

2. 飞机起落架收放机构设计

1)题目简介

飞机起飞和着陆时,须在跑道上滑行,起落架放下机轮着地,如图5.3中实线所示,此时油缸提供平衡力;飞机在空中时须将起落架收进机体内,如图5.3中虚线所示,此时油缸为主动构件。

2)原始数据及设计要求

起落架放下以后,只要油缸锁紧长度不变,则整个机构成为自由度为零的刚性架且处在稳定的死点位置,活塞杆伸出缸外。起落架收起时,活塞杆往缸内移动,所有构件必须全部收进缸体以内。不超出虚线所示区域。采用平面连杆机构,最小传动角大于或等于30°。已知数据如图所示,未注尺寸在图上量取后按比例计算得出。

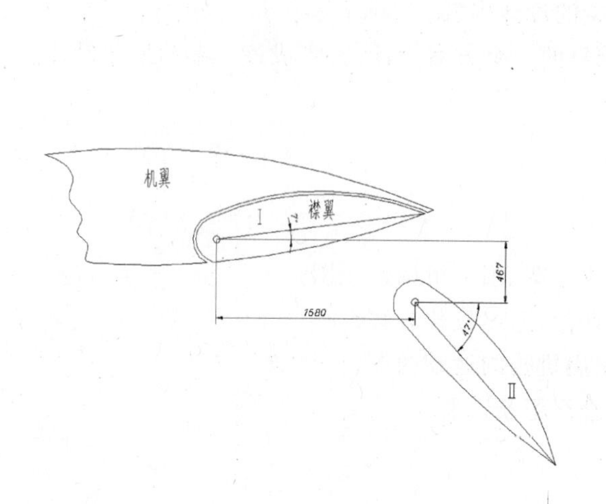

图5.2 飞机襟翼展开机构设计要求

图5.3 飞机起落架收放机构设计要求

3. 飞机飞行高度指示机构设计

1)题目简介

飞机因飞行高度的不同,大气压力发生变化,会使膜盒产生变形,从而使C点产生位移。现要求设计一个高度指示机构,将C点的位移转化成仪表指针DE的转动,进而指示出飞机的飞行高度,如图5.4所示。

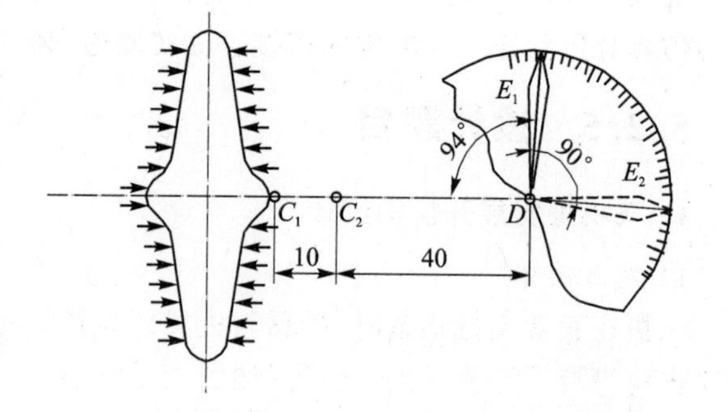

图5.4 飞机飞行高度指示机构设计要求

2)原始数据及设计要求

铰链C点的最大位移为10 mm,对应仪表的转角为90°。要求所设计的机构为低副机构,且具有良好的传动性能,即要求机构的传动角不小于40°。

4. 改型理发椅机构设计

1）题目简介

为了使理发椅适合美容业的需要且更加舒适和便于操作，现进行改型设计，用单一手柄引动可实现坐、半躺和全躺三种状态，如图 5.5 所示。

2）原始数据及设计要求

（1）手柄的位置分别对应于靠背和踏脚的位置。

（2）采用平面连杆机构。最小传动角大于 30°。

（3）尺寸及角度如图所注，其他几何尺寸自行确定并标注。

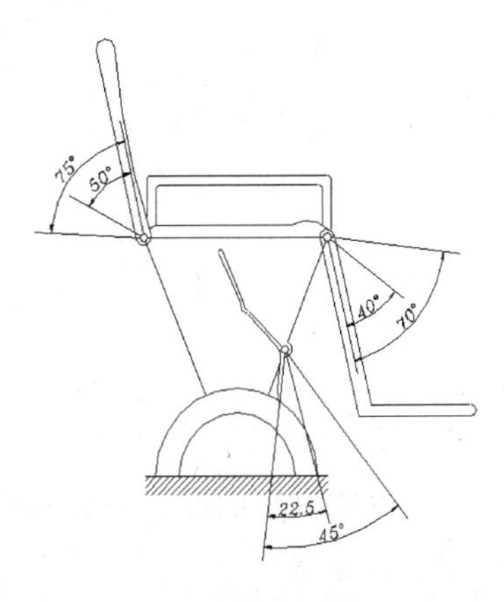

图 5.5 改型理发椅机构设计要求

5. 双人沙发床机构设计

1）题目简介

双人沙发床机构设计是要完成实现既能作沙发，又能作双人床使用的一种多功能家具的设计。当构件 2 处于抬起位置时，构件 1 则处于与水平面具有 5°夹角的位置，此时该家具用作沙发使用。在将构件 2 由抬起位置放置到水平位置的过程中，构件 1 绕 A 点转动到处于水平位置，此时该家具用作双人床使用，如图 5.6 所示。

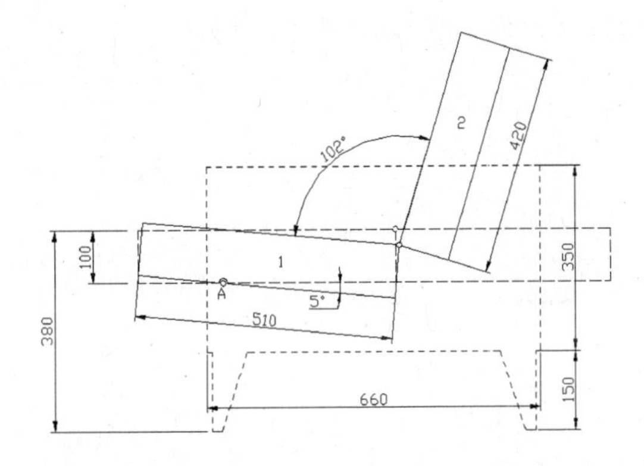

图 5.6 双人沙发床机构设计要求

2）原始数据及设计要求

双人沙发床使用状态及原始参数如图所示。要求所设计的机构为低副机构，且在沙发床侧挡板大小（660 mm×350 mm）的范围内运动。要求沙发和双人床之间转换方便，受力合理，稳定可靠。

6. 听课折椅机构设计

1）题目简介

听课折椅是一种既能坐，又能放书包的多功能椅子。结构如图 5.7 所示。书写扶手板可用来记笔记，书包架可用来放书包，不用时可以完全折叠。

2）原始数据及设计要求

听课折椅使用状态及原始参数如图 5.7 所示。要求所设计的机构为低副机构，并注意防

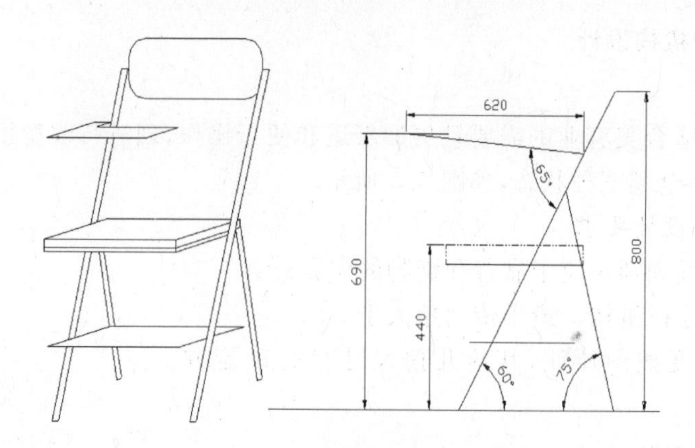

图 5.7 听课折椅机构设计要求

止杆件的干涉,受力要合理。

7. 载重汽车的起重后板机构设计

1) 题目简介

在汽车装卸作业中,常需要将货物由地面装到车厢上或将车厢上的货物卸到地面上。如果没有叉车,则装卸比较费时费力。现考虑利用载重汽车的车厢后板设计出一个起重平台来解决这个问题。要求起重后板在起升过程中保持水平平动(例如图 5.8 所示的位置 1、2),在完成起升任务后可与车厢自动合拢(如图 5.8 所示的位置 3)。

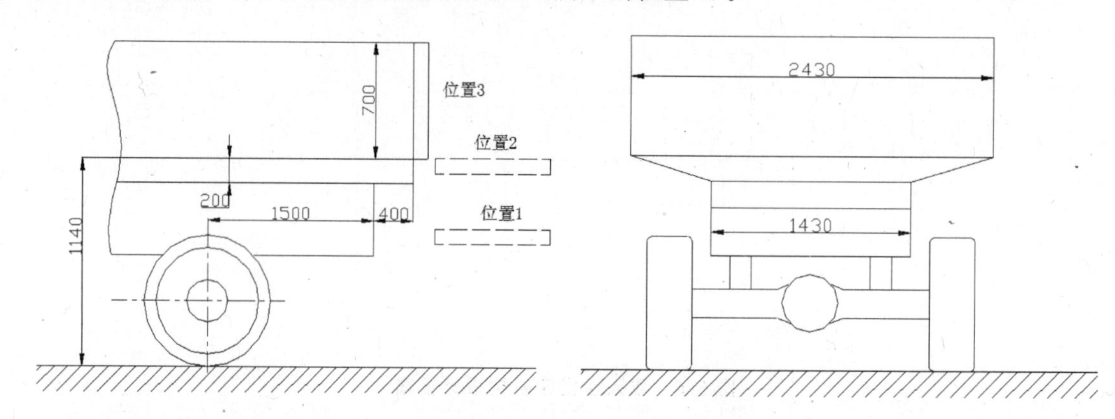

图 5.8 载重汽车的起重后板机构设计要求

2) 原始数据及设计要求

汽车车厢的参数如图所示。设计要求为:起升、合拢所用动力部件采用伸缩油缸,油缸安装在车厢下面,且后板与车厢合拢后,两只油缸的活塞应缩进油缸体内以防止在行车过程中飞石等碰伤活塞杆。起升机构、合拢机构的最小传动角 $g_{min}>40°$。起升机构、合拢机构均采用低副连接。

8. 新型自行车机构设计

1) 题目简介

目前人们所骑的自行车都是用脚蹬转中轴,通过链条传动带动后轮转动。现在设想设计一种新型自行车传动机构,骑车者两脚分别脚踏左右两个摇杆,再通过传动机构带动后轮转

动，从而驱动自行车前进，如图 5.9 所示。

2）原始数据及设计要求

新型自行车原始参数如图 5.9 所示。要求所设计的机构为低副机构，并注意防止杆件的干涉。传动性能良好，摇杆与其连接杆件的传动角不小于 40°。

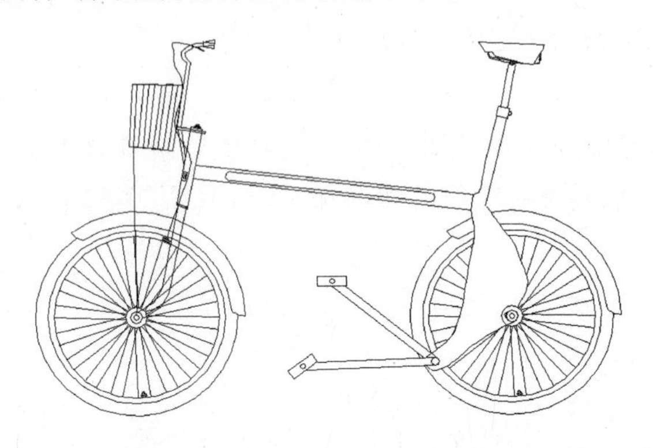

图 5.9　新型自行车机构设计要求

9. 钢板翻转机构设计

1）题目简介

钢板翻转机构的功用是将钢板翻转 180°。其工作过程为(图 5.10)：当钢板 T 由辊道被送至左翻板 W_2 后，翻板 W_2 开始顺时针方向转动，转至距铅垂位置偏左 10°时，恰好与逆时针方向转动的右翻板 W_1 会合。接着 W_1 和 W_2 一起同速顺时针转至距铅垂位置偏右 10°时，完成将钢板由在翻板 W_2 放到翻板 W_1 的传递。然后翻板 W_2 折回到水平位置，与此同时，翻板 W_1 顺时针方向继续转动至水平位置，从而完成将钢板 T 翻转 180°的任务。

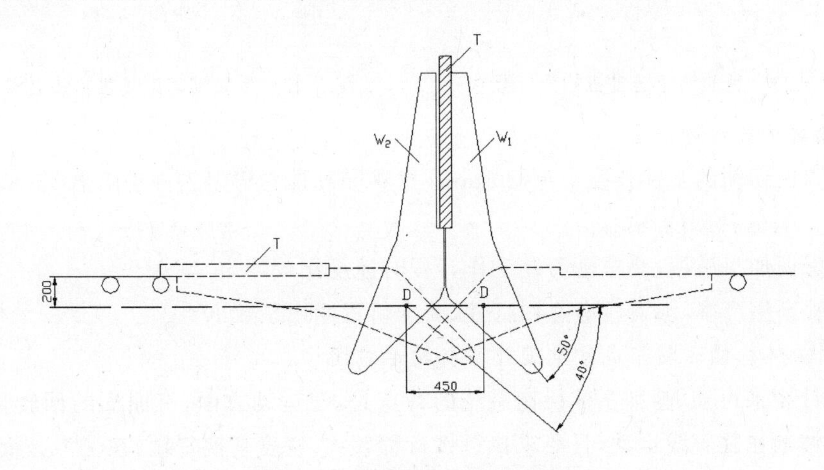

图 5.10　钢板翻转机构设计要求

2）原始数据及设计要求

每分钟翻钢板 5 次，机构的许用传动角$[\gamma]=50°$。

10. 自动钻床送进机构设计

1）题目简介

钻床是一种常用的孔加工设备。试设计一钻床送进机构(图 5.11)，其输入运动为构件 1

的匀速回转运动,输出运动为钻头的往复直线运动。

2) 原始数据及设计要求

钻头的行程为320 mm。钻头在对工件进行钻孔过程中,要求以近似匀速送进。为提高工作效率,要求机构具有行程速比系数 $K=2$。另外,还要求机构传动性能良好。

11. 设计实例——牛头刨床主体机构设计

1) 题目简介

牛头刨床是一种用于切削平面的加工机床,它是依靠刨刀的往复运动和支承并固定工件的工作台单向间歇移动来实现对平面的切削加工,如图5.12所示。刨刀向左运动时切削工件,向右运动时为空回。

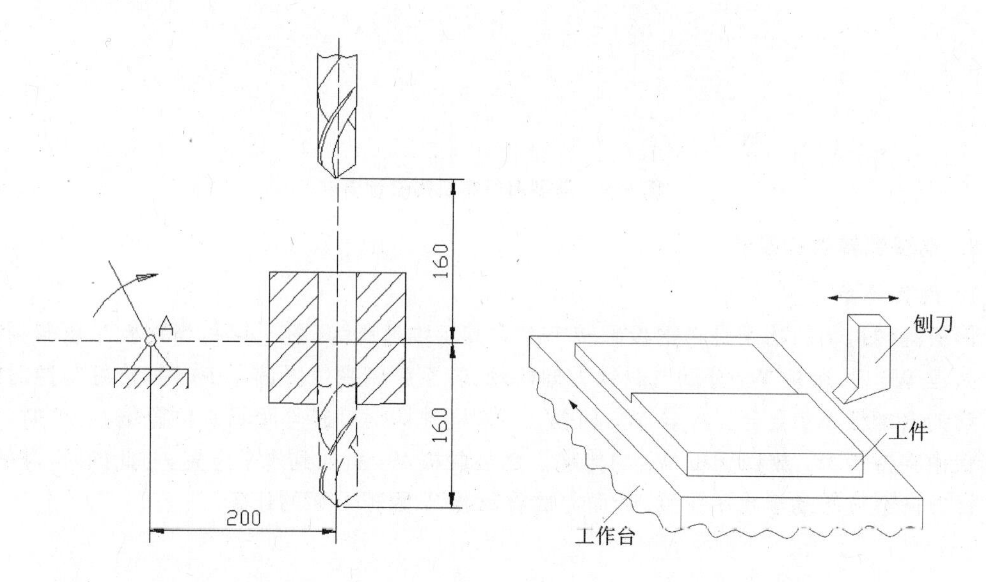

图5.11　自动钻床送进机构设计要求　　**图5.12　牛头刨床主体机构设计要求**

2) 原始数据及设计要求

(1) 刨刀所切削的工件长度 $L=180$ mm,并要求刀具在切削工件前后各有一段约0.05L的空刀行程。每分钟刨削30次。

(2) 为保证加工质量,要求刨刀在工作行程时速度比较均匀。

(3) 为提高生产率,刨刀应有急回特性,要求行程速比系数 $K=2$。

3) 刨削主体机构运动组成方案设计及机构示意图

由上设计要求可知,刨削主体机构系统的特点是,在运动方面,有曲柄的回转运动变换成具有急回特性的往复直线运动,且要求执行件行程较大,速度变换平缓;在受力方面,由于执行件(刨刀)受到较大的切削力,故要求机构具有较好的传力特性。根据对牛头刨床主体刨削运动特性的要求,可以列出以下几个运动方案,如图5.13所示。

4) 机构方案的论证与评价

图5.13(a)所示方案采用偏置曲柄滑块机构。结构最为简单,能承受较大载荷,但其存在有较大的缺点:一是由于执行件行程较大,则要求有较长的曲柄,从而机构所需活动空间较大;二是机构随着行程速比系数 K 的增大,压力角也增大,使传力特性变坏。

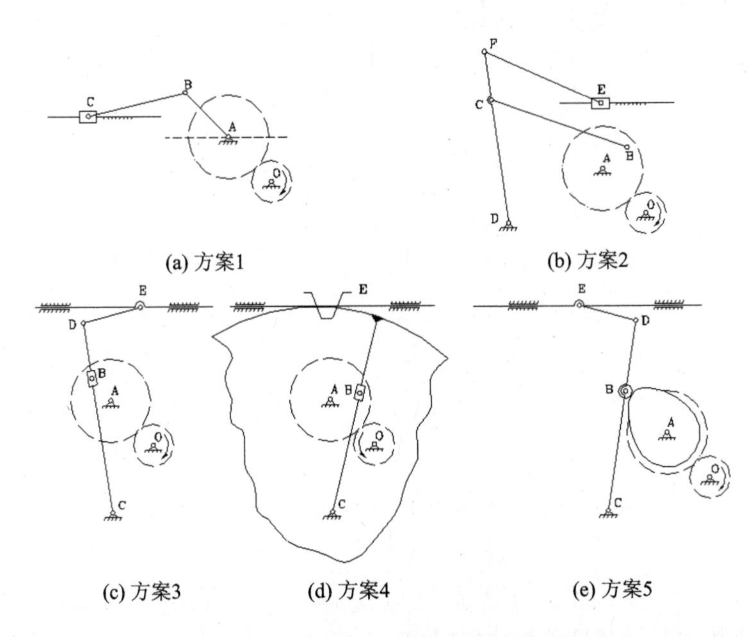

(a) 方案1　(b) 方案2

(c) 方案3　(d) 方案4　(e) 方案5

图 5.13　刨削主体机构运动组成方案

图 5.13(b)所示方案由曲柄摇杆机构与摇杆滑块机构串联而成。该方案在传力特性和执行件的速度变化方面比方案图 5.13(a)所示方案有所改进，但在曲柄摇杆机构 ABCD 中，随着行程速比系数 K 的增大，机构的最大压力角仍然较大，而且整个机构系统所占空间比图 5.13(a)所示方案更大。

图 5.13(c)所示方案由摆动导杆机构和摇杆滑块机构串联而成。该方案克服了图 5.13(b)所示方案的缺点，传力特性好，机构系统所占空间小，执行件的速度在工作行程中变化也较缓慢。

图 5.13(d)所示方案由摆动导杆机构和齿轮齿条机构组成。由于导杆作往复变速摆动，在空回形成中导杆角速度变化剧烈，虽然回程中载荷不大，但齿轮机构会受到较大的惯性冲击，而且在工作行程开始也会突然受到较大切削力的冲击，由此容易引起轮齿的疲劳折断，而且还会引起噪声和振动。此外，扇形齿轮和齿条的加工也较为复杂，成本较高。

图 5.13(e)所示方案由凸轮机构和摇杆滑块机构所组成。由于凸轮与摇杆滚子也为高副接触，在工作行程开始也会突然受到较大切削力冲击，由此引起附加动载荷，致使凸轮接触表面的磨损和变形加剧。当然，此方案的优点是：容易通过凸轮轮廓设计来保证执行件滑块在工作行程中作匀速运动。

比较以上五种方案，从全面衡量得失来看，图 5.13(c)所示方案作为刨削主体机构系统较为合理。

5）机构设计及机构运动简图的绘制

刨削主体机构的设计如图 5.14 所示。

设计步骤为：

(1) 根据运动设计要求($K=2$)，可得到该机构的极位夹角 θ 为

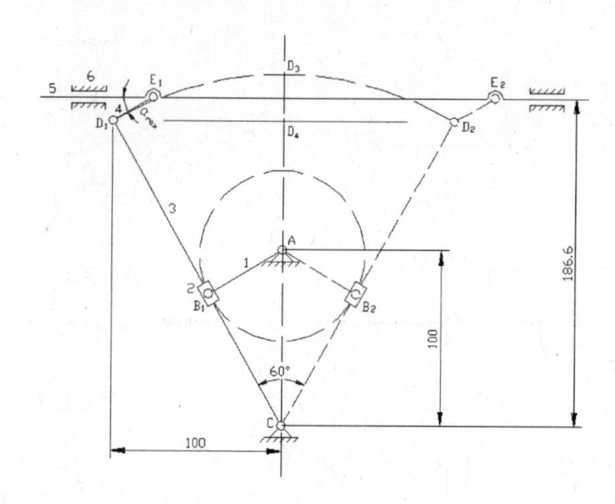

图 5.14　刨削主体机构(六杆导杆机构)的设计

$$\theta = 180^\circ \frac{K-1}{K+1} = 180^\circ \frac{2-1}{2+1} = 60^\circ \tag{5.1}$$

(2) 由导杆机构的运动特性可知,导杆的角行程 $\psi=\theta=60^\circ$,由此可得到导杆的两个极限位置 CD_1 和 CD_2。

(3) 根据运动要求,可得到刨刀的行程 H 为

$$H = L + 2\times 0.05\times L = (180 + 2\times 0.05\times 180)\ \text{mm} = 198\ \text{mm} \approx 200\ \text{mm} \tag{5.2}$$

由此可确定铰链 D 的相应位置 D_1 和 D_2(D_1 和 D_2 两点的水平距离为 H)。

(4) 为了使机构在运动过程中具有良好的传力特性,特要求设计时使得机构的最大压力角具有最小值,因此经分析得出:只有将构件 5 的移动导路中心线取在图示的位置(即 D_1 和 D_3 两点铅垂距离的中点位置),才能保证机构运动过程的最大压力角 α_{max} 具有最小值。

(5) 选定机构的许用压力角$[\alpha]=30^\circ$,则构件 4 的长度为

$$l_4 = \frac{l_{D_3D_4}}{2\sin[\alpha]} = \frac{26.79}{2\sin 30^\circ} \approx 27\ \text{mm} \tag{5.3}$$

(6) 合理选则固定铰链 A 的位置($l_{AC}=100$ mm),则即可确定曲柄 AB 的长度为

$$l_1 = l_{AC}\sin 30^\circ = 50\ \text{mm} \tag{5.4}$$

6) 机构的仿真分析

根据给定的刨削次数要求(30 次/分钟),得到原动件 1 的角速度为 $\omega_1=\pi$rad/s。应用虚拟样机仿真软件(ADAMS)建立上述六杆导杆机构的仿真模型,并进行仿真分析,模型及分析结果如图 5.15 所示。

由仿真分析结果可以看出,刨刀在刨削工件时,刨刀的速度波动不是很大,并满足大行程的要求。这进一步验证了该方案较优。

7) 机构的物理样机搭建

用"组合式可调平面连杆机构模型"进行刨削主体机构物理样机搭建,如图 5.16 所示。

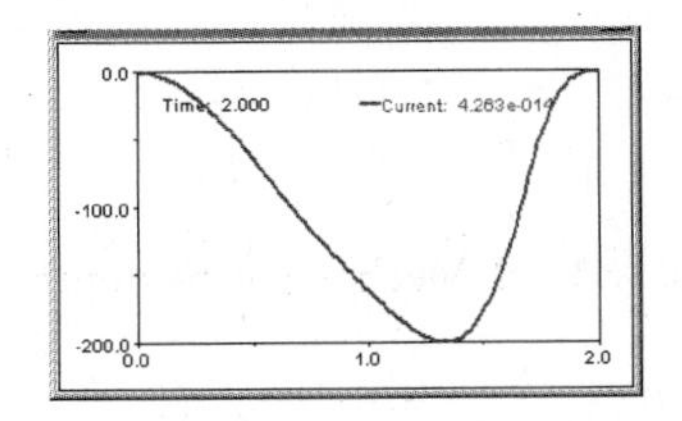

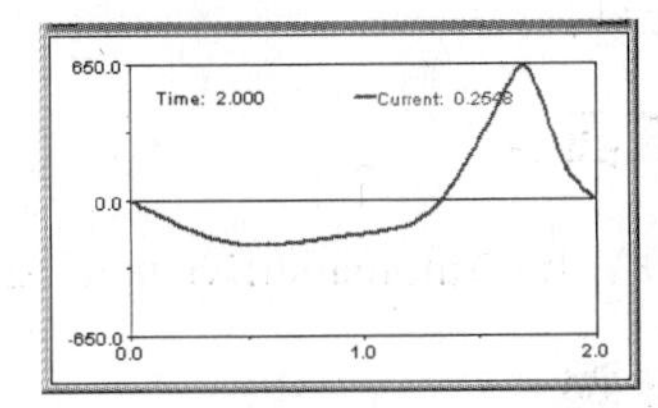

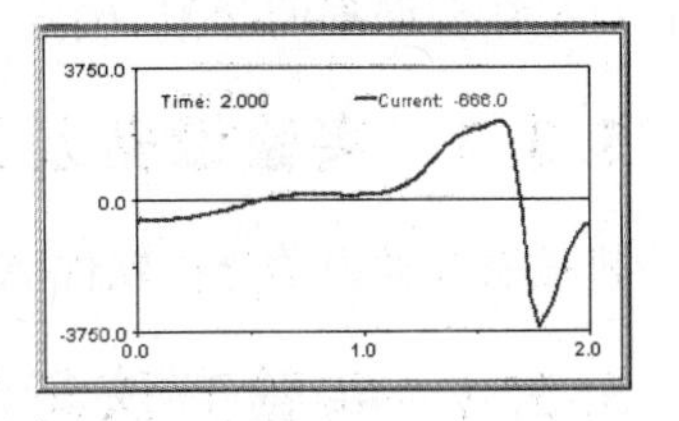

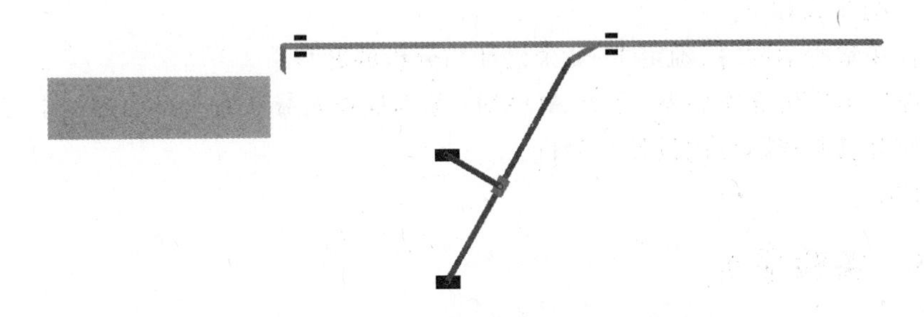

图 5.15　刨削主体机构虚拟样机模型及仿真结果

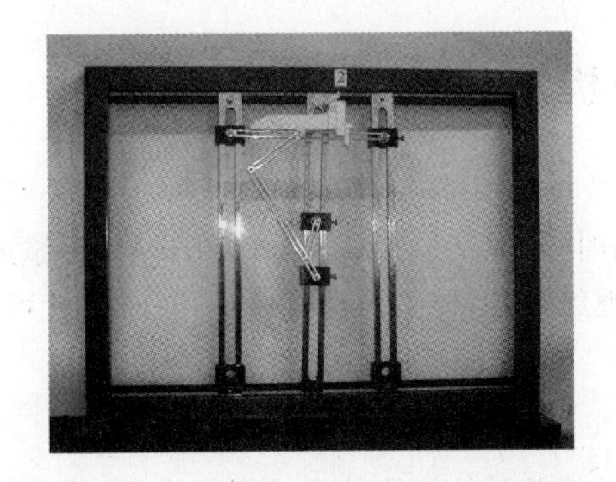

图 5.16　刨削主体机构的物理样机

5.3　机构虚拟样机分析与设计实验

5.3.1　实验目的

实验目的如下：

(1) 初步了解虚拟样机技术的概念和实现方法。

(2) 基本掌握使用先进虚拟样机分析软件 ADAMS 进行机构建模的方法。

(3) 掌握应用 ADAMS 对机构进行分析与验证的方法。

5.3.2　实验基本要求

实验基本要求如下：

(1) 自行了解虚拟样机技术的概念。

(2) 自行了解 ADAMS 软件的功用和特点。

(3) 结合课程的学习,确定题目。

5.3.3 实验设备及工具

机械系统动力学分析软件 ADAMS(Automatic Dynamic Analysis of Mechanism System)。

5.3.4 实验方法与步骤

实验方法与步骤如下:

(1) 结合课堂所学内容,确定1～2个设计与分析的题目。

(2) 在虚拟样机仿真实验室,完成 ADAMS 基本操作指导教程全部内容的学习。

(3) 完成自己所选题目的设计与分析。

(4) 整理报告。

5.3.5 实验报告

实验报告内容包括:①设计与分析题目简介。②虚拟样机的创建过程。③虚拟样机仿真结果。④结论。

5.3.6 设计与分析题目

1. 机构组成分析

应用杆组理论创建机构时,首先从创建一个原动件开始,再添加一个杆组,仿真虚拟样机,验证机构的自由度不变,再继续添加杆组,再仿真验证,一步步就可以创建一个复杂的机构,如图5.17所示。

2. 机构的虚约束分析

首先建立如图5.18所示的椭圆仪机构的虚拟样机模型,然后对其进行运动仿真并测量得到连杆上任意一点的轨迹(椭圆)。删除掉两个滑块中的任意一个,再进行虚拟样机的仿真,观察或测量得同一点运动轨迹是否发生变化。

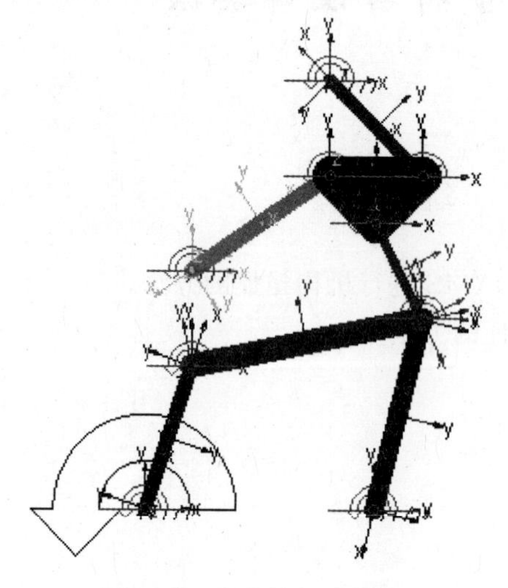

图5.17 机构的组成分析

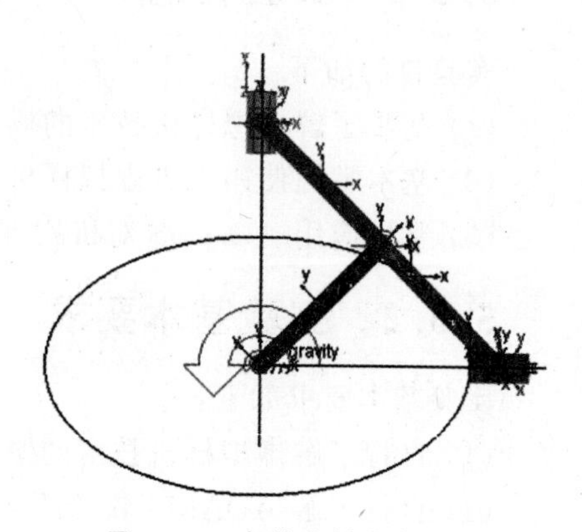

图5.18 虚约束的仿真验证

3. 机构的局部自由度分析

首先建立滚子移动从动件凸轮机构的虚拟样机，如图 5.19 所示。然后给小滚子施加一个相对移动从动件的局部转动。当此局部转动处于不同的运动状态时(小滚子转动快、慢及不转等状态)，测试从动件的运动变化的情况，并分析小滚子的运动对从动件的运动规律的影响。

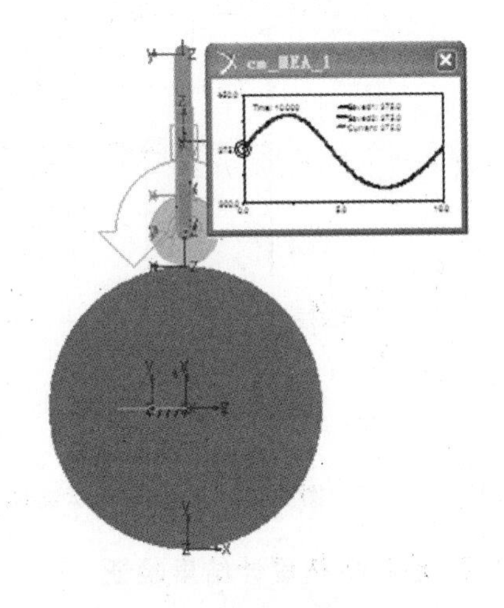

图 5.19　局部自由度的验证

4. 曲柄存在条件分析

创建一个如图 5.20 所示的铰链四杆机构，对其进行仿真分析，观察机构中是否存在有曲柄，并分析其原因。

5. 曲柄滑块机构的急回特性分析

创建一个曲柄滑块机构(图 5.21)，对其进行仿真分析，测量滑块的位移。从滑块的位移曲线中，确定出滑块左右移动所花费的时间，进而计算得到行程速比系数 K。

根据所创建曲柄滑块机构的几何尺寸，通过理论分析，得到极位夹角 q 后计算出行程速比系数，比较两个行程速比系数 K 的差异。

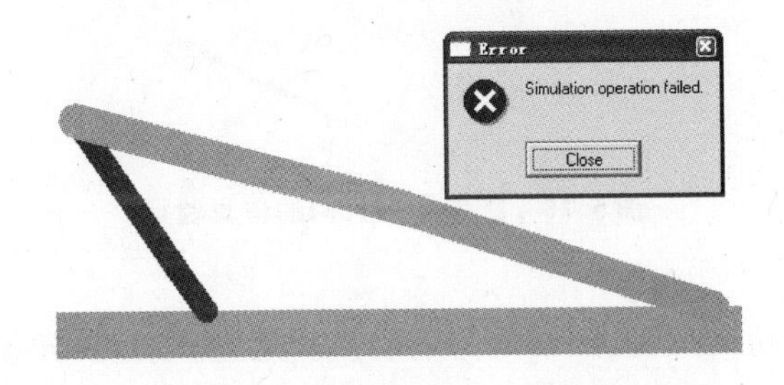

图 5.20　机构中曲柄存在条件的验证

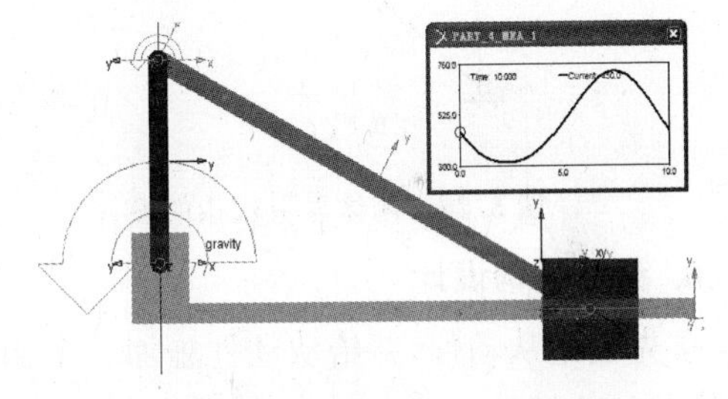

图 5.21　机构的急回特性分析

6. 轮系传动比的验证

在如图 5.22 所示轮系中，各齿轮的齿数为 $z_1=z_{2'}=100$，$z_2=101$，$z_3=99$。计算该轮系的传动比得

$$i_{1\mathrm{H}}=\frac{\omega_1}{\omega_\mathrm{H}}=1-\frac{z_2z_3}{z_1z_{2'}}=1-\frac{101\times 99}{100\times 100}=\frac{1}{10\ 000} \tag{5.5}$$

建立该轮系的虚拟样机模型，如图 5.23 所示。仿真并测量得到齿轮 1 和系杆 H 的角速度，比较这两个角速度值，就得到虚拟样机中轮系的传动比。另外，在仿真过程中观察轮系运动过程，了解如此大的传动比的机构，各构件是如何运动的。

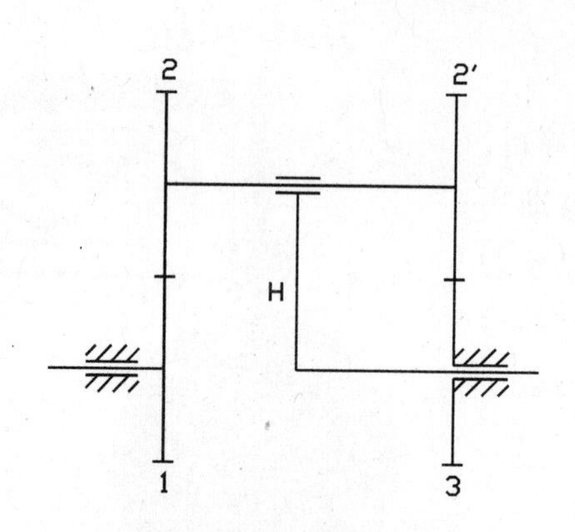

图 5.22　轮系机构运动简图

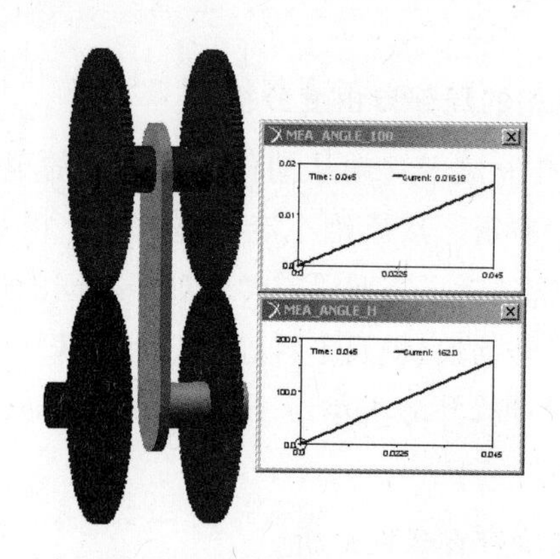

图 5.23　轮系传动比验证

7. 连杆机构设计结果验证

连杆机构设计中，在已知两个固定铰链位置的条件下，按给定的连杆三个运动位置设计刚体导引机构的问题，当设计完成如图 5.24 所示的刚体导引机构后，就可以建立此刚体导引机构的虚拟样机模型，通过仿真和测量，对设计机构进行验证，如图 5.25 所示。

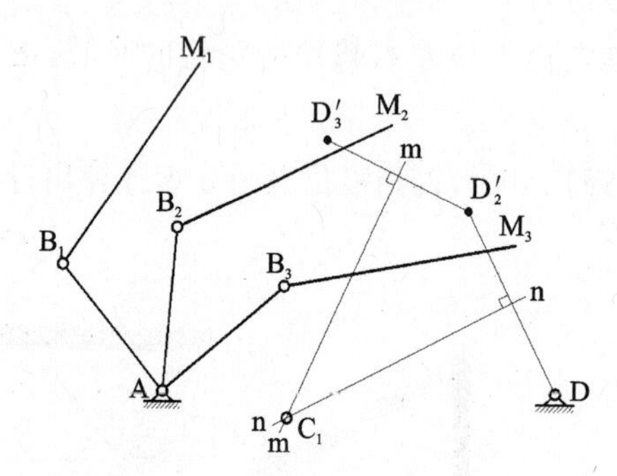

图 5.24　刚体导引机构的设计

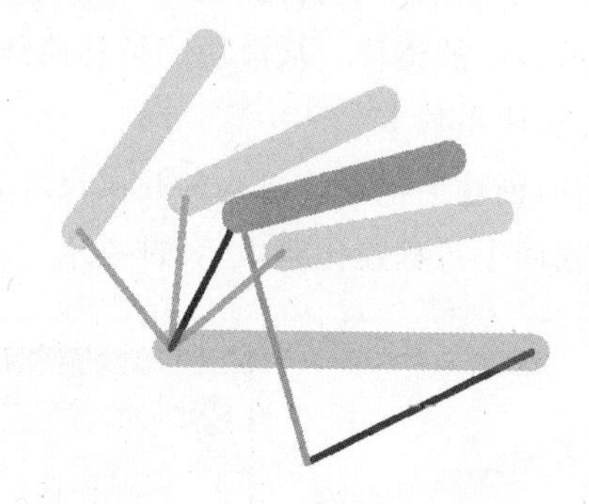

图 5.25　刚体导引机构的仿真验证

8. 凸轮机构设计

首先创建从动件，并给从动件施加一个运动，使其按照给定的运动规律运动；创建凸轮模板，使其匀速转动，如图 5.26(a)所示。仿真分析，获取从动件尖端相对凸轮模板的运动轨迹，也即凸轮的轮廓曲线，如图 5.26(b)所示。删除凸轮模板和从动件上的运动，如图 5.26(c)所示。在从动件和凸轮轮廓曲线之间定义凸轮运动副，得到设计完成的凸轮机构虚拟样机，如

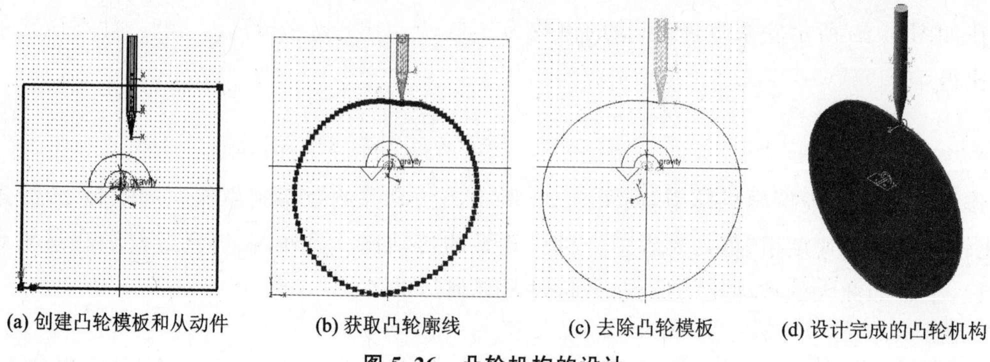

(a) 创建凸轮模板和从动件　(b) 获取凸轮廓线　(c) 去除凸轮模板　(d) 设计完成的凸轮机构

图 5.26　凸轮机构的设计

图 5.26(d)所示。通过仿真该机构,可测量得到从动件的运动规律,再与设计要求进行比较。

5.3.7 思考题

(1) 什么是虚拟样机?

(2) 虚拟样机技术存在哪些优点?

(3) 在创建只用于运动学分析的虚拟样机时,需要知道哪些参数?而在创建用于动力学分析的虚拟样机时,需要知道哪些更多的参数?

5.4 凸轮机构动态测试实验

5.4.1 实验目的

本实验针对移动滚子从动件盘形凸轮机构和移动滚子从动件圆柱凸轮机构进行机构结构分析与运动分析、速度波动的调节及其平衡等章节教学内容,利用计算机仿真技术与实际机构动态测试相结合的实验手段,对机械原理课程的上述重要内容进行综合实验训练。

5.4.2 实验设备及工具

凸轮机构动态测试实验台,盘型凸轮、圆柱凸轮若干套。

5.4.3 实验内容

1. 盘形凸轮机构实验

(1) 通过多媒体软件对凸轮机构的运动参数进行设计。

(2) 进行盘形凸轮机构中凸轮运动的速度波动实测与仿真。

(3) 进行盘形凸轮机构中推杆的运动学参数及运动规律的实测与仿真。

(4) 更换盘形凸轮及推杆位置可进行以下 8 种推杆运动规律的实测与仿真。

① 凸轮 1 运动规律:推程为等速运动规律,回程为改进等速运动规律;

② 凸轮 2 运动规律:推程为等加速等减速运动规律,回程为改进梯形运动规律;

③ 凸轮 3 运动规律:推程为改进正弦加速运动规律,回程为正弦加速运动规律;

④ 凸轮 4 运动规律:推程为 3—4—5 多项式运动规律,回程为余弦加速运动规律。

2. 圆柱凸轮机构的实验

(1) 进行圆柱凸轮机构中凸轮运动的速度波动实测与仿真。

(2) 进行圆柱凸轮机构中推杆的运动学参数及运动规律的实测与仿真。

(3) 圆柱凸轮机构可进行以下 2 种推杆运动规律的实测与仿真

推程:改进等速运动规律,回程:改进等速运动规律。

5.4.4 实验方法与步骤

以盘形凸轮机构为例,实验步骤如下:

(1) 打开计算机,单击“凸轮机构”图标,进入凸轮机构运动测试设计仿真综合试验台软件

系统的封面。单击左按钮,进入盘形凸轮机构动画演示界面。

(2) 在盘形凸轮机构动画演示界面左下方单击“盘形凸轮机构”按钮,进入盘形凸轮机构原始参数输入界面。

(3) 在盘形凸轮机构原始参数输入界面的左下方单击“凸轮机构设计”按钮,弹出凸轮机构设计对话框;输入必要的原始参数,单击“设计”按钮,弹出一个“选择运动规律”对话框;选定推程和回程运动规律,在该界面上,单击“确定”按钮,返回凸轮机构设计对话框;待计算结果出来后,在该界面上,单击“确定”按钮,计算机自动将设计好的盘形凸轮机构的尺寸填写在参数输入界面的对应参数框内。也可以自行设计,然后按设计的尺寸调整推杆偏距。

(4) 启动实验台电机,待盘形凸轮机构运转平稳后,测定电动机的功率,将参数输入界面的对应参数框内。

(5) 在盘形凸轮机构原始参数输入界面左下方单击选定的实验内容(凸轮运动仿真、推杆运动仿真),进入选定实验的界面。

(6) 在选定的实验内容的界面左下方单击“仿真”按钮,动态显示机构即时位置和动态的速度、加速度曲线图。单击“实测”,进行数据采集和传输,显示实测的速度、加速度曲线。若动态参数不满足要求或速度波动过大,有关实验界面均会弹出提示“不满足!”及有关参数的修正值。

(7)如果要打印仿真和实测的速度、加速度曲线图,在选定的实验内容的界面下方单击“打印”按钮,打印机自动打印出仿真和实测的速度、加速度曲线图。

(8) 如果要做其他实验,或动态参数不满足要求,在选定的实验内容的界面下方单击“返回”按钮,返回盘形凸轮机构原始参数输入界面,校对所有参数并修改有关参数,单击选定的实验内容键,进入有关实验界面。以下步骤同前。

(9) 如果实验结束,单击“退出”按钮,返回 Windows 界面。

5.5 渐开线直齿圆柱齿轮虚拟范成实验

5.5.1 实验目的

实验目的如下:

(1) 通过实验掌握用范成法制造渐开线齿轮齿廓的基本原理。

(2) 了解渐开线齿轮产生根切现象的原因和避免根切的方法。

(3) 分析比较标准齿轮和变位齿轮的异同点。

5.5.2 实验设备及工具

网络虚拟齿轮范成实验。

5.5.3 实验原理及方法

范成法是利用一对齿轮(或齿轮齿条)互相啮合时其共轭齿廓互为包络线的原理来加工轮齿的一种方法。加工时,其中一齿轮(或齿条)为刀具,另一轮为轮坯,二者对滚,同时刀具还沿轮坯的轴向作切削运动,最后轮坯上被加工出来的齿廓就是刀具刀刃在各个位置的包络线,其过程好像一对齿轮(或齿轮齿条)作无齿侧间隙啮合传动一样。为了看清楚齿廓形成的过程，可以用图纸做轮坯。在不考虑切削和让刀运动的情况下，刀具与轮坯对滚时，刀刃在图纸上所印出的各个位置的包络线，就是被加工齿轮的齿廓曲线。

图 5.27 所示齿轮范成实验的界面，图示圆盘(相当于待切齿轮)绕固定于自身形心的轴心转动，齿条作为刀具。通过计算机软件，模拟齿条插刀加工齿轮的过程。经过一系列的范成运动，可以切制出被加工齿轮。在界面的旁边列出所输入的参数表，同时输入齿轮毛坯的中心点坐标。

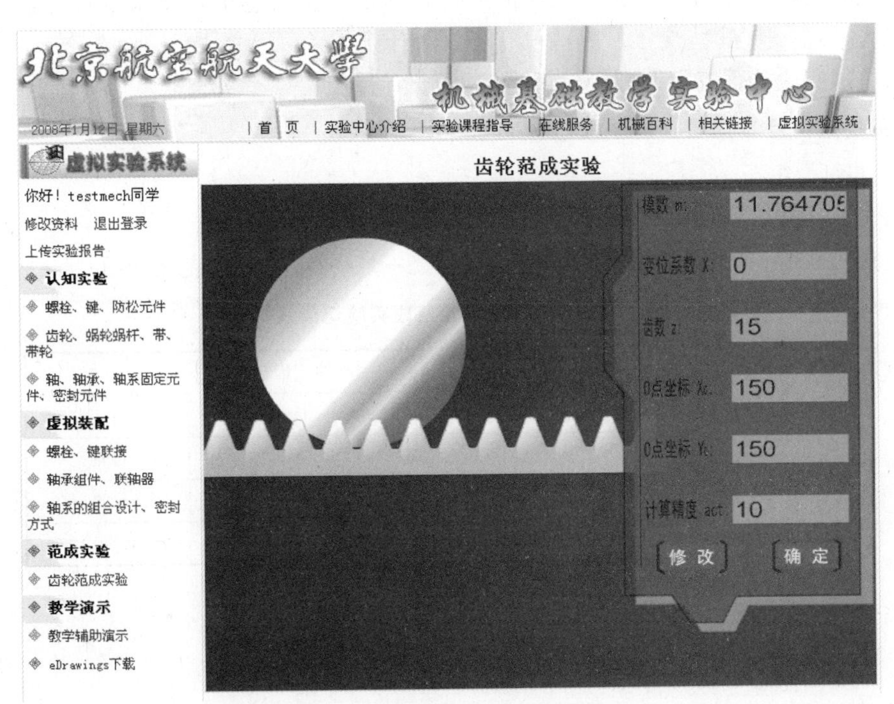

图 5.27 虚拟齿轮范成实验界面

在齿轮范成实验中，已知的齿条刀具参数为：压力角 α；模数 m；被加工齿轮的分度圆直径 $d(=mz)$，变位系数 x。齿顶高系数 h_a^*；径向间隙系数 c^*；均按标准计算。

5.5.4 实验步骤及要求

(1) 在校园网上，进入 tlcmef. buaa. edu. cn，点击“网络虚拟实验室”→“齿轮范成实验”，就出现图 5.27 所示界面。

(2) 按照界面上的列表，输入模数、变位系数、齿数等相关的参数。

(3) 单击“确定”按钮，系统就自动开始齿轮范成加工，最后显示出所加工齿轮的齿形。

(4) 改变齿数和变位系数，重复(2)～(3)步骤，可以得到不同情况下的被加工齿轮的形状。

(5) 观察根切现象和变位齿轮。

(6) 将在不同情况下得到的齿轮形状，进行复制截取，一般截取 2～3 个齿。贴入实验报告中。

5.5.5 思考题与实验报告

1. 思考题

(1) 实验得到的标准齿轮齿廓与正变位齿轮齿廓形状是否相同？为什么？

(2) 通过实验，你所观察到的根切现象发生在基圆之内还是基圆之外？是什么原因引起的？如何避免根切？

(3) 比较用同一齿条刀具加工出的标准齿轮和正变位齿轮的以下参数尺寸：m、α、r、r_b、h_a、h_f、h、p、s、s_a，其中哪些变了？哪些没有变？为什么？

(4) 通过实验对范成齿廓和变位齿廓的创意有何体会？

2. 实验报告基本内容(电子模版)

(一) 目的

(二) 实验要求

通过虚拟实验，把按各参数切取的齿廓形状(2～3个齿)粘贴在表5.2中。

表5.2 虚拟齿轮范成实验记录表

序 号	齿廓形状	被加工齿轮	
		主要参数	类 型
1		$Z=(5)$	标准
2		$z=(20)$	标准
3		$z=10$；$x=0.4375$；移距：$xm=7$ mm	正变位

5.6 刚性转子动平衡实验

5.6.1 实验目的

实验目的如下：

(1) 巩固刚性转子动平衡的理论知识。

(2) 掌握动平衡机的基本工作原理及动平衡的实验方法。

5.6.2 实验基本要求

实验基本要求如下：

(1) 清楚了解刚性转子动平衡的理论知识。

(2) 预习本节实验内容，确定实验方案。

5.6.3 实验设备及工具

DPH－I型智能动平衡机。

5.6.4　实验方法与步骤

1. 系统的连线和开启

(1) 接通实验台和计算机 USB 通信线。

(2) 打开“测试程序界面”，然后打开实验台电源开关，打开电机电源开关，点击开始测试。这时应看到绿、白、蓝三路信号曲线。如没有应检查传感器的位置是否放好。

(3) 三路信号正常后单击“退出测试”，退出测试程序。

2. 转子的模式选择

(1) 双击桌面上的“动平衡实验系统”，在“动平衡测试系统”的虚拟仪器操作前面板(图 5.28)上，选择：设置\模式设置。

(2) 根据待平衡转子的形状，在“模式选择”窗口(图 5.29)中，选择一种模式，例如：模式—A。

(3) 单击“确定”按钮。在“动平衡测试系统”的虚拟仪器操作前面板上，显示所选定的模型形态。

(4) 根据所需要平衡转子的实际尺寸，将相应的数值输入 A、B 和 C 的文本框内。

(5) 单击“保存当前配置”按钮，仪器就能记录、保存这批数据，作为平衡件相应平衡公式的基本数据。

3. 系统标定

(1) 在“动平衡测试系统”的虚拟仪器操作前面板上，选择：设置\系统标定。系统给出“仪器标定窗口”，如图 5.30 所示。

(2) 将两块 2 g 的磁铁分别放置在标准转子(已经动平衡了的转子)左右两侧的 0°位置上。

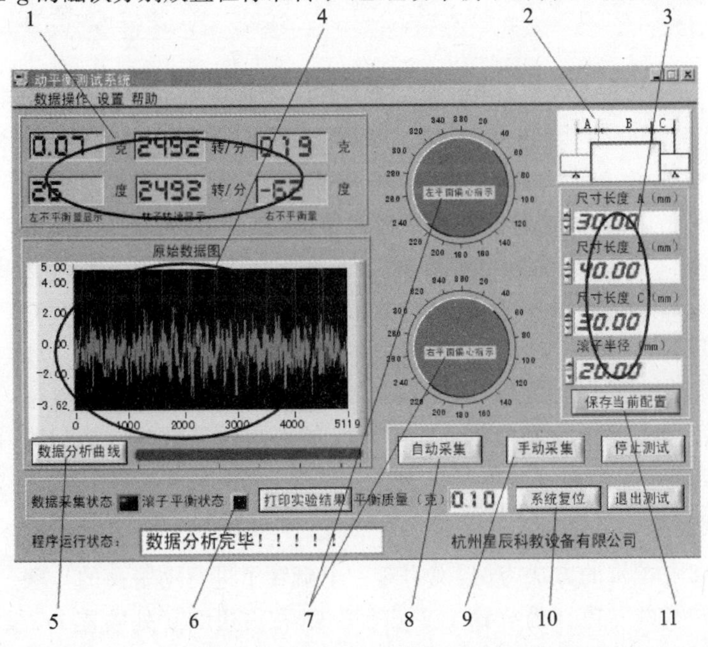

1—测试结果显示区域；2—转子结构显示区；3—转子参数输入区域；4—原始数据显示区；5—数据分析曲线显示按钮；6—转子平衡(灰色为没有达到平衡；蓝色为已经达到平衡)；7—左右两面不平衡量角度指示图；8—自动采集按钮；9—单次采集按钮；10—复位按钮；11—转子几何尺寸保存按钮

图 5.28　“动平衡测试系统”的虚拟仪器操作前面板

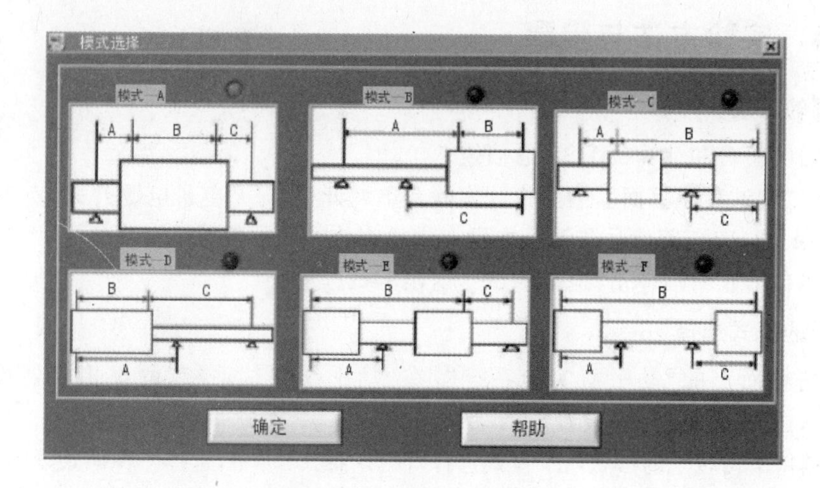

图5.29 “模式选择”面板

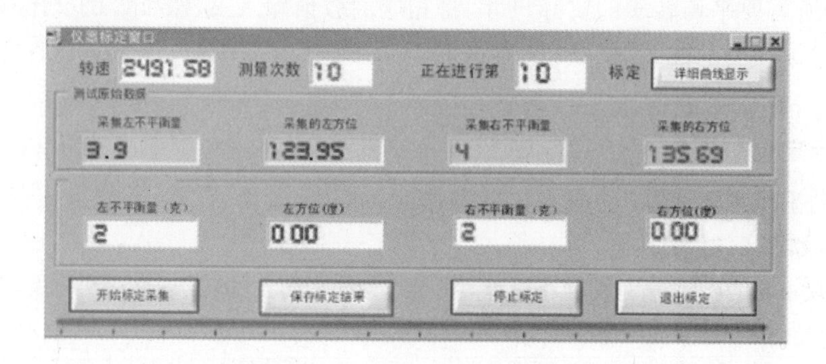

图5.30 “仪器标定”对话框

(3) 在“仪器标定窗口”对话框中,输入左不平衡量(克):2;左方位(度):0;右不平衡量(克):2;右方位(度):0。

(4) 启动动平衡试验机,待转子转速平稳运转后,点击“开始标定采集”。下方的红色进度条会作相应变化,上方显示框显示当前转速,及正在标定的次数,标定值是多次测试的平均值。

(5) 标定结束后,单击“保存标定结果”按钮。

(6) 完成标定过程后,单击“退出标定”按钮。

注:标定测试时,在仪器标定窗口“测试原始数据”框内显示的四组数据,是左右两个支撑输出的原始数据。如在转子左右两侧,同一角度,加入同样重量的不平衡块,而显示的两组数据相差甚远,应适当调整两面支撑传感器的顶紧螺丝,可减少测试的误差。

4. 转子平衡步骤

这里以加1.2 g配重的方法为例,说明对一个新转子进行动平衡的步骤。

(1) 首先在转子的左边0°处放置1.2 g的磁铁,在右边270°处放置1.2 g磁铁。

(2) 启动动平衡试验机,待转子转速平稳运转后,单击“自动采集”按钮,采集35次。

(3) 数据比较稳定后单击“停止测试”按钮,这时数据显示如图5.31所示。

(4) 在左边180°处放1.2 g磁铁,在右边280°的对面,即100°处放1.2 g磁铁,点击“自动采集”。采集35次后单击“停止测试”按钮,这时数据显示如图5.32所示。

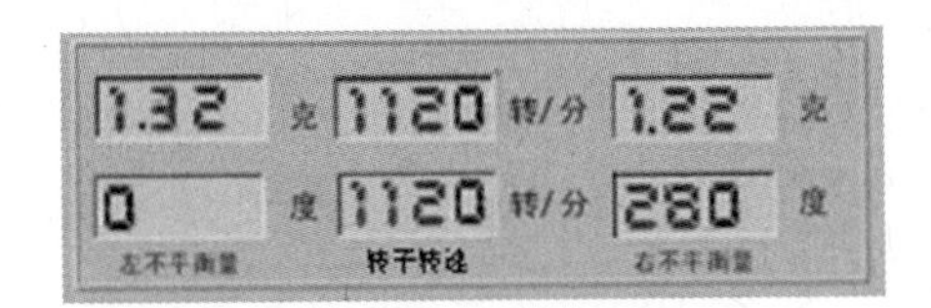

图 5.31　不平衡数据测量结果

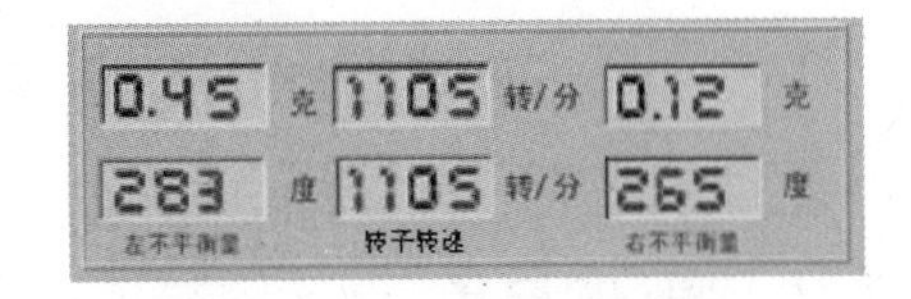

图 5.32　不平衡数据测量结果

若设定左、右不平衡量≤0.3 g 时即为达到平衡要求。这时左边还没平衡，而右边已平衡。

(5) 在左边 283°的对面，即 103°处放 0.4 g 磁铁，单击“自动采集”按钮，采集 35 次后单击“停止测试”按钮，这时数据显示如图 5.33 所示。

图 5.33　不平衡数据测量结果

从图 5.33 可以看出，此时转子左右两边的不平衡量都小于 0.3 g，“滚子平衡状态”窗口出现红色标志。

(6) 单击“停止测试”按钮。

(7) 打开“打印实验结果”窗口，出现“动平衡实验报表”，可以看到整个实验结果。

5.6.5　实验报告

实验报告包括：

(1) 实验目的。

(2) 实验机构及测试原理图。

(3) 实验步骤。

(4) 实验数据(完成表 5.3 的填写)。

表 5.3　动平衡实验记录表

次　数	左　边		右　边	
	角度/(°)	质量/g	角度/(°)	质量/g
1				
2				
3				
4				
5				

注：次数以达到平衡质量为标准。

5.6.6　思考题

(1) 哪些类型的试件需要进行动平衡实验？实验的理论依据是什么？

(2) 试件经动平衡后是否还要进行静平衡，为什么？

(3) 为什么偏重太大需要进行静平衡？

(4) 指出影响平衡精度的一些因素。

5.7 机构运动参数测定实验

5.7.1 实验目的

实验目的如下：

(1) 掌握机构运动参数(位移、速度、加速度；角位移、角速度、角加速度)的测试方法。

(2) 了解编码器和光栅尺的基本原理，掌握测量数据的采集、分析和处理的方法。

(3) 通过比较理论运动图与实际运动线图的差异，对位移、速度、加速度的理论值和实际测量值的关系进行分析，理解实际值和理想值误差原因及消除措施。

(4) 了解曲柄连杆机构、曲柄导杆机构和双摇杆机构的性能差别。

(5) 提高对急回特性的理解。了解送料机和压盖机等简单的工业实用机构。

5.7.2 实验设备及工具

机械系统综合实验台。

5.7.3 实验方法与步骤

1. 实验准备

了解实验目的，掌握实验台的结构和工作原理，熟悉机械原理、机械设计、机电控制的相关知识，初步了解实验台的不同控制方法。

2. 启动系统

实验台上电，打开计算机，设定电机参数，启动电机。

3. 系统运行

体会不同电机的控制方式，观察不同类型电机的运转特点，观察减速装置的运行状况，电磁离合器上电，启动末端执行机构，观察执行机构的运行，加深对机构的理解。

1) 交流伺服电机驱动的实验操作步骤

(1) 启动计算机，打开电源开关(红色按钮)，确保指示灯亮，此时实验平台上所有电源都上了电，应用VC++打开文件夹中的名为“TMotion_DATA”的应用程序。

(2) 打开控制面板上的伺服使能开关。运行程序，出现程序主界面如图5.34所示。

(3) 单击“打开伺服”按钮，然后设定目标伺服电机的位置、速度、加速度值，作为构成梯形运动曲线模式。然后单击“运行”按钮，电机运转从而带动系统运动。

(4) 界面可显示时时变化的当前位置，如需停止运转可单击“停止”按钮，如单击“位置清零”按钮可以清零当前轴的位置。

(5) 再打开磁粉离合器的电源开关，旋转张力调解旋钮，当张力足够大时，执行机构被带动。在系统运行过程中，单击“编码器测量”按钮可以打开另一个对话框，如图5.35所示。实时显示当前的位移、速度、加速度变化。如果想要停止，单击“停止测量”按钮。

2) 步进电机驱动实验操作步骤

(1) 启动计算机，打开电源开关(红色按钮)，确保指示灯亮。

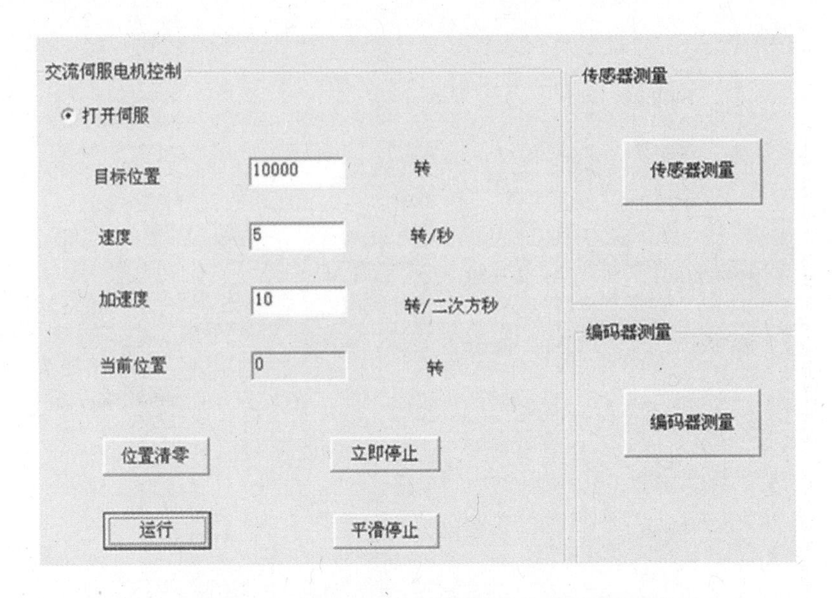

图 5.34　交流伺服电机驱动实验台操作界面

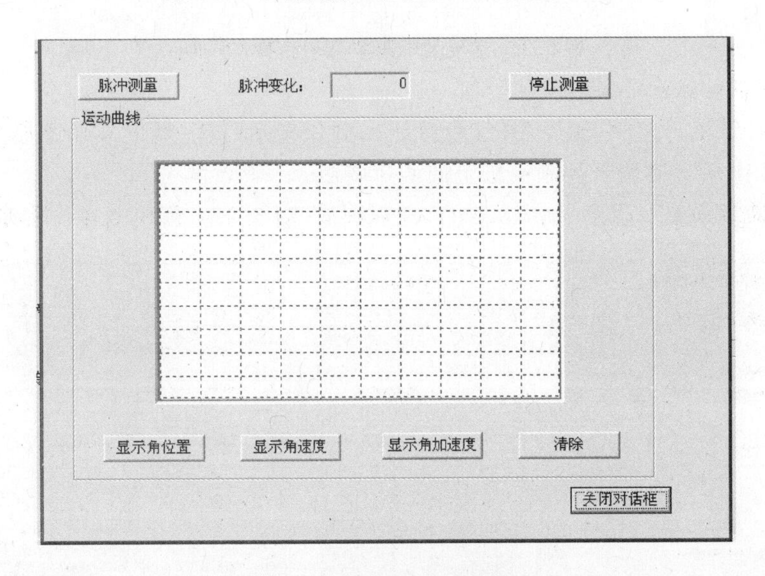

图 5.35　运动参数实时测量界面

(2) 打开控制程序 Control16030Data，于是出现如图 5.36 所示的画面。

(3) 设定步进电机速度模式梯形图的主要参数，即图示的转数、速度、加速度等参数。点击运行按钮，系统按照给定的运动参数运转。

(4) 界面可显示时时变化的当前位置，如需停止运转可单击"停止"按钮，如单击"位置清零"按钮可以清零当前轴的位置。

(5) 再打开磁粉离合器的电源开关，旋转张力调解旋钮，当张力足够大时，执行机构被带动。在系统运行过程中，单击"编码器测量"按钮可以打开如图 5.35 所示的对话框，实时显示当前的位移、速度、加速度变化。如果想要停止，单击"停止测量"按钮。

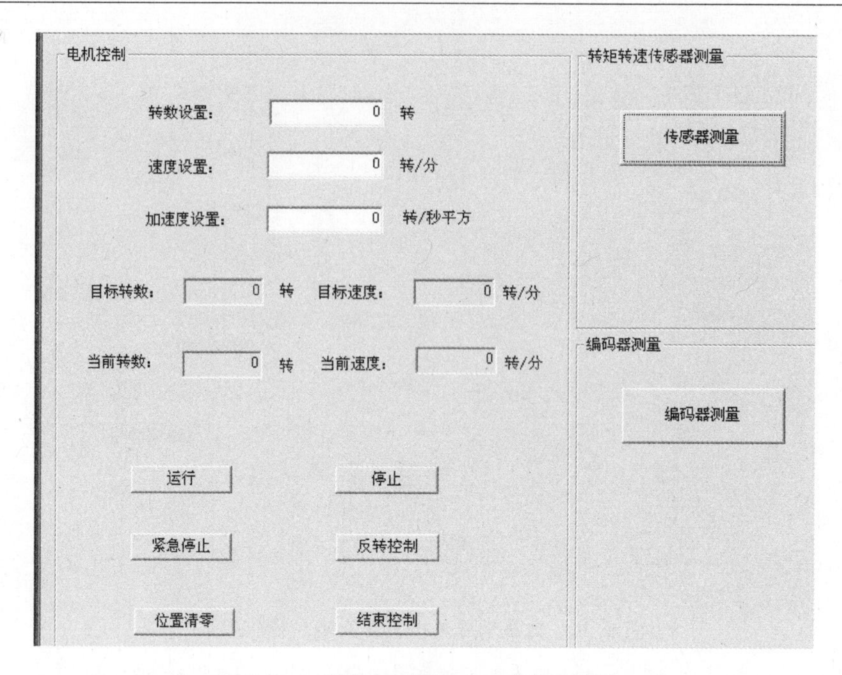

图 5.36　步进电机驱动实验台操作界面

3）直流伺服电机驱动实验操作步骤

（1）启动计算机，打开电源开关（红色按钮），确保指示灯亮，此时实验平台上所有电源都上电，控制柜上电后直接调节控制面板上的调速旋钮。

（2）启动数据采集的程序 datacollect1，出现画面（图 5.37），就可以进行实时测量。

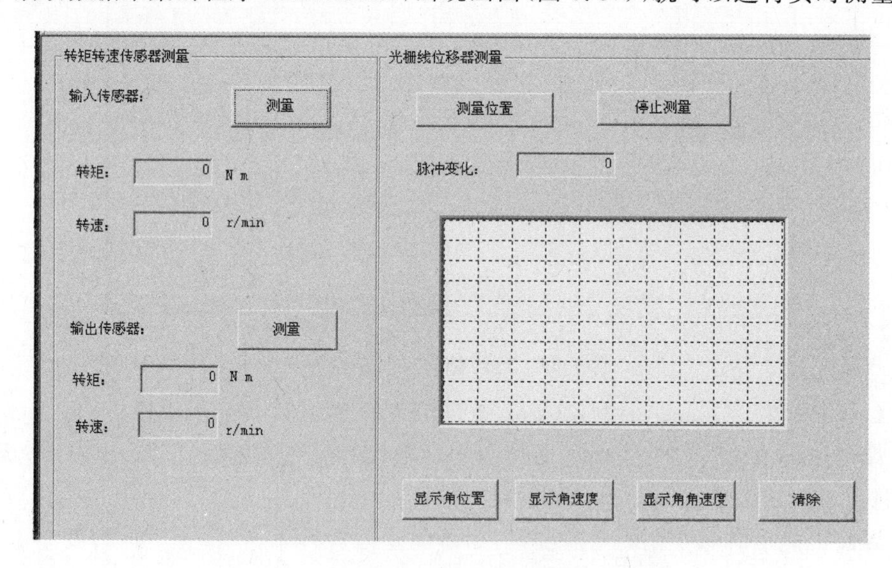

图 5.37　直流伺服电机驱动实验台操作界面

（3）单击“测量位置”按钮，实时测量执行构件的位移、速度及加速度曲线，可以实时地在三者之间切换并显示在图框中。

4）无刷直流电机驱动实验操作步骤

（1）打开计算机，实验台上电，打开桌面上的 FPWIN GR，选择“打开已有文件”，如

图5.38 所示。

(2) 选择计算机上文件“实验程序”并打开，此时可以选择菜单栏的“视图”→“显示注释”，选择“文件”→“下载到 PLC”，如图 5.39 所示。

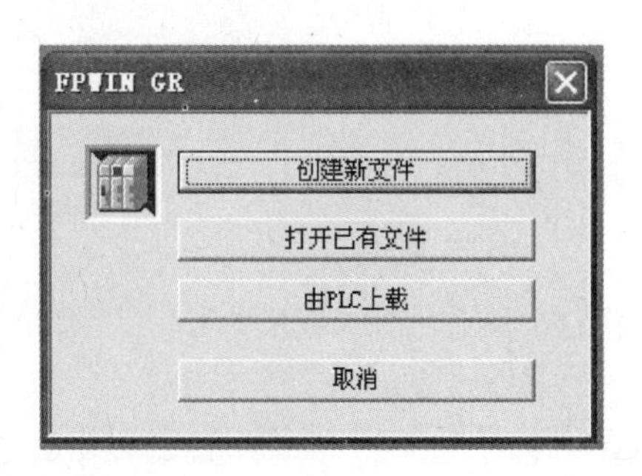

图 5.38　FPWIN GR 界面

(3) 下载完成后就可以选择三档速度中的一档来驱动电机，从 FPWIN GR 中的在线→强制输入输出中调出控制界面，点击其中的设备登录，就出现如图 5.40 所示界面，填入登录数 5。

(4) 选择某一种速度之后，通过启停按钮就可以控制电机启动停止，在电机停止时可以通过控制反转按钮

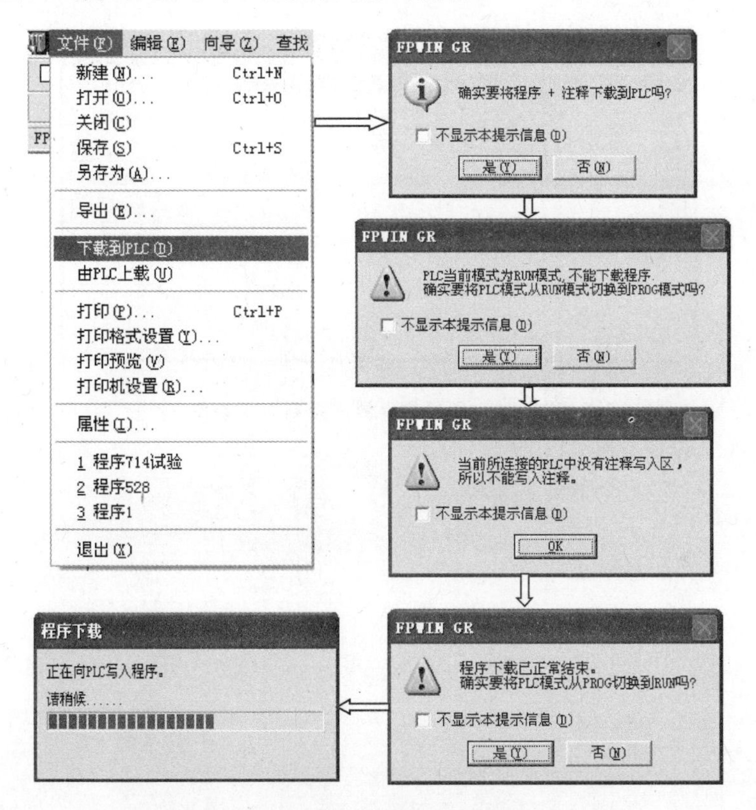

图 5.39　把实验程序下载到 FPWIN GR 环境

来改变电机转向，如图 5.41 所示。

除了采用强制输入/输出控制电机以外，也可以通过操作实验台控制面板上的 PLC 输入按钮直接控制 PLC 的程序，但不能与软件同时使用，每次选用一种方式。

(5) 打开桌面快捷方式文件 DataMeasure，出现如图 5.42 所示的界面，单击“开始测量”按钮，实时测量执行构件的位移、速度及加速度曲线，可以实时地在三者之间切换并显示在图框中。

该实验台的执行机构是滑块，因此采用光栅尺进行测量。

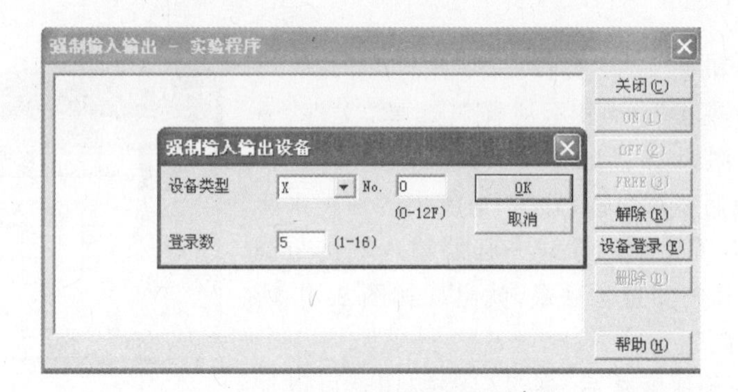

图 5.40　强制输入输出界面

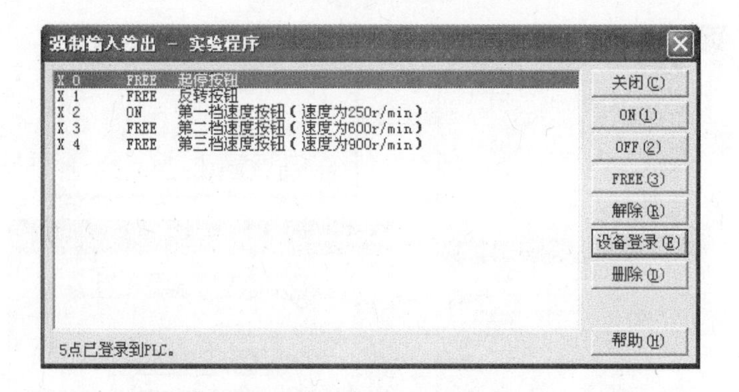

图 5.41　通过软件界面控制电机动作

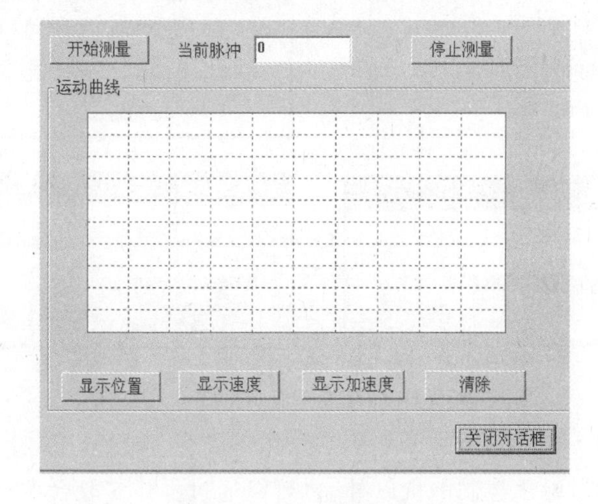

图 5.42　光栅尺测量界面

4. 分析与记录

测量末端执行机构的位移、速度、加速度，观察测量得到的曲线，根据机构特点分析曲线的变化规律，通过曲线变化规律理解机构特性，可将曲线打印，进一步分析。

5.7.4　实验报告

(1) 绘制末端执行机构运动简图。

(2) 理论分析得出执行机构的运动规律。

(3) 分析测试运动曲线。

(4) 比较理论分析机构和测试机构。

5.7.5　思考题

(1) 本实验的目的是什么？

(2) 通过本实验，你是否更加了解了相关机构的运动特性，是否初步掌握了机构的运动参数测量？运动特性测量的方法有哪些？

5.8　机组运转及飞轮调速实验

5.8.1　实验目的

实验目的如下：

(1) 理解机组稳定运转时速度出现周期性波动的原因，理解飞轮的调速原理。

(2) 熟悉机组运转的工作阻力的测试方法。

(3) 掌握机器周期性速度波动的调节方法和设计指标。

(4) 利用实验数据计算飞轮的等效转动惯量，设计飞轮。

5.8.2　实验仪器及设备

DS－II 型机组运转及飞轮调节实验台详见 2.7 节。

5.8.3　实验操作步骤

本实验的操作步骤如下：

(1) 连接 RS232 通信线：本实验必须通过计算机来完成。将计算机 RS232 串行口，通过标准的通信线，连接到 DS－II 动力学实验仪背面的 RS232 接口，如果采用多机通信转换器，则需要首先将多机通信转换器通过 RS232 通信线连接到计算机，然后用双端电话线插头，将 DS－II 动力学实验仪连接到多机通信转换器的任一个输入口。

(2) 启动机械教学综合实验系统：如果用户使用多机通信转换器，应根据用户计算机与多机通信转换器的串行接口通道，在程序界面的右上角串口选择框中选择合适的通道号(COM1 或 COM2)。根据飞轮实验在多机通讯转换器上所接的通道口，单击“重新配置”按钮，选择该通道口的应用程序为飞轮实验，配置结束后，在主界面左边的实验项目框中，单击该通道“飞轮”按钮，此时，多机通信转换器的相应通道指示灯应该点亮，飞轮实验系统应用程序将自动启动。如图 5.43 所示，如果多机通信转换器的相应通道指示灯不亮，检查多机通信转换器与计算机的通信线是否连接正确，确认通信的通道是否与键入的通信口(COM1 或 COM2)一致。

如果是实验系统与计算机直接连接，则将实验系统的实验数据采集控制器(DS－II 动力

图 5.43 飞轮实验系统初始界面

学实验仪)后背的 RS232 与计算机的串行口(COM1 或 COM2)直接连接,在系统主界面右上角串口选择框中选择相应串口号(COM1 或 COM2)。在主界面左边的实验项目框中单击“飞轮”按钮,在主界面中就会启动“飞轮实验系统”应用程序。

(3) 拆卸飞轮,对实验系统标定:将飞轮从空压机组上拆卸下来,并注意保存连接平稳。单击图 5.43 进入“飞轮机构实验台”主窗体如图 5.44 所示。在该窗体中单击串口选择菜单,根据接口实际连接情况,选中 COM1 或 COM2。该窗体中单击串口选择菜单,在实验系统第一次应用之前,应该对系统进行标定。单击飞轮实验机构主窗体上的标定菜单,首先进行大气压强的标定。根据提示,关闭飞轮机组,打开储气罐阀门,并单击“确定”按钮,如图 5.45 所示。

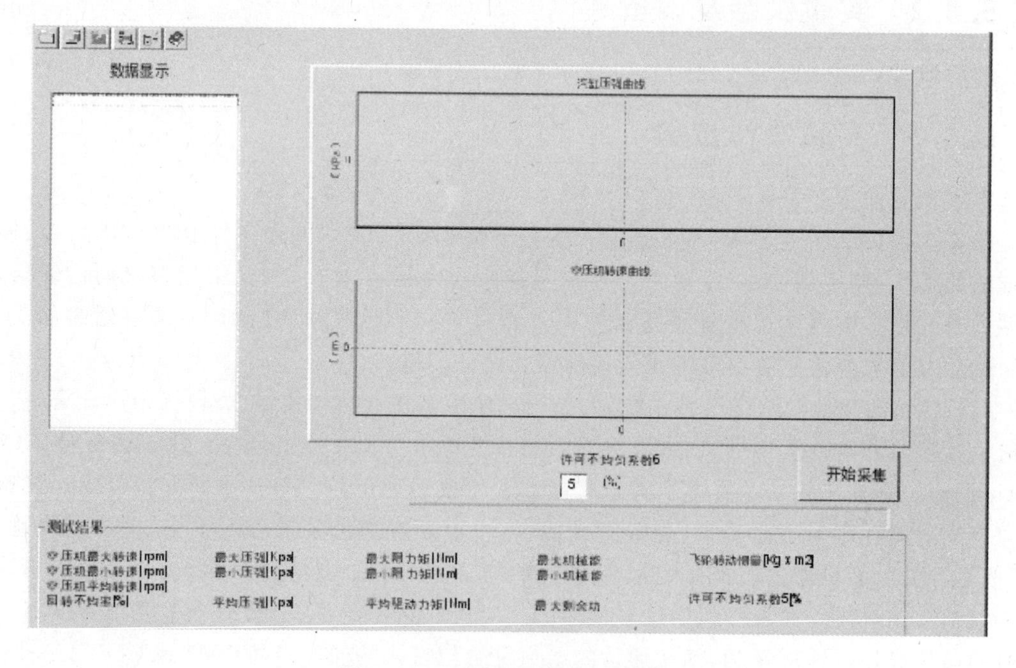

图 5.44 飞轮机构实验台主窗体

大气压强标定以后，将出现第二个界面如图 5.46 所示，提示对气缸压强进行标定。启动空压机组，适当关闭阀门，让储气罐压力达到 0.3 MPa 左右，在方框内输入此压力值，单击“确定”按钮即可完成标定。

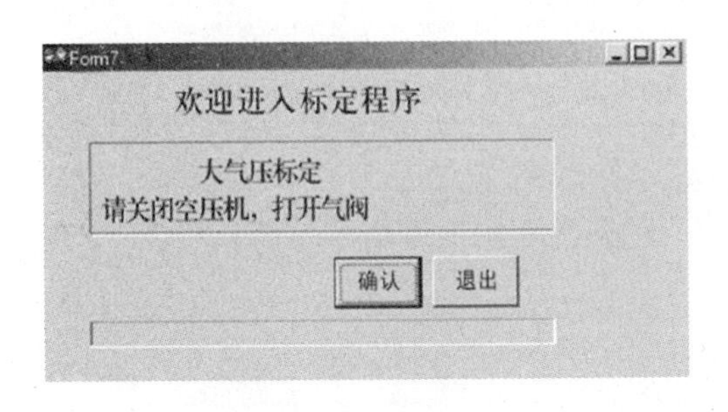

图 5.45　大气压标定

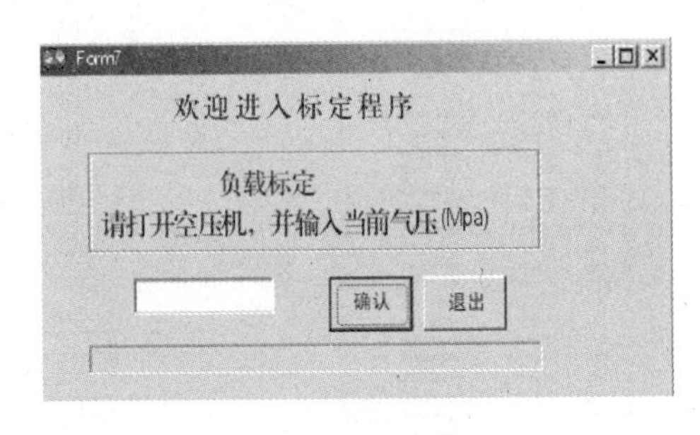

图 5.46　负载标定

(4) 数据采集：系统标定以后，用数据采集按钮对实验数据进行采集。数据采集的结果显示如程序界面，如图 5.47 所示。界面左边显示的是气缸压强值和主轴回转速度值，本实验数据是以主轴(曲柄)的转角为同步信号采集，每一点的采集间隔为曲柄转动 6°。右边用图表曲线显示气缸压强和主轴转速。

界面下方的文字框中将显示主轴最大、最小、平均转速和回转不匀率，气缸压强的最大、最小值和平均压强。

(5) 分析计算：数据采集完成以后，就可以对空压机组进行分析，单击“分析”按钮，系统将出现第二个界面，如图 5.48 所示。在这个界面中，将显示空压机组曲柄的主动力矩(假设为常数)、空压机阻力矩曲线和系统的盈亏功曲线。下方的文字框中将显示最大阻力矩、平均驱动力矩、最大机械能、最小机械能、最大剩余功等数据，以及根据用户输入的许可不均匀系数计算得到的系统所需的飞轮惯量。

(6) 关闭飞轮机组，安装飞轮，重新启动飞轮机组：得到以上数据以后，用户可以关闭飞轮机组，将飞轮安装到机组上，重新启动空压机组，单击“数据采集”按钮，查看主轴的速度曲线，就会发现由于飞轮的调节作用，主轴的运转不均匀系数已经有明显下降，主轴运转稳定。

5.8.4　实验报告

(一) 实验目的

(二) 实验机构及测试原理图

(三) 实验步骤

(四) 数据及曲线

1. 实验数据记录(表 5.4)

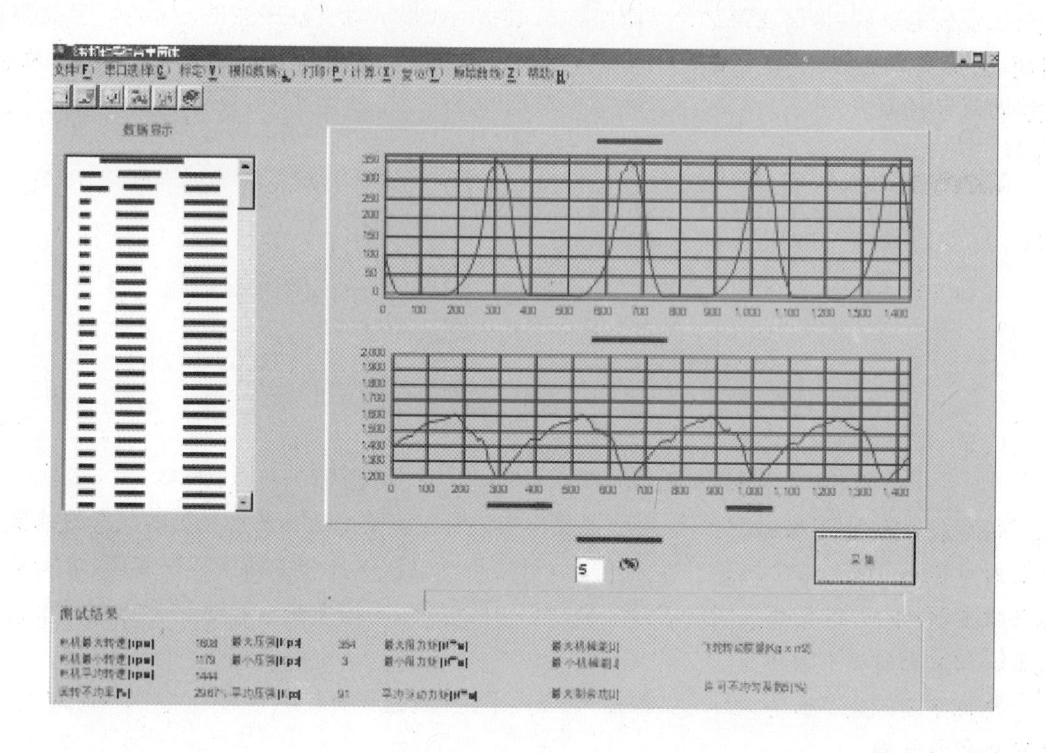

图 5.47　数据采集界面

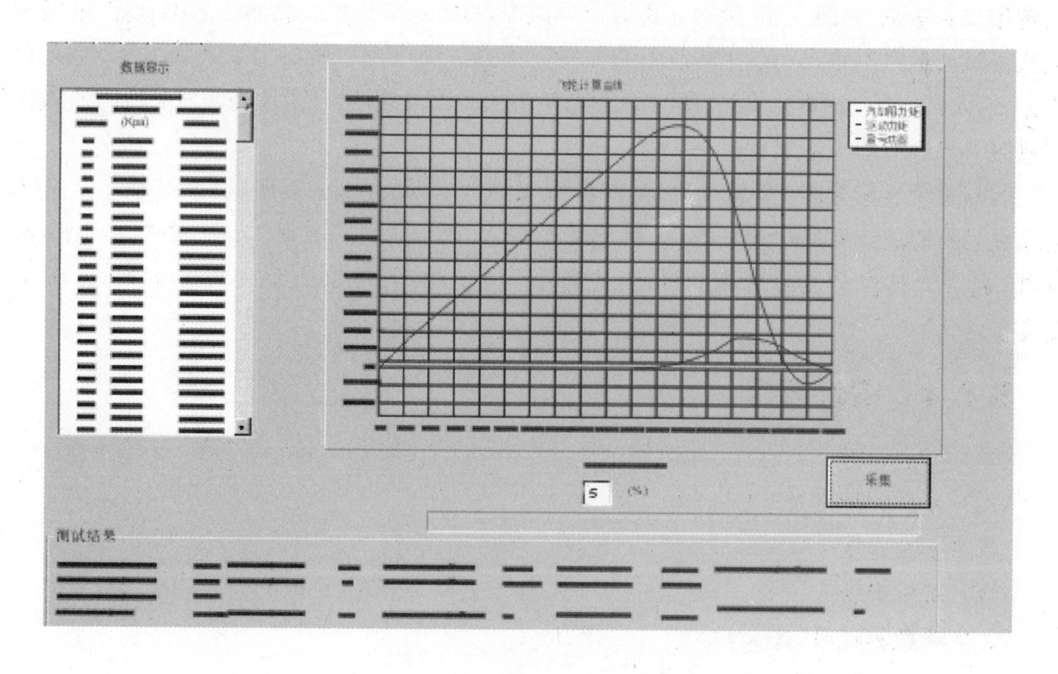

图 5.48　数据分析计算界面

表 5.4　实验数据记录表

飞　轮	负　载	平均转速/(r·min^{-1})	回转不均率/%	平均压强/kPa	平均驱动力矩/(N·m)	最大剩余功/kJ	飞轮转动惯量/(N·m)
不装飞轮	无负载						
	0.3 MPa						
	0.2 MPa						
	0.15 MPa						
装飞轮	无负载						
	0.3 MPa						
	0.2 MPa						
	0.15 MPa						

2. 实验结果曲线

5.8.5　思考题

(1) 空压机在稳定运转时，为什么有周期性速度波动？

(2) 随着工作载荷的不断增加，速度波动出现什么变化，为什么？

(3) 加飞轮与不加飞轮相比，速度波动有什么变化，气缸压强又有什么变化，为什么？

(4) 取空压机主轴(曲柄)作为等效构件，作用于活塞上的工作阻力 F 的等效阻力矩 M_f 如何计算？

(5) 分析机组在各种状态(如加飞轮、不加飞轮、加负载、不加负载)的运动规律。上述状态实际上与各种机械均有相似之处，如柴油机、冲床、起重机、轧钢机、甚至自动武器等，因此上述分析方法也可供研究其他设备之用。

(6) 在加飞轮情况下，转速较平稳，可设电机驱动力矩 M 为常数，已测得回转不均率，并求得等效阻力矩 M_F，如何计算等效转动惯量 J？J 应比飞轮转动惯量 J_F 大还是小？不加飞轮时，机组原有的等效转动惯量是多少？

第六章　机械设计实验

机械设计实验主要针对机械设计课程(包括机械设计A、机械设计基础B、机械设计基础C)通过机械设计实验、机械产品认识和组装实践,结合机械原理、机械设计、机械制造工艺学等,进一步加深巩固已学的机械设计基础知识,提高机械设计能力及初步工艺分析能力。实验体系的构架为:常用零件/传动认知→零件工作原理与测试→机械基本结构→机器结构组成→机械传动系统创新设计与性能测试。机械设计实验室针对机械设计基础课程规划以下实验教学内容。

6.1　减速器拆装与结构分析实验

6.1.1　减速器概述

减速器(又称减速机)是由封闭在箱体内的齿轮传动或蜗杆传动所组成,是具有固定传动比的独立传动部件,常装置于机械的原动部分和工作部分之间,用来降低转速传递动力以适应工作要求。减速器在机械中应用广泛,某些类型的减速器已有标准系列产品,由专业工厂成批生产,可以根据使用要求选用,选择不到适当的标准时,则可自行设计制造。

1. 减速器的分类

减速器的分类如下:

(1) 按传动的类型:可分为圆柱齿轮、圆锥齿轮-蜗杆、圆锥-圆柱齿轮和蜗杆-圆柱齿轮减速器。

(2) 按传动的级数:可分为单级和多级减速器。

(3) 按轴的相对位置:可分为卧式、立式和侧式减速器。

(4) 按传动的布置形式:可分为展开式、同轴式和分流式减速器。

(5) 按轴线的运动:可分为定轴传动(又称普通减速器)和行星传动减速器。

本实验以最基本的单级圆柱齿轮普通减速器为对象。

2. 减速器的结构

减速器主要由传动件(齿轮或蜗轮)、轴、轴承和箱体等部分组成。传动件、轴、轴承等装置于箱体上,组成传动部件传递动力。箱体是减速器的基座,安装轴承的孔必须精确加工,以保证传动轴线处于正确的位置。箱体本身要有足够的刚度,为此常在箱体上加有筋板。

如图6.1所示,为减速器的示意图。减速器的机体由机座和机盖组成,为安装方便,机座和机盖的分界面通常与各轴中心线所在的平面重合,这样可将轴承、齿轮等轴上零件在体外安装在轴上,再放入机座轴承孔内,然后合上机盖。机座与机盖的相对位置由定位销确定,并用螺栓连接紧固。机盖凸缘上两端各有一螺纹孔,用于拧入启盖螺钉。机体内常用机油润滑,机盖上有观察窗,其上设有通气孔,能使机体内膨胀气体自由逸出;机座上设有标尺,用于检查油面高度。为放出机体内油污,在机座底部有放油螺塞。为了便于搬运,在机体上装有环首螺钉或耳钩。机体上的轴承盖用于固定轴承、调整轴承游隙并承受轴向力。在输入、输出端的轴承盖孔内放有密封装置，防止杂物渗入及润滑油外漏。若轴承利用稀油飞溅润滑时，还常在基座的剖分面上作出输油沟，使由齿轮运转时飞溅到机盖上的油沿机盖内壁流入此油沟导入轴承。

减速器机体是用以支持和固定轴系零件，保证传动零件的啮合精度、良好润滑及密封的重要零件，其重量约占减速器总重量的50%。因此，机体结构对减速器的工作性能、加工工艺、材料消耗、重量及成本等有很大影响，设计时必须全面考虑。

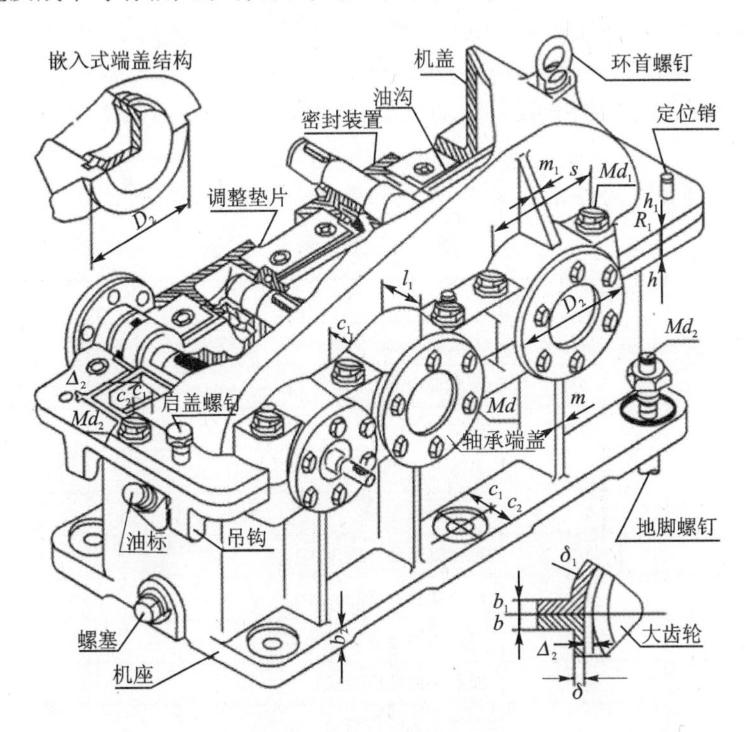

图 6.1　减速器组成及结构

为了便于安装，箱体一般采用剖分式结构，即沿轴线所在平面将箱体制成上(箱盖)、下(箱座)两部分。加工轴承孔时，将箱盖、箱座合在一起组合加工。为了保证轴承与孔的配合精度，不允许在剖分面之间用垫片密封，通常在其间涂一层薄膜的水玻璃或密封胶，以保证箱体剖分面处的密封。

箱体一般常用灰铸铁制造，单件生产时也可用钢板焊接而成。箱盖和箱座之间螺栓连接。为了提高轴承座处的连接刚度，应使该处的螺栓尽量靠近。为此箱体上做凸台，并留出扳手空间。

根据减速器在制造、装配和使用维护中的需要，还设置一些附件。例如：为了确保箱盖与箱座间相互位置的正确性，在部分凸缘面采用两上圆锥定位销；为了便于检视齿轮的啮合情况和注入润滑油，在箱盖上开设观察孔，平时观察孔盖用螺钉拧紧；为了检查箱体内润滑油的多少，设有油面指示器或测油尺；考虑到减速器长时间运转，油温升高引起箱体内气体膨胀而造成漏油，在箱盖上端设有通气器；为了便于装拆和搬运，箱盖上设有吊环，提升整个减速器时则用箱座两侧的吊钩；为了便于拆箱盖，在箱盖凸缘上制有螺孔，拧入起盖螺钉可顶起箱盖。

6.1.2 实验目的及要求

了解减速器的装配、调整和拆卸的全部过程，了解减速器及其组成零部件的结构和作用，深入一步学习本课程所要求的机械零件结构设计知识，为课程设计打下良好的基础。

通过本实验达到下列要求：

(1) 了解减速器装配、调整及拆卸的方法和步骤。

(2) 了解圆柱齿轮减速器的箱体结构及其功用。

(3) 了解齿轮、轴及轴承端盖的结构及其功用。

(4) 了解观察孔及盖、油面指示器、通气器、放油孔及螺塞、定位销、起盖螺钉等所处的位置、结构及其功用。

(5) 了解各零部件之间的相对位置，以及必要的一些测量(见表6.1)。

表6.1 附 表

序号	符号	名称	尺寸
1	a	中心距	
2	δ	箱座壁厚	
3	δ_1	箱盖壁厚	
4	b	箱座凸缘厚度	
5	b_1	箱盖凸缘厚度	
6	b_2	箱座底部凸缘厚度	
7	d_f	地脚螺栓孔直径	
8	d_1	箱盖与箱座连接螺栓直径	
9	d_2	轴承端盖螺钉直径	
10	d_3	观察孔盖螺钉直径	
11	c_1	d_f,d_1,d_2至箱体外壁距离	
12	c_2	d_f,d_2至凸缘边缘距离	
13	R_1	轴承旁凸台半径	
14	h	轴承旁凸台高度	
15	l_1	箱体外壁至轴承座端面距离	
16	Δ_1	大齿轮顶圆至箱底内壁距离	
17	Δ_2	齿轮端面至箱体内侧壁距离	
18	Δ_3	轴承端面至箱体内侧壁距离	
19	m	下箱座筋板厚	
20	m_1	上箱盖筋板厚	
21	D_2	轴承端盖外径	
22	S	轴承旁连接螺栓间距	
23	S_1	地脚螺栓间距	
24	C_1	齿侧间隙	
25	H	中心高(齿轮轴线至安装底面的距离)	

6.1.3　实验方法与步骤

实验方法与步骤如下：

(1) 观察减速器外貌，了解各附件所处的位置、结构及其功用。正反转动高速轴，手感齿轮啮合的侧隙。轴向移动高速轴和低速轴手感轴系的轴向游隙。

(2) 打开观察孔盖，转动高速轴，观察齿轮啮合情况。注意观察孔的位置和大小。用细铅丝一段放于非工作齿面上，旋转一周后取出，测量铅丝的厚度，即为齿侧间隙(数据填入表 6.1 中)。

(3) 取出定位销和轴承端盖螺钉，再取出箱体连接螺栓，然后旋紧起盖螺钉，待上箱盖离开下箱座约 3 mm 后，取下上箱盖并翻转 180°放置，以免损伤接合面。

(4) 观察各零部件之间的相互位置，并进行必要的测量(表 6.1 中序号 1、16、17、18)。

(5) 取下轴承端盖，取出轴承部件，并顺序取下轴承、套筒、齿轮等零件，注意放置好，不要损伤。

(6) 详细观察了解齿轮、套筒(挡油板)、轴、箱体和各附件的结构，特别是箱体各部位的结构，并进行必要的测量(数据填入表 6.1 中)。

(7) 用棉丝擦净各零件，先完成轴承部件的装配，放入箱座中再装上轴承端盖并将其螺钉拧入下箱座(注意不要拧紧)；然后装好上箱盖(先旋回起盖螺钉再合箱)；打入定位销；旋入上箱盖上的轴承端盖螺钉(也不要拧紧)；装入箱体连接螺栓并拧紧，然后拧紧轴承端盖螺钉；最后装好螺塞，观察孔盖等附件。

6.1.4　实验报告

实验条件

(1) 减速器类型及规格；

(2) 类型；

(3) 级数；

(4) 箱体形式；

(5) 箱盖形式；

(6) 齿轮类型。

6.1.5　思考题

(1) 齿轮减速器的箱体，为什么沿轴线平面做成剖分式？

(2) 箱体的筋板起何作用？为什么有的上箱盖没有筋板？

(3) 上下箱体连接的凸缘，在轴承处比其他处高，为什么？

(4) 上箱体设有吊环，为什么下箱体还有吊钩？

(5) 箱体上的螺栓连接处均做成凸台或沉孔，为什么？

(6) 上下箱体连接螺栓处及地脚螺栓处的凸缘宽度，主要是由什么因素决定的？

(7) 有的轴承内侧装有挡油板，有的没有，为什么？

(8) 如何具体判断小齿轮须与轴做成一体？

(9) 小齿轮和大齿轮的齿顶圆距箱体内壁的距离为什么不同？

(10) 箱体有哪些面需机械加工？需精加工的面有哪些？各有何主要加工要求？

(11) 轴各处的轴肩高度是否相同？为什么？

(12) 观察孔、通气器、定位销、油面指示器(测油尺)、放油孔等正确合理的位置各在哪里？

6.2 螺栓组连接实验

6.2.1 实验目的

了解并用实验方法确定受翻转力矩的螺栓组连接各螺栓的受力规律及其相对刚度系数的关系，从而验证螺栓组连接受力分析理论。

6.2.2 实验内容

实验内容如下：

(1) 测定受翻转力矩的螺栓组连接中螺栓上的作用力，画出各个螺栓的受力分布图和确定翻转轴线位置，并与理论计算结果进行比较。

(2) 了解电阻应变仪工作原理和使用方法。

6.2.3 实验设备及工具

常用的螺栓组连接实验台如LST－I型，它的工作原理和结构如图6.2所示。试验台主要由螺栓组连接、加载装置和测试仪器组成。螺栓组连接是由10个均布排列为两行的螺栓将支架11和机座12连接而构成，加载装置由两级杠杆13和14组成，砝码力G经过杠杆增大而作用在支架悬臂端上，使连接接触面受到横向力和翻转力矩的作用，翻转力矩为

$$M = PL = (iG + G_0)L \tag{6.1}$$

式中 P——作用在支架悬臂端的力，$P=iG+G_0$，N；

i——杠杆比(见2.1.4小节)；

L——支架翻转力臂距(见2.1.4小节)，mm；

G——砝码力，N；

G_0——杠杆系统自重作用于支架悬臂端的力，N。对LST－I型，$G_0=0$。

螺栓的受力是通过贴在螺栓中段上的电阻应变片15的变形并借助电阻应变仪而测得。可使用YJD－I型或其他型号的电阻应变仪。

试验台的十个连接螺栓的尺寸和材料完全相同，根据胡克定律$\varepsilon=\sigma/E$，可知当螺栓预紧应变量为ε'时，有

$$\varepsilon' = \sigma'/E = \frac{4Q_P}{\pi d^2 E} \tag{6.2}$$

或螺栓预紧力为

$$Q_P = \frac{\pi d^2}{4}E\varepsilon' = k\varepsilon' \tag{6.3}$$

对螺栓施加的实际预紧力应满足2.1.3中的式(2.6)要求。设保证连接接触面不分开的螺栓总应变量为ε_0，则

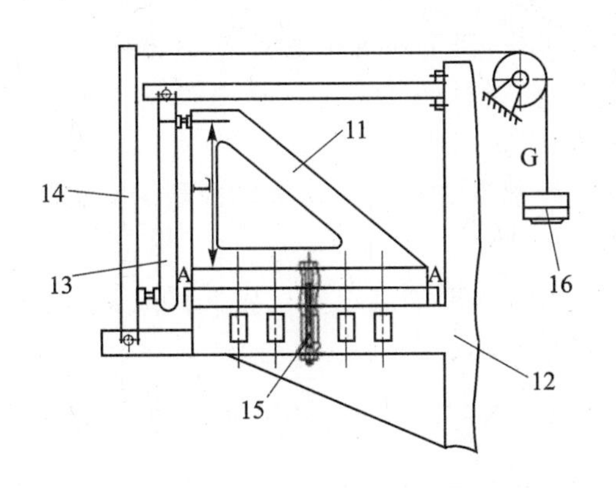

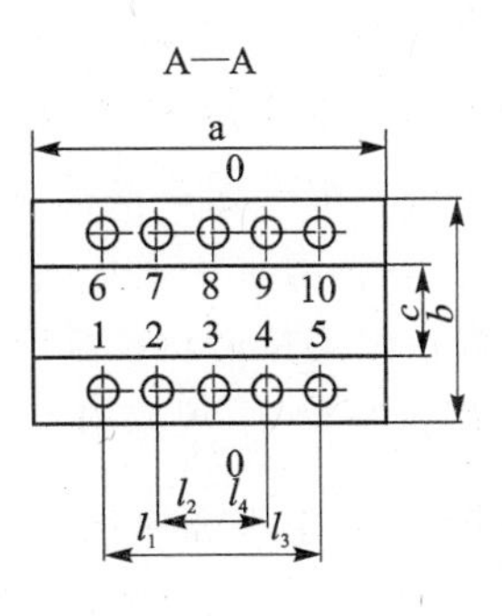

图 6.2 LST-I 螺栓组连接实验台结构简图

$$\varepsilon_0 = \sigma'/E = \frac{4Q}{\pi d^2 E} \tag{6.4}$$

或螺栓总拉力为

$$Q = \frac{\pi d^2}{4} E\varepsilon_0 = k\varepsilon_0 \tag{6.5}$$

式中 E——螺栓材料的弹性模量，对钢 $E=2.10\times10^5$ MPa；

d——螺栓直径(贴电阻应变片处)，mm；

k——系数，$k=\frac{\pi d^2}{4}E$。

直径 $d=6$ mm 的钢制螺栓，$k=59.38\times10^5$ N；将式(6.3)、式(6.5)代入式(2.11)、式(2.13)中。

O—O 右侧螺栓工作拉力为

$$F_i = k\frac{C_b + C_m}{C_b}(\varepsilon_0 - \varepsilon') \tag{6.6}$$

O—O 左侧螺栓工作拉力为

$$F_i = -k\frac{C_b + C_m}{C_b}(\varepsilon_0 - \varepsilon') \tag{6.7}$$

若对 O—O 线左侧螺栓工作拉力 F_i 代以负值，则由式(6.6)、式(6.7)可得

$$\frac{C_b}{C_b + C_m} = \frac{k}{F}(\varepsilon_0 - \varepsilon') \tag{6.8}$$

利用式(2.13)将计算所得的 F_1 或 F_i(危险螺栓的工作拉力)代入上式可求得相对刚度系数$\frac{C_b}{C_b+C_m}$值，并与表 2.1 给定的值进行分析比较。

6.2.4 实验步骤

(1) 先由式(2.6)及本节中式(6.7)、式(6.8)计算出为保证接触面不分开条件下螺栓所需最小的预紧力及预紧应变量，实际施加的预紧应变量可大于上述预应变量。

(2) 检查实验台各部分以及仪器是否正常，将测量电阻应变片及温度补偿电阻应变片按规定接入电路中，并检查电阻应变仪各部分接线是否正确。

(3) 接通电源并预热后，调整电阻应变仪，将选择开关转到“静”，此时检流计指针向一边

偏转,用小型螺丝刀调整应变仪右方之电阻平衡,使指针指向零位,然后将选择开关转到"预",再用螺丝刀调节预调平衡箱上的电容平衡,使指针回零位。这样对每一个测点都需在"预""静"之间反复调整几次后,电桥即可达平衡状态。

(4) 逐个均匀地拧紧各螺栓,使每个螺栓都具有相同的预紧应变量 ε'。实验时建议取 ε' 值为:对于 LST-I 型,$\varepsilon'=500\ \mu\varepsilon$(即千分之 0.5)。

(5) 对螺栓组连接进行加载(加载大小由指导教师规定),在应变仪上读出每个螺栓的应变量 ε_0。为保证准确,一般应进行三次测量并取其平均值。

(6) 按式(6.8)求得螺栓组连接相对刚度系数$\frac{C_b}{C_b+C_m}$值,并与表中值进行比较。

(7) 根据不同的 $\varepsilon_0-\varepsilon'$ 值绘制螺栓实际工作拉力的分布图($\varepsilon_0-\varepsilon'$ 为纵坐标,螺栓位置为横坐标),确定翻转轴线位置,并进行分析讨论。

将实验结果和必要的计算记录于实验报告表中。

6.2.5 实验报告

1. 实验目的

2. 螺栓组实验台简图及主要参数

试验台型号:____________________;试验台编号:________;

砝码力 $G=$________N;螺栓直径 $d=$________mm;

连接横向力 $P=$______N;螺栓材料________;

连接翻转力矩 $M=$____________N·mm;

接触面尺寸 $a=$________mm;$b=$____mm;$c=$____mm。

3. 实验结果

(1) 计算法确定螺栓上的力(填写表 6.2)。

表 6.2 根据计算法计算作用在螺栓上的力

	1	2	3	4	5	6	7	8	9	10
螺栓预紧力 Q_P										
螺栓预紧应变量 ε'										
由翻转力矩 M 引起的螺栓工作力 F_i										

(2) 实验法测定螺栓上的力(填写表 6.3)。

表 6.3 根据实验法确定作用在螺栓上的力

应变量		1	2	3	4	5	6	7	8	9	10
螺栓总应变量 ε_0	第一次测量										
	第二次测量										
	第三次测量										
	平均读数										
应变量增量 $\varepsilon_0-\varepsilon'$											

(3) 螺栓工作拉力分布图。

纵坐标为($\varepsilon_0—\varepsilon'$),横坐标为螺栓号数,用坐标纸绘制附于报告内。

6.3　带传动实验

6.3.1　实验目的

实验目的如下:

(1) 了解带传动实验台的结构及工作原理;

(2) 观察带传动中的弹性滑动及打滑现象;

(3) 了解改变预紧力对带传动能力的影响;

(4) 掌握转矩转速的基本测量方法;

(5) 绘制带传动滑动曲线和效率曲线。

6.3.2　实验设备及工具

实验台如图 6.3 所示,由主动、从动、负载、操纵控制及测试仪表五部分组成。

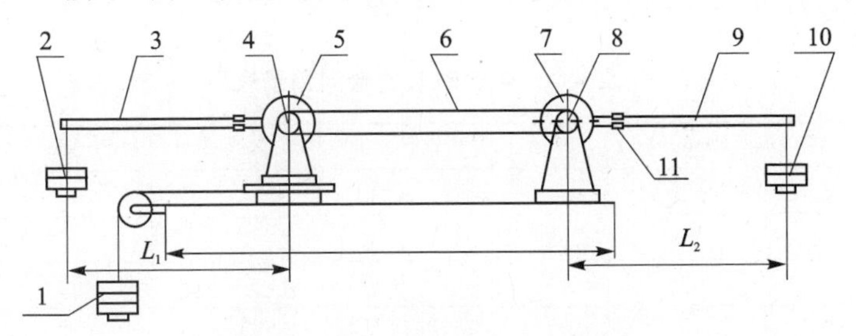

图 6.3　带传动实验台结构简图

(1) 主动部分包括 355 W 直流电动机 5 和其主轴上的主动带轮 4 及带预紧力装置。原动机及其主动带轮一起安装在可左右直线滑动的平台上,平台与带预紧力装置相联。在砝码 1 重力的作用下经导向滑轮,可使套在主动带轮 4 和从动带轮 8 上的传动带 6 张紧而产生预紧力 F_0,改变砝码 1 的重力,就可改变传动带的预紧力 F_0。

(2) 从动部分包括 255 W 发电机 7 和其主轴上的从动带轮 8,发电机的输出与负载部分相连。

(3) 负载部分是由 9 只 40 W 灯泡组成的专用负载箱,灯泡可分级并接,以改变从动部分的负载。

(4) 操纵控制部分包括线路板、调速电位器、指示灯、保险丝等,用来控制电动机的启、停和变速。

(5) 测试仪表包括电动机及发电机的转速、转矩测试装置和仪表。

6.3.3　实验操作步骤

(1) 检查控制面板上的调速旋钮,并将其逆时针旋转到底,即电机转速为零的状态。

(2) 接通实验台电源,打开电源开关。

(3) 调整张紧力,使 $F_0=500$,即 50 N。

(4) 顺时针慢慢旋转调速旋钮,使电机转速由低到高,直到电机转速显示 $n_1 \approx 1\ 000$ r/min。

(5) 加负载,打开一个灯泡,测试并记录这一工况下的 T_1、T_2 和 n_1、n_2 的值,同时仍保证 $n_1 \approx 1\ 000$ r/min。

(6) 逐次增加负载,每次均打开一个灯泡,重复上次实验内容。

(7) 改变张紧力的大小,观察滑动曲线和效率曲线的变化。

6.3.4 实验报告

1. 已知条件

(1) 传动带类型:平型带,断面积为 $3 \times 30\ \text{mm}^2$。

(2) 初拉力:$F_0 = 50$ N。

(3) 带张紧方式:自动张紧。

(4) 带轮直径:$D_1 = D_2 = 125$ mm。

(5) 包角:180°。

2. 数据记录表(表6.4)

$F_0 =$ ________ N。

表6.4 带传动实验数据记录表

序 号	$n_1/(\text{r} \cdot \text{min}^{-1})$	$n_2/(\text{r} \cdot \text{min}^{-1})$	$\varepsilon/\%$	$T_1/(\text{N} \cdot \text{m})$	$T_2/(\text{N} \cdot \text{m})$	P_1/kW	P_2/kW	$\eta/\%$
1								
2								
3								
4								
5								
6								
7								
8								
9								
10								

3. 处理数据

4. 绘制滑动曲线和效率曲线(图6.4)

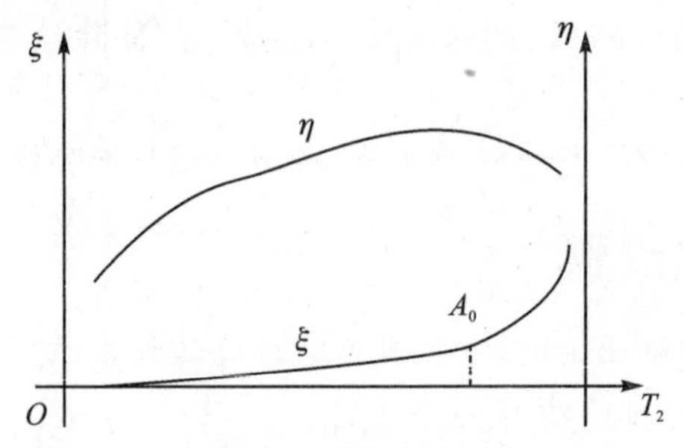

图6.4 带传动的滑动曲线和效率曲线

6.3.5　思考题

(1) 为什么带传动要以滑动特性曲线为设计依据而不按抗拉强度计算？试阐述其合理性。

(2) 当改变实验条件(如初拉力 F_0、包角 α、带速 v 等)时，滑动特性曲线有何变化？

6.4　滑动轴承实验

6.4.1　实验目的

实验目的如下：

(1) 观察动压油膜的形成过程。

(2) 测量滑动轴承在刚启动时的摩擦力矩和摩擦系数。

6.4.2　实验内容

实验内容如下：

(1) 观察滑动轴承动压油膜形成过程与现象。

(2) 通过实验，掌握滑动轴承的摩擦系数及转速等数据的测量方法并绘出滑动轴承的特性曲线。

(3) 通过实验数据处理，绘制出滑动轴承径向油膜压力分布曲线。

6.4.3　实验设备及工具

滑动轴承实验台。

6.4.4　实验方法与步骤

实验方法与步骤如下：

(1) 检查实验台，使各个机件处于完好状态。

(2) 观察动压油膜的形成过程与现象。动压油膜形成过程中的现象，我们可通过观察油膜形成过程的电路系统来观察，电路系统如图 6.5 所示。

当主轴没有转动时，轴与轴瓦是接触的，接通开关 K，有较大的电流流过灯泡，可以看到灯光很亮。

当主轴在很低的转速下慢慢转动时，主轴把油带入轴与轴瓦之间，形成部分润滑油膜，由于油为绝缘体，使金属面积减小，使电路中的电流减小，因而灯光亮度变暗。

当主轴转速再提高时，轴与轴瓦之间形成了很薄的压力油膜，将轴与轴瓦分开，灯泡就不亮了，这时我们就得知动压油膜已经形成。

轴瓦上有 7 个径向小孔如图 6.6 所示，每一个小孔相应都与一个压力传感器相连接，动压油膜形成后，由设在控制面板上的油膜压力及摩擦力矩数显示表来显示。它们是通过选择开关的 1～7 按键来切换，可选择显示出轴瓦圆周各点的径向油膜压力。

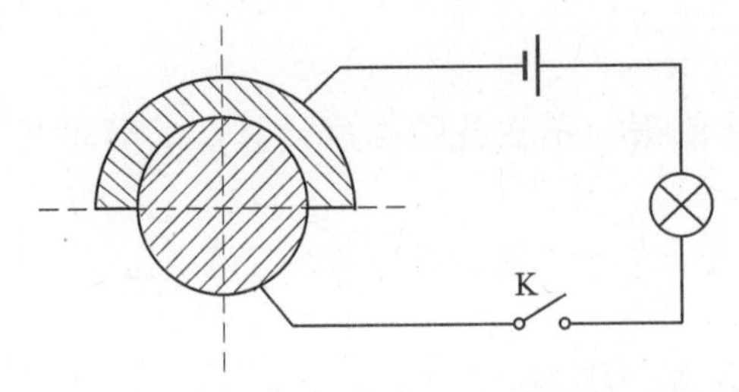

图 6.5 油膜形成过程电路图

图 6.6 轴瓦沿圆周均布 7 个测压孔示意图

(3) 求出滑动轴承在刚启动时的摩擦力矩和摩擦系数。

实验时,可以用手缓慢地转动 V 型带轮(这时要求不加砝码,载荷只是杠杆系统的自重,或者也可慢慢启动电动机,当轴刚有转动趋势的时候,记下 Q 的最大读数,为了保证数据记录准确性,需要重复做三次,将测得的数据记录在表 6.5 中,根据记录的数据,代入式(2.16)、式(2.17),求出启动时的摩擦力矩和摩擦系数,最后求得一个平均值。

(4) 绘制滑动轴承的特性曲线。

滑动轴承的 $n-f$ 特性曲线如图 6.7 所示,参数 η 为油的黏度,它是受压力和温度影响的,但由于本实验进行得短,压力也不大(在 5 MPa=50 大气压以下)、温度变化也不大,因此把油的粘度近似地看作一个常数,根据查表可得 45 号机械油在室温 20 ℃时的动力黏度为 0.34 Pa·s,而 n 为转速,是个变量,可实际测得。q 为平均单位载荷(也称比压)可用下式计算:

$$q = W/dB \quad (\text{MPa})$$

式中:W 为载荷,d 为主轴直径,B 为轴瓦宽度,f 为摩擦系数。

从特性曲线图可以看出,摩擦系数 f 的大小是和转速有关的。主轴刚启动时,轴与轴瓦为半干摩擦,此时摩擦系数是很大的,随着转速的增加,压力油膜使轴与轴瓦的接触面积不断减小,摩擦系数明显下降,当达到临界点 a_0。后为液体摩擦区,即为滑动轴承的正常工作区域。实验时,我们用改变转速 n 将各转速下所对应的摩擦力矩和摩擦系数求出,记录在表 6.6 中(并绘出 $n-f$ 特性曲线)。

(5) 绘制轴承径向油膜压力分布曲线。

启动电机,控制转速在 0～1 500 r/min,然后加上载荷,观察指示灯泡,看是否形成油膜,当形成压力油膜后,待各压力传感器的压力值稳定后,由左向右记录各压力传感器的压力值并记录在表 6.7 中。根据测出的油压大小按一定比例绘制压分布曲线,如图 6.8 所示。具体画法是沿着圆周表面从左向右画出角度分别为 $22°30'$,$45°$,$67°30'$,$90°$,$112°30'$,$135°$,$157°30'$等分,得出油孔点 1、2、3、4、5、6、7 位置。通过这些点与圆心 O 连线,在它们的延长线上,将压力传感器测出的压力值(比例:0.1 MPa=5 mm)画出压力向量 $1\rightarrow1'$、$2\rightarrow2'$,…,$7\rightarrow7'$。经 $1'$、$2'$,…,$7'$各点连成平滑曲线,这就是位于轴承中部截面的油膜径向压力分布曲线。

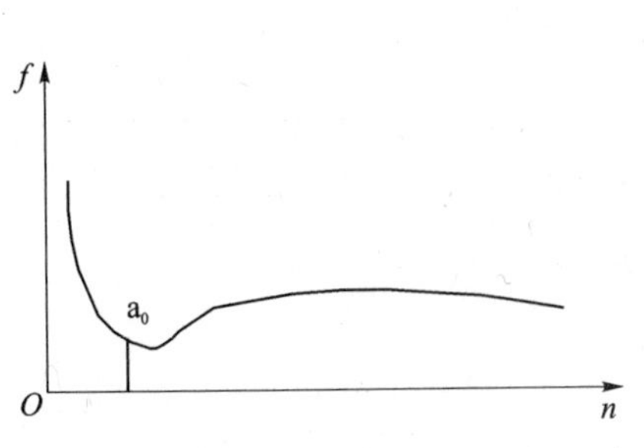

图 6.7　滑动轴承 $n-f$ 曲线

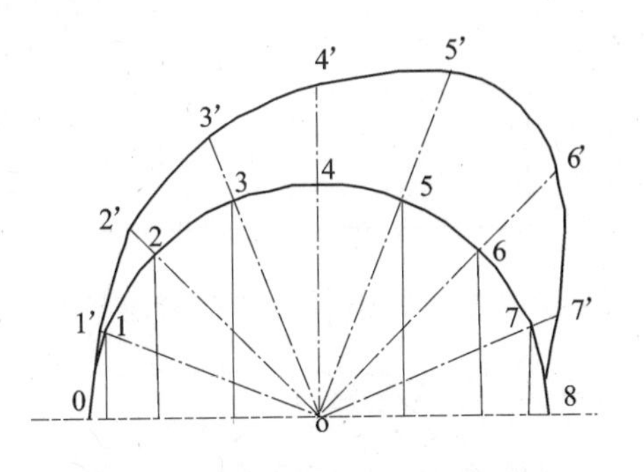

图 6.8　油膜径向压力分布曲线

6.4.5　实验报告

1. 求滑动轴承刚启动时的摩擦力矩 T_1 与摩擦系数 f

(1) 测试记录(表 6.5)。

表 6.5　启动状态下摩擦力矩及摩擦系数的测试记录

序　号	作用力 Q/N	载荷 W/N	启动摩擦力矩 T_1/N·m	摩擦系数 f
1				
2				
3				

(2) 计算结果:启动时的摩擦力矩平均值 $T_{1平均}$=________,摩擦系数平均值 f=________。

2. 求滑动轴承的 f 与 n 特性曲线

(1) 测试记录(表 6.6)。

表 6.6　非液体摩擦与液体摩擦状态下的转速 n 与 Q 读数记录

序　号	转速 $n/(\mathrm{r \cdot min^{-1}})$	作用力 Q/N	摩擦力矩 T_1/N·m	摩擦系数 f
1	400			
2	300			
3	250			
4	200			
5	150			
6	100			
7	50			
8	30			

已知条件:砝码重 G=____N,载荷 W=____N,$q=W/dB$ ____ MPa,$\eta=0.34$ Pa·s

(2) 绘制特性曲线图(参考图 6.7)。

3. 绘制轴承径向压力曲线

(1) 测试记录(表 6.7)。

表 6.7 油压记录

油压器位置	1	2	3	4	5	6	7
径向压力/MPa							

(2) 绘制油膜径向压力分布曲线与承载量曲线(参考图6.8)。

6.4.6 思考题

(1) 哪些因素影响液体动压轴承的承载能力及油膜的形成?

(2) 当转速增加或载荷增大时,油压分布曲线如何变化?

实验中径向油膜压力曲线分布在上半部分的轴瓦上,而实际上滑动轴承的径向油膜压力产生在下半部分的轴瓦上,原因是什么?

6.5 机械结构虚拟装拆实验

6.5.1 实验目的

实验目的如下:

(1) 利用网络虚拟实验室环境,进行开放、交互式实验教学。

(2) 通过虚拟拆装,了解机械连接、结构、部件的组成和功能。

(3) 通过虚拟装配,理解各零件之间的装配关系。

(4) 强化机械结构装配知识,提高学生结构设计的能力。

6.5.2 实验设备及工具

网络虚拟实验室。

6.5.3 实验内容

机械设计基础网络虚拟实验室的主要内容如图6.9所示。

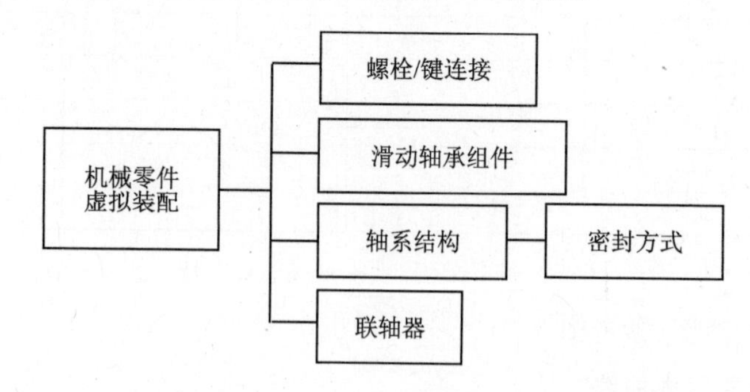

图 6.9 机械设计基础网上虚拟实验室的主要内容

6.5.4 实验步骤

该实验属于网络开放式实验，学生首先进入机械设计基础教学实验中心，然后，通过登录进入网络虚拟实验室。网址是 http://tlcmef. buaa. edu. cm，按照以下步骤进行。

(1) 打开网页页面，点击下载 eDrawings 软件(图 6.10)。

图 6.10 eDrawings 软件

(2) 显示如图 6.12 所示画面。

图 6.11 机械设计基础虚拟实验室

(3)“虚拟装配”下面的三个标题分别进入螺栓、键连接，轴承组件、联轴器，轴系组合设计、密封方式等栏目，分别如图 6.12～图 6.14 所示。

(4) 单击“零部件”栏目下“爆炸”小图标(图 6.15)，查看拆卸后的装配体。

(5) 依次单击“标注”栏目中的“装配顺序”(图 6.16)，查看正确的装配过程。

(6) 打开“动画”栏目，单击“播放”图标(图 6.17)，观看装配过程的动画演示。

(7) 按照动画的演示顺序，进行虚拟装配。

(8) 实验完成后，按照要求撰写实验报告。

虚拟装配-螺栓、键联接

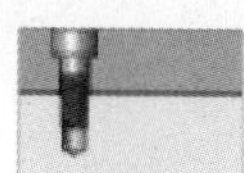

螺栓联接类型：
铰制孔用螺栓联接　铰制孔用双头螺柱联接
开槽圆柱头螺钉联接　螺钉联接
内六角圆柱头螺钉联接　普通螺栓联接
十字槽沉头螺钉联接　十字槽盘头螺钉联接
双头螺柱联接

键联接类型：
圆头普通平键　方头普通平键　单圆头普通平键
圆头导向平键　方头导向平键　滑键形式一　滑键形式二
半圆键　切向键
圆头楔键　方头楔键　钩头楔键
渐开线花键　矩形花键　细齿渐开线花键

键1/4视图：
圆头普通平键　方头普通平键　单圆头普通平键
圆头导向平键　方头导向平键　滑键形式一　滑键形式二
半圆键　切向键
圆头楔键　方头楔键　钩头楔键

图 6.12　螺栓、键连接界面

虚拟装配-轴承组件、联轴器

两端固定的角接触轴承系：
深沟球轴承、圆锥滚子轴承
两端固定的深沟球轴承系
两端游动轴系
游动端为球轴承 固定端为双轴承　游动端为深沟球轴承
游动端为圆柱滚子轴承　游动端为圆柱滚子轴承固定端为双轴承

滑动轴承组合设计：
带油沟的轴瓦1、带油沟的轴瓦2、
带油沟的轴瓦3　剖分式轴瓦3
整体式滑动轴承组合设计
剖分式滑动轴承组合设计

联轴器：
齿轮联轴器　十字滑块联轴器
套筒联轴器　突肩突圆联轴器
万向联轴器　NZ扰性爪联轴器
弹性块联轴器　柱销联轴器

图 6.13　轴承组件、联轴器界面

虚拟装配-轴系的组合设计、密封方式

周向定位和固定：
成形联接　弹性环联接
过盈联接　花键联接
键联接　普通螺栓连接

零件在轴上的安装：
双锁紧挡圈　套筒-轴端挡圈
圆锥形轴头-轴端挡圈　轴肩-弹性挡圈
轴肩-锁紧挡圈　轴肩-套筒
轴肩-圆螺母　轴肩-轴端挡圈

密封装置：
挡圈密封、立轴综合密封
迷宫式密封（径向曲路）　迷宫式密封（轴向曲路）
密封圈密封　甩油密封
油沟密封　毡圈密封

图 6.14　轴系组合设计、密封方式界面

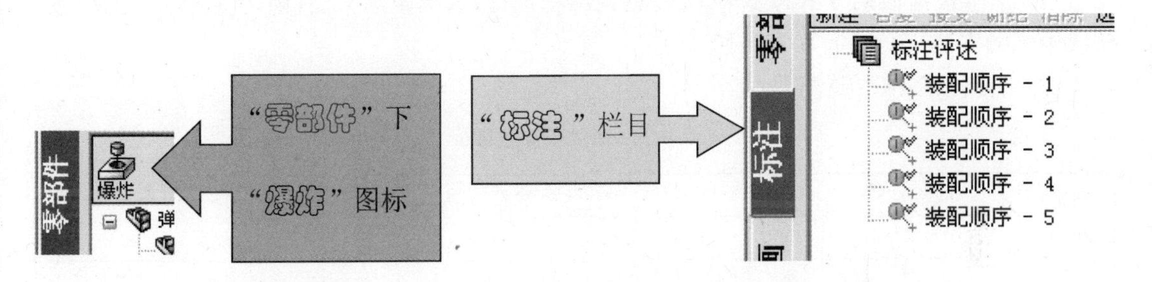

图 6.15　“爆炸”小图标　　　　图 6.16　“标注”栏目中的“装配顺序”

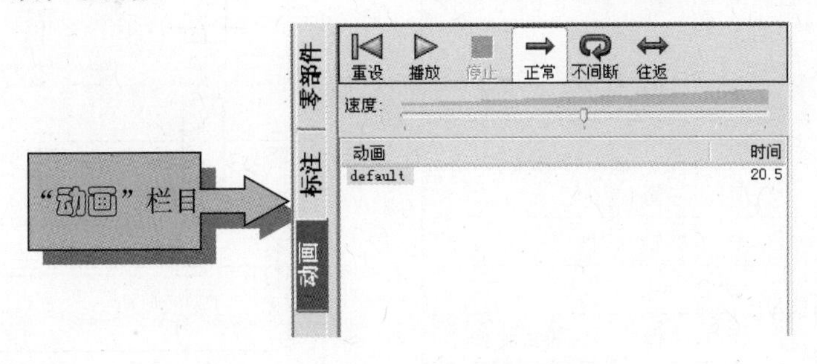

图 6.17　“动画”栏目下“播放”图标

网上提交实验报告。

6.5.5　思考题

(1) 根据螺栓连接的主要结构类型，分析普通螺栓连接、铰制孔用螺栓连接、螺钉连接、双

头螺柱连接结构的异同,指出连接件和被连接件之间的装配关系。

(2) 轴毂连接采用不同形式的键连接时,键、轴及轴毂之间的装配关系如何?

(3) 分析滑动轴承的结构组成,指出轴瓦、轴及滑动轴承座之间的装配关系。

(4) 整体式和剖分式滑动轴承的结构组成有何不同?各有什么优缺点?

(5) 联轴器的类型有哪些,指出典型联轴器的结构组成和各零件之间的装配关系。

(6) 轴系组合设计有哪些组合方式,分析各种方式的装配关系、轴承的固定形式。

(7) 轴的结构设计中,轴向和周向固定方式有哪些?指出各种固定方式的装配关系。

6.6 轴系结构组合设计实验

6.6.1 实验目的

(1) 熟悉常用轴系零部件的结构。

(2) 掌握轴结构设计的基本要求件。

(3) 掌握轴承组合设计的基本方法。

6.6.2 实验内容

(1) 根据表 6.8 选择轴系方案。

(2) 学生根据轴系方案的要求,进行轴系结构设计,选择轴承类型,确定轴上零件的位置,解决轴承的安装、调整、润滑、密封等问题。

(3) 绘制轴系结构装配图。

表 6.8 实验题号和类型

实验题号	已知条件				
	齿轮类型	载荷	转速	其他条件	示意图
1	小直齿轮	轻	低		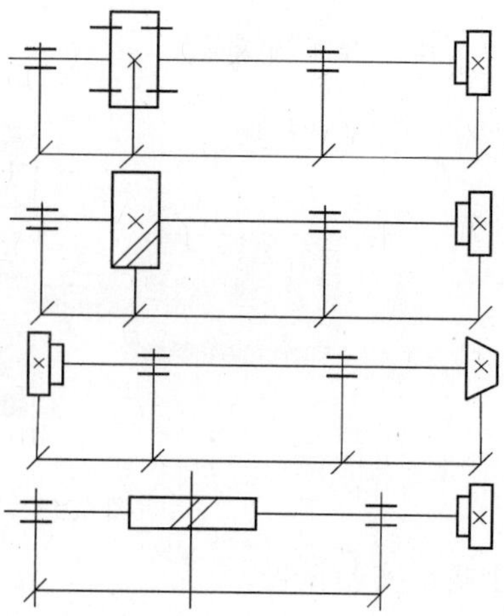
2		中	高		
3	大直齿轮	中	低		
4		重	中		
5	小斜齿轮	轻	中		
6		中	高		
7	大斜齿轮	中	中		
8		重	低		
9	小锥齿轮	轻	低	锥齿轮轴	
10		中	高	锥齿轮与轴分开	
11	蜗杆	轻	低	发热量小	
12		重	中	发热量大	

6.6.3　实验设备及工具

（1）实验箱：齿轮、轴、轴承、轴承端盖、联轴器、轴套、套环、连接件、底座等（零件明细见表6.9）。

（2）测量及绘图工具：呆扳手、改锥、挡圈钳、游标卡尺、直钢板尺等。

表 6.9　实验箱内零件明细表

序号	类别	零件名称	件数	序号	类别	零件名称	件数
1	齿轮类	小直齿轮	1	28	轴套类	甩油环	6
2		小斜齿轮	1	29		挡油环	4
3		大直齿轮	1	30		套筒	24
4		大斜齿轮	1	31		调整环	2
5		小锥齿轮	1	32		调整垫片	16
6	轴类	直齿轮用轴	1	33		压板	4
7		直齿轮用轴	1	34	支座类	锥齿轮轴用套环	2
8		锥齿轮用轴	1	35		蜗杆用套环	1
9		锥齿轮用轴	1	36		直齿轮轴用支座	2
10		固游式蜗杆	1	37		锥齿轮轴用支座	1
11		两端固定式蜗杆	1	38		蜗杆轴用支座	1
12	轴承	轴承 6206	2	39	连接件及其他	键 8×35	4
13		轴承 7206AC	2	40		键 6×35	4
14		轴承 30206	2	41		圆螺母 M30 ×1.5	2
15		轴承 N206	2	42		圆螺母止动圈 φ30	2
16	轴承端盖类	凸缘式闷盖（脂用）	1	43		骨架油封 φ30×φ45×10	2
17		凸缘式透盖（油用）	1	44		无骨架油封 φ30×φ55×12	1
18		大凸缘式闷盖（脂用）	1	45		轴用弹性卡环 φ30	2
19		凸缘式闷盖（脂用）	1	46		羊毛毡圈 φ30	2
20		凸缘式透盖（油用）	3	47		M8×15	4
21		大凸缘式透盖（脂用）	1	48		M8×35	2
22		嵌入式闷盖	1	49		M6×25	6
23		嵌入式透盖	2	50		M6×35	4
24		凸缘式透盖（迷宫）	1	51		M4×10	4
25		迷宫式轴套	1	52		φ6 垫圈	10
26	联轴器	联轴器 A	1	53		φ4 垫圈	4
27		联轴器 B	1	54		组装底座	1

6.6.4　实验方法与步骤

1）理解实验内容与要求。

2）复习有关轴的结构设计与轴承组合设计的内容与方法。

3）构思轴系结构方案。

（1）根据轴系方案选出所需的齿轮和轴。

(2) 根据齿轮类型选择滚动轴承型号。

(3) 确定支承的轴向固定方式(两端固定;一端固定,一端游动)。

(4) 根据齿轮的圆周速度(高、中、低),确定轴承的润滑方式(脂润滑、油润滑)。

(5) 选择端盖形式(凸缘式、嵌入式)。

(6) 考虑轴上零件的定位与固定、轴承间隙调整等问题。

(7) 绘制轴系结构方案示意图。

4) 组装轴系部件。

根据轴系结构方案;从实验箱中选取合适零件,组装轴系部件,检查所设计组装的轴系结构是否正确。

5) 绘制轴系结构草图。

6) 测量零件结构尺寸,做好记录。

7) 将所有零件放入实验箱内的规定位置,交还所借工具。

8) 根据结构草图及测量数据,在3号图纸上绘制轴系结构装配图,要求装配关系表达正确,注明必要尺寸(如轴承跨距、齿轮直径与宽度、主要配合尺寸),填写标题栏和明细表。

9) 写出实验报告。

6.6.5 实验报告

1) 实验目的。

2) 实验内容。

(1) 实验题号。

(2) 已知条件。

3) 轴系结构装配图及轴系结构设计说明。

4) 回答思考题的问题。

6.6.6 思考题

(1) 传动件(齿轮)是如何实现轴向、周向固定的?

(2) 轴向力是通过哪些零件传递到支撑座上的?

(3) 根据装配图说明选择该类型轴承的依据?

(4) 该滚动轴承轴系采用什么固定方式?参照装配图加以说明。

(5) 滚动轴承的配合指的是什么?作用是什么?

(6) 轴承润滑的目的是什么?润滑剂的选择依据哪几方面?

(7) 轴承密封主要是指哪一处的密封?密封的作用是什么?试把轴承端盖从不同种角度分类,具体说明。

(8) 如何调整轴承的间隙?

6.7　机械传动性能参数测试实验

6.7.1　实验目的

(1) 掌握常用机械传动装置的参数测试方法和原理，加深对常见机械传动性能的认识理解。

(2) 设计机械传动系统并进行系统参数的测试，掌握机械传动系统合理设计的基本要求。

(3) 认识工程中机械传动系统的常见驱动和控制方式，掌握计算机辅助实验的新方法，培养进行设计实验与创新实验的能力。

6.7.2　基本要求

1. 认识熟悉实验台

学习机械传动综合测试实验台基本组成和工作原理，认识工程中机械传动系统的常见驱动和控制方式，认识各类测试传感器的功能，了解机械系统参数测试的基本方法和原理。

2. 典型机械传动性能测试

通过测试典型机械传动装置在工作过程中的运动动力参数曲线(速度曲线、转矩曲线、功率曲线、效率曲线等)，了解熟悉常用机械传动装置的参数测试方法和原理，加深对常见机械传动性能的认识理解。

3. 机械系统参数测试

在机械综合测试实验台上对所设计搭接完成的机械系统进行运动和动力参数的测试；根据测试结果，分析所搭接传动装置的性能特点，对所设计机械传动系统的优劣作出评判，从而掌握机械系统合理设计的基本要求。

6.7.3　实验设备与实验原理

1. 实验台基本结构

实验台的基本布局如图 6.18 所示。

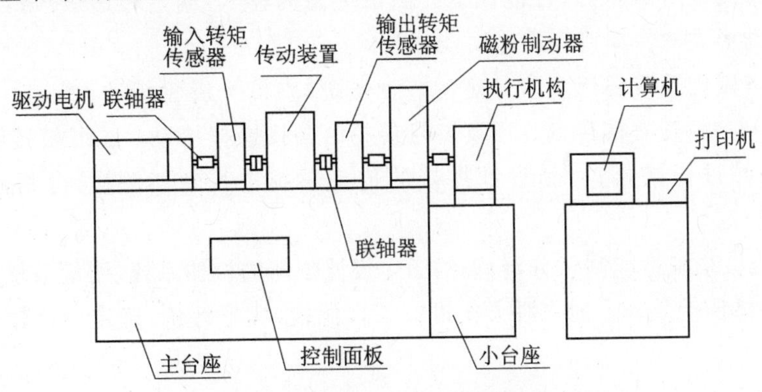

图 6.18　传动综合实验台的基本布局

2. 主要部件及工作原理

实验台工作原理简图如图6.19所示。

实验台主、副台体:支撑安装实验台的各部件。

动力输入装置:电机及驱动器,四个实验台分别采用交流伺服电机、步进电机、无刷电机、交流变频电机四种电机及驱动。

传动装置:包括多种典型机械传动装置和创新组合搭接完成的传动系统装置。

检测装置:输入、输出转矩传感器,可以检测传动装置的速度、转矩;执行机构传感器可以检测执行机构的运动参数。

控制和数据处理装置:控制电机的运动,对传感器的测试信号进行采样和处理。

加载装置:采用磁粉制动器对传动系统进行加载。

执行机构:四台实验台分别安装滞回送料机构、选料机构、牛头刨床机构和压盖机构,完成不同的工作。

计算机和控制及测试软件:对系统进行控制、测试;软件可对测试结果进行计算分析,得到被测装置的传动比、传动功率、传动效率等参数并输出测试结果。

多种类型联轴器。

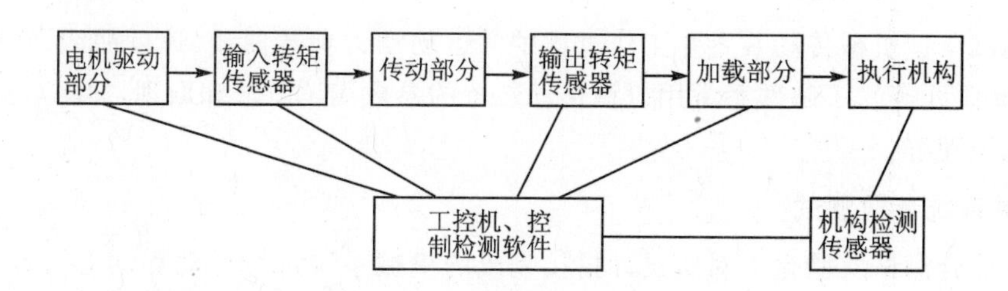

图6.19 工作原理简图

控制软件:包括四种电机控制软件,数据采集软件等。

6.7.4 实验内容

(1) 典型机械传动装置性能测试,在带传动、齿轮传动、蜗杆传动、链传动等多种典型机械传动形式中选择测试对象,进行性能测试。测试传动的输入/输出转速、转矩,传动比、效率。对各种典型传动形式的传动特点进行比较总结。

(2) 典型机械传动装置组合成一定的传动系统(皮带+齿轮传动、蜗杆+锥齿轮传动、齿轮+蜗杆传动、蜗杆+链传动、二级齿轮传动、二级蜗杆传动、二级带传动等),分析系统的性能特点并进行搭接;对新设计搭接的传动系统进行性能测试,分析所搭接系统的优劣。

(3) 创新机械系统性能测试分析,根据学生设计创新的机械系统,测量系统各项运动与动力参数,测定整体传动效率。对多种方案进行综合比较,实施评价,确定出比较理想的整体工作方案。

(4) 执行机构运动参数测试,对执行机构在工作过程中的运动参数进行测试。

6.7.5　实验步骤

1. 实验准备

认真阅读实验指导书、实验台使用说明书和软件使用说明书；熟悉实验台的基本组成和主要工作原理；在以上四种实验中确定实验项目，分别确定实验测试对象，并对实验测试对象的特点进行分析；布置、安装被测机械传动装置（系统）。注意选用合适的安装调整垫块，确保各传动轴之间的同轴度要求；对实验测试设备进行调零，检查各部分状态。

2. 实验测试步骤

由于本实验台共有四组不同电机驱动方式，因此下面按照不同的实验平台进行说明测试过程。

1）交流伺服电机驱动实验操作步骤

（1）启动计算机，打开电源开关（红色按钮），确保指示灯亮，此时实验平台上所有电源都上了电，应用 VC＋＋打开文件夹中的名为“TMotion_DATA”的应用程序。

（2）打开控制面板上的伺服使能开关。运行程序，出现程序主界面如图 6.20 所示。

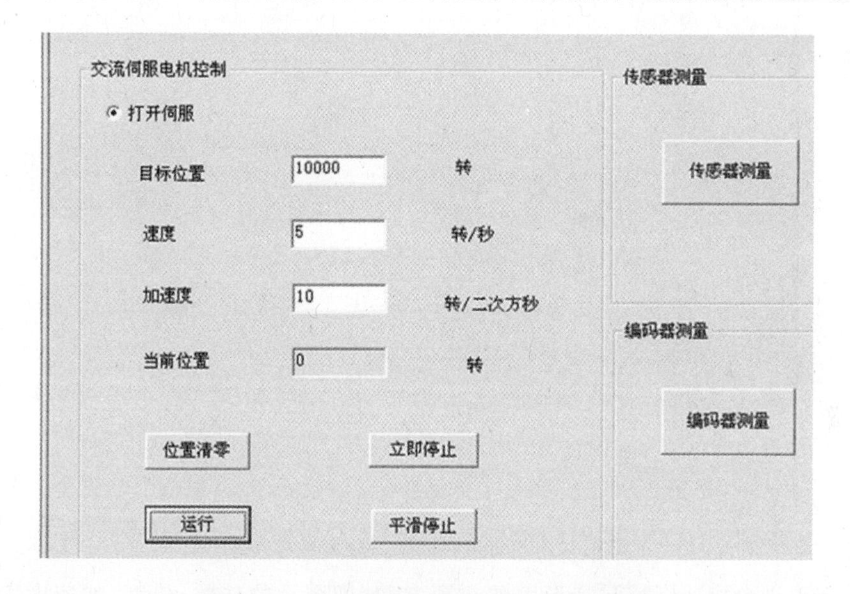

图 6.20　交流伺服电机驱动实验台操作界面

（3）单击“打开伺服”按钮，然后设定目标伺服电机的位置、速度、加速度值，作为构成梯形运动曲线模式。然后单击“运行”按钮，电机运转从而带动系统运动。

（4）界面可显示时时变化的当前位置，如需停止运转可单击“停止”按钮，如单击“位置清零”按钮可以清零当前轴的位置。

（5）再打开磁粉离合器的电源开关，旋转张力调解旋钮，当张力足够大时，执行机构被带动。在系统运行过程中，单击“传感器测量”按钮可以打开另一个对话框，如图 6.21 所示。单击“测量”按钮，系统开始实时采集输入/输出转矩转速。并自动写入文档，以备后续打印。

2）步进电机驱动实验操作步骤

（1）启动计算机，打开电源开关（红色按钮），确保指示灯亮。

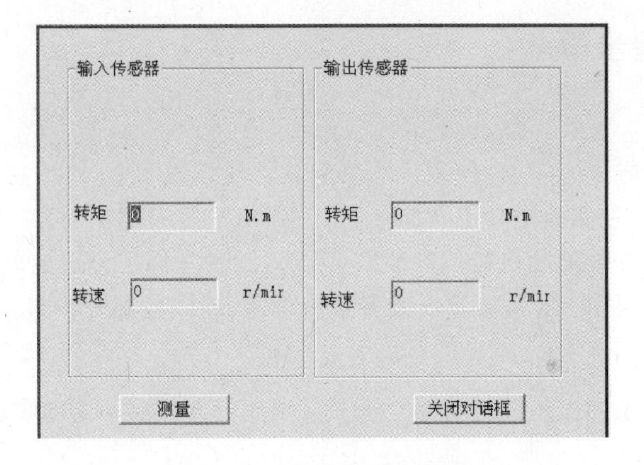

图 6.21　转速转矩测量界面

(2) 打开控制程序 Control16030Data,于是出现如图 6.22 所示界面。

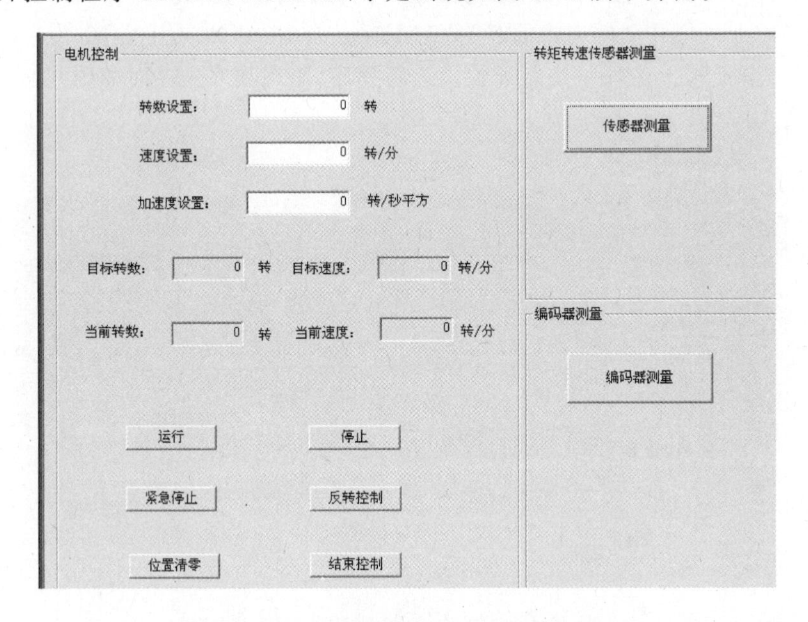

图 6.22　步进电机驱动实验台操作界面

(3) 设定步进电机速度模式梯形图的主要参数,即图示的转数、速度、加速度等参数。单击“运行”按钮,系统按照给定的运动参数运转。

(4) 界面可显示时时变化的当前位置,如需停止运转可单击“停止”按钮,如单击“位置清零”按钮可以清零当前轴的位置。

(5) 再打开磁粉离合器的电源开关,旋转张力调解旋钮,当张力足够大时,执行机构被带动。在系统运行过程中,单击“传感器测量”按钮可以打开另一个对话框,出现如图 6.22 所示界面。单击“测量”按钮,界面可以显示出输入、输出传感器的转矩、转速值。

3) 直流伺服电机驱动实验操作步骤

(1) 启动计算机,打开电源开关(红色按钮),确保指示灯亮,此时实验平台上所有电源都上电。控制柜上电后直接调节控制面板上的调速旋钮可以改变电机转速。

(2) 启动数据采集的程序 datacollect1,出现界面(图 6.23),就可以实时测量。

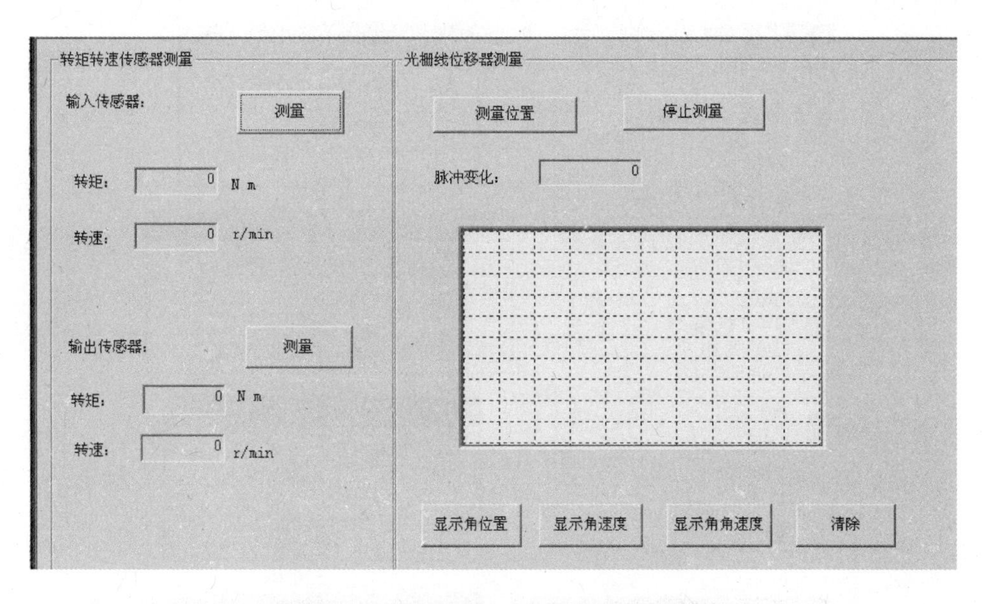

图 6.23　直流伺服电机驱动实验台操作界面

(3) 单击“测量”按钮,实时测量输入及输出转矩转速传感器的测量值,并显示在图框中。

4) 无刷直流电机驱动实验操作步骤

(1) 打开计算机,实验台上电,打开桌面上的FPWIN GR,选择“打开已有文件”,如图6.24 所示。

(2) 选择计算机上文件“实验程序”并打开,此时可以选择菜单栏的“视图”→“显示注释”,单击“文件”→“下载到 PLC”,如图 6.25 所示。

(3) 下载完成后就可以选择三档速度中的一档来驱动电机,从 FPWIN GR 中的在线→强制输入输出中调出控制界面,点击其中的设备登录,就出现如图 6.26 所示对话框,填入登录数 5。

图 6.24　FPWIN GR 界面

(4) 通过选择某一种速度之后,通过启停按钮就可以控制电机启动停止,在电机停止时可以通过控制反转按钮来改变电机转向,如图 6.27 所示。

除了采用强制输入输出来控制电机以外,也可以通过操作实验台控制面板上的 PLC 输入按钮来直接控制 PLC 的程序,但不能与软件同时使用,每次选用一种方式。

(5) 在桌面上以快捷方式打开文件 DataMeasure 文件,单击传感器测量,出现测量界面,如图 6.28 所示。单击“测量”按钮开始进行实时测量。

结束测试,逐步卸载,关闭所有电源。

3. 结果分析

对实验结果进行分析,重点分析传动装置传动运动的平稳性、效率和不同传动布置方案对系统性能的影响。

最后打印实验结果,输出打印结果。

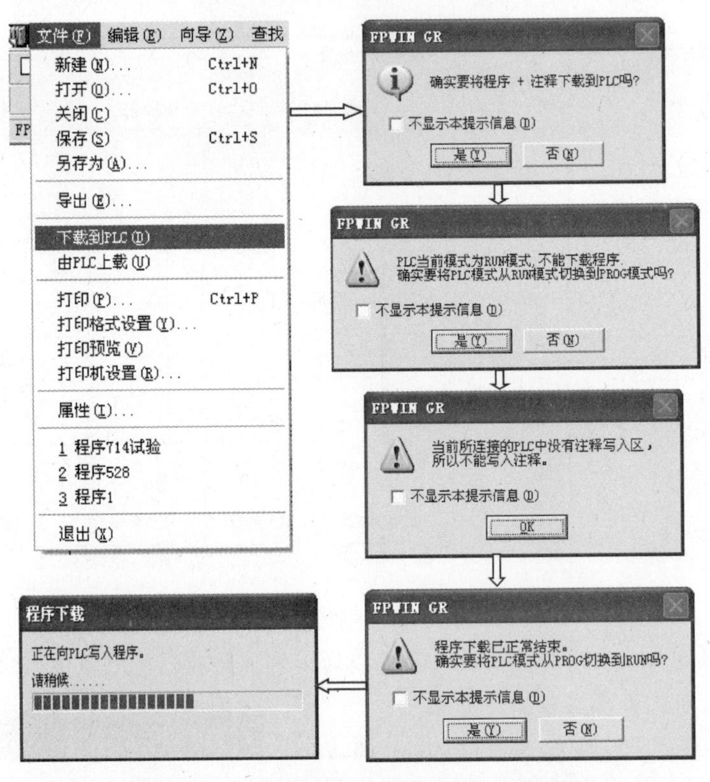

图 6.25　把实验程序下载到 FPWIN GR 环境

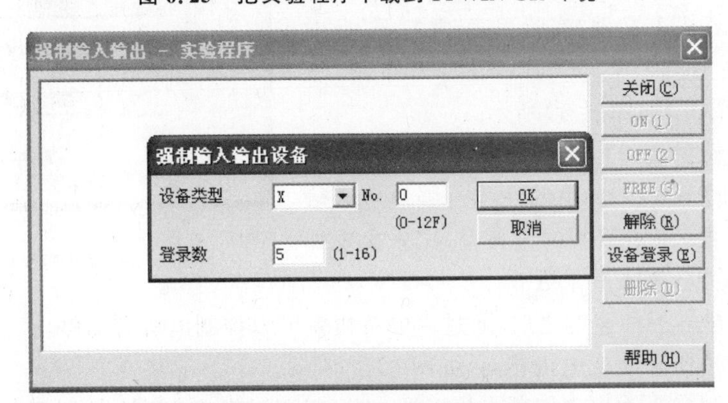

图 6.26　“强制输入输出设备”对话框

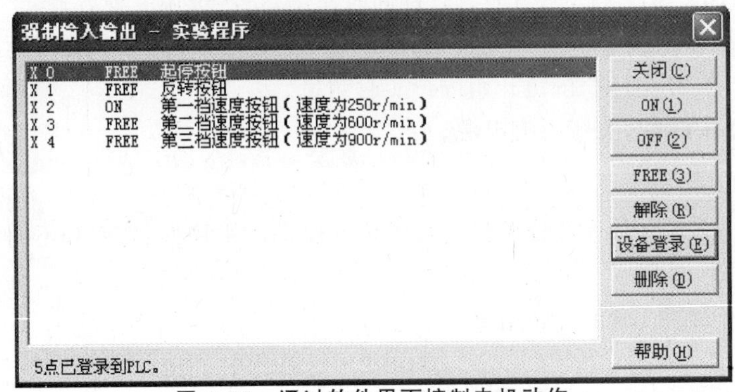

图 6.27　通过软件界面控制电机动作

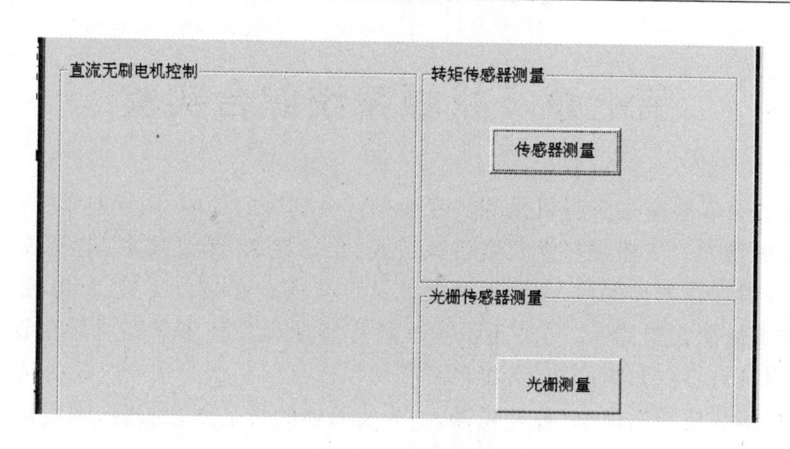

图 6.28 测量界面

6.7.6 实验报告

根据实验过程和实验结果,整理实验报告,主要包括:

(1) 实验项目:实验测试对象的传动类型和性能测试。

(2) 测试项目。

(3) 测试数据。

(4) 参数曲线。

(5) 对实验结果的分析。

(6) 实验中的新发现、设想和建议。

第七章　机械系统综合实验

机械系统综合实验室是进行机械相关专业的综合训练的环境，用于对学生进行综合性、设计性实践能力的培养。实验项目涉及到机械工程、自动控制、测试技术、电子技术、信息技术、接口技术、软件编程技术等课程，开设机械设计及自动化专业综合实验、机电控制专业综合实验及校级公共选修课实验课程，同时还承担本科生毕业设计任务和指导学生课外科技活动。近年来，开发出具有自主知识产权的、特色鲜明的以软盘驱动器为实验对象的精密机电综合实验；开发出以德国慧鱼教学模型(各种机器人)为实验体的机电创意实验，该实验室无论在教学方式、教学效益、教学改革、教学影响方面都在全国有较高的知名度。

7.1　机械运动方案创意设计实验

7.1.1　实验目的

实验目的如下：

(1) 加深对机构组成原理的认识，进一步了解机构组成及其运动特性。

(2) 培养用实验方法构思、验证、确定机械运动方案的能力。

(3) 培养用电机等电气元件和气缸、电磁阀、调速阀及压缩机等气动元件组装能力源，对机械进行驱动和控制的初步能力。

(4) 培养创新思维及综合设计的能力。

7.1.2　实验设备及工具

实验设备及工具如下：

(1) 机械系统运动方案创新设计实验台(图 2-24)。

(2) 系列功率、转速、微型电机和四路操作开关盒。

(3) 系列行程微型气缸、气控组件、调速阀和空气压缩机等气动元件。

(4) 钢板尺、量角器、游标卡尺。

(5) 扳手、钳子、螺丝刀等。

7.1.3　实验内容

在“机械系统运动方案创新设计实验台”上，使用各种构件及多功能零件，进行积木式组合调整，从而构思创新，选型机械设计方案，亲手按比例组装成实物模型，亲手安装电机并接好电路，或亲手安装气缸并接好气动组件，模拟真实工况，动态演示观察机构的运动情况和传动性能，通过直观调整布局、连接方式的尺寸以及更改电路来验证和改进设计，设计和组装融为一体，直到该模型机构灵活、可靠地按照设计要求运动到位，最终用实验方法确定了切实可行、性能较优的机械设计方案和参数。

7.1.4　实验方法与步骤

1. 实验前的准备

(1) 预习本实验,初步了解实验装置,熟悉各种运动副和杆件的组装方法,熟悉机构尺寸的调整方法,熟悉电机及联轴器的安装及用遥控电路进行控制驱动的方法。熟悉气缸、空气压缩机、气控组件、调速阀及其他气动元件的安装使用方法。

(2) 针对设计题目,初步拟定机械系统运动方案及尺寸和电气或气动驱动控制方案,绘出草图。

2. 实验步骤

(1) 按照机构设计的草图,先在桌面上进行机构的初步实验组装,这一步的目的是杆件分层。一方面为了使各个杆件在相互平行的平面内运动,另一方面为了避免各个杆件、各个运动副之间发生运动干涉。

(2) 按照上一实验步骤的分层方案,使用前述实验仪的多功能零件,从最里层开始,依次将各个杆件组装连接到机架上。其中构件杆的选取,转动副的连接、移动副的连接、凸轮、齿轮、齿条与杆件用转动副连接、凸轮、齿轮、齿条与杆件用移动副连接,杆件以转动副的形式与机架相连,杆件以移动副的形式与机架相连,输入转动的原动件和输入移动的原动件的组装连接方法详见本实验指导书的附图及说明。

(3) 根据输入运动的形式选择原动件。若输入运动为转动(工程实验中以柴油机、电动机等为动力的情况),则选用双轴承式主动定铰链轴或蜗杆为原动件,并使用电机通过联轴器进行驱动;若输入运动为移动(工程实验中以油缸、气缸等为动力的情况),可选用适当行程的气缸驱动,用软管连接好气缸、气控组件和空气压缩机先进行空载行程试验。

(4) 试用手动的方式摇动或推动原动件,观察整个机构各个杆、副的运动,全都畅通无阻之后,安装电机,用柔性联轴节将电机与机构相连;或安装气缸,用附件将气缸与机构相连。

(5) 最后检查无误后,打开电源试机。

(6) 通过动态观察机构系统的运动,对机构系统的工作到位情况、运动学及动力学特性作出定性的分析和评价。一般包括如下几个方面:

① 各个杆、副是否发生干涉。

② 有无"憋劲"现象。

③ 输入转动的原动件是否曲柄。

④ 输出杆件是否具有急回特性。

⑤ 机构的运动是否连续。

⑥ 最小传动角(或最大压力角)是否超过其许用值,是否在非工作行程中。

⑦ 机构运动过程中是否产生刚性冲击或柔性冲击。

⑧ 机构是否灵活、可靠地按照设计要求运动到位。

⑨ 自由度大于1的机构,其几个原动件能否使整个机构的各个局部实现良好的协调动作。

⑩ 动力元件(电机或气缸)的选用及安装是否合理,是否按预定的要求正常工作。

(7) 若观察机构系统运动出现问题,则必须按前述步骤进行组装调整,直到该模型机构灵

活、可靠地完全按照设计要求运动。

7.1.5 实验报告

实验报告内容如下:

(1) 按比例绘制机构运动简图。

(2) 计算机构组合系统的自由度,划分杆组。

(3) 简述步骤(6)所列的各项评价情况。

(4) 指出机构设计中的创新之处和指出不足之处,并简述改进的设想。

7.1.6 思考题

(1) 与单个基本机构相比,机械系统存在哪些优越性?

(2) 转动副的驱动和移动副的驱动有哪些方式?

(3) 如何评价一个机械系统设计方案的优与劣?

(4) 实际物理样机与在此试验台上搭接出来的机械系统模型有怎样的差异?

7.2 机械装置装配调试实验

7.2.1 实验目的

实验目的如下:

(1) 加深对机械装置的结构组成及工作原理的认识,了解机械的工作状况。

(2) 培养学生进行机械装置的装配、拆卸和主要结构及部件的调整技能。

(3) 通过装配动手实践,培养理论和实际的结合、体验“做中学”的思想。

(4) 培养学生机械设计综合能力。

7.2.2 实验设备及工具

实验设备及工具如下:

(1) 机械装调系统实验台。

(2) 主要机械装置,包括:机械传动机构、多级变速器、二维工作台、间隙回转机构、冲床机构等多种典型机械装置及其装配图,装配工艺路线图。

(3) 装调工具:主要有套装工具(55件)、台虎钳、划线平板、拉马、钩形扳手、卡簧钳、紫铜棒、截链器、轴承拆装套筒。套装工具由工具箱、内六角扳手、呆扳手、活动扳手、锉刀、丝锥、铰杠、划规、样冲、锤子、板牙、板牙架、螺丝刀、锯弓、尖嘴钳、老虎钳等组成。

(4) 常用量具:主要由游标卡尺、万能角度尺、角尺、杠杆式百分表、千分尺、塞尺、深度游标卡尺等组成;通过使用量具进行测量,使学生掌握常用量具的使用方法,掌握机械装配的检测方法等。

7.2.3　实验内容及要求

1. 实验内容

在机械装调实验台上，对于每一机械装置，分别完成以下实验任务：

项目1：多级变速箱的装配与调整。根据装配图及装配工艺要求，进行轴承、轴、键、滑移齿轮组、箱体等的装配与调整。

项目2：冲床机构的装配与调整。根据装配图及装配工艺要求，完成冲床机构的装配与调整。

项目3：间歇回转工作台的装配与调整。根据装配图及装配工艺要求，进行蜗轮蜗杆、四槽槽轮、轴承、支座等的装配与调整。

项目4：二维工作台的装配与调整。根据装配图要求，进行直线导轨、滚珠丝杠、轴承、支座等的装配与调整。

项目5：机械传动的安装与调整。包括：带传动机构的装配与调整；链传动机构的装配与调整；齿轮传动机构的装配与调整。

项目6：机械系统运行与调整。根据总装配图要求及装配工艺，将各单元组装成系统，按要求进行调整，达到预定功能。

调整内容包括：带和链等传动机构的装配与调整、变速箱的装配、轴承的装配与调整(深沟球轴承、角接触轴承、圆锥滚子轴承、推力球轴承)、滚珠丝杠副装配、直线导轨的装配与调整、相关平行度及垂直度的检测等。

2. 实验要求

每套装置参加实验人数2～3人，完成一组拆装后，轮流交换，进行第二轮的实验。

7.2.4　实验方法与步骤

1. 实验前的准备

(1) 预习本实验，认真阅读实验所涉及各个机械装置的装配图，了解各装置的组成、零件种类(对照明细表)，了解装置中的各个零件的装配及连接关系。

(2) 根据装配工艺路线，了解装置的装配顺序、配合关系，各零件之间的连接关系，了解装置中需要调整的部分结构及相关的调整方法。

(3) 准备好装拆工具和测量工具。

2. 实验步骤

(1) 对照装置的装配图，打开各装置的部件箱，清点各个实验箱的零部件数目种类。

(2) 对照装配工艺路线，进行各装置的装配，从主要的核心部件开始，比如轴，安装轴上的传动件、再安装相应的定位和固定零件，然后安装轴承，再到箱体支撑部分。

(3) 调整的内容，对中心距、轴承间隙、导轨的平行度分别进行调整。

(4) 安装完成后，进行各个装置的运行试验，连接好各装置的电源，通过操作按钮启动电机，观察装置的运转情况。主要观察以下几方面：

① 各个零件之间是否干涉？

② 装置的运动是否连续、灵活？

③ 听听运转的声音是否正常,有无异常声音?

若观察存在问题,进行装配调整,直到运转正常。

(5) 检测:根据测量工具,检测主要内容包括导轨的平行度、二维工作台的运动精度、检测齿轮的侧隙等。

(6) 实验完成后,进行各装置的零部件的拆卸,按照装配图和装配路线,确定拆卸顺序,进行装置的拆卸,拆卸完成后,按要求把各个零件装入零件箱。

3. 实例——二维工作台的装配与调试

下面以二维工作台为例说明机械装置的装配与调试步骤,首先对照装配图或实体模型进行二维工作台的组成分析。二维工作台由底板、中滑板、上滑板、直线导轨副、滚珠丝杆副、轴承座、轴承内隔圈、轴承外隔圈、轴承预紧套管、轴承座透盖、轴承座闷盖、丝杆螺母支座、圆螺母、限位开关、手轮、齿轮、等高垫块、轴承座调整垫片、丝杆螺母支座调整垫片、轴端挡片、轴用弹性挡圈、角接触轴承(7202AC)、深沟球轴承(6202)、导轨定位块、导轨夹紧装置等组成如图7.1所示。

图7.1 二维工作台的组成

装配调试步骤如下:

(1) 将直线导轨放到底板上如图7.2,用M4×16的内六角螺丝预紧该导轨,打紧导轨固定装置使导轨贴紧导轨基准块。如果导轨与基准块不能贴牢,则在导轨与基准块之间加入铜垫片。

图7.2 安装导轨

(2) 用深度游标卡尺测量导轨与基准面距离,调整导轨与基准块之间垫片的厚度(图7.3),使导轨到基准面A距离达到图纸要求。

(3) 将杠杆式百分表吸在直线导轨的滑块上,百分表的测量头打在基准面上,沿直线导轨滑动滑块,调整导轨与导轨基准块之间的垫片,使得导轨与基准面之间的平行度符合要求(图7.4),将导轨固定装置打紧固定导轨。

(4) 将另一根导轨装在底板上(图7.5),打紧导轨固定装置使导轨两端贴紧底板上面的另外两个导轨基准块。如果导轨与基准块不能贴牢,则在导轨与基准块之间加入铜垫片。

(5) 用游标卡尺测量两导轨之间的距离(图7.6),调整导轨与基准块之间垫片的厚度,将两导轨的距离调整到图纸所要求的距离。

图 7.3　导轨定位

图 7.4　调整导轨与基准面之间的平行度

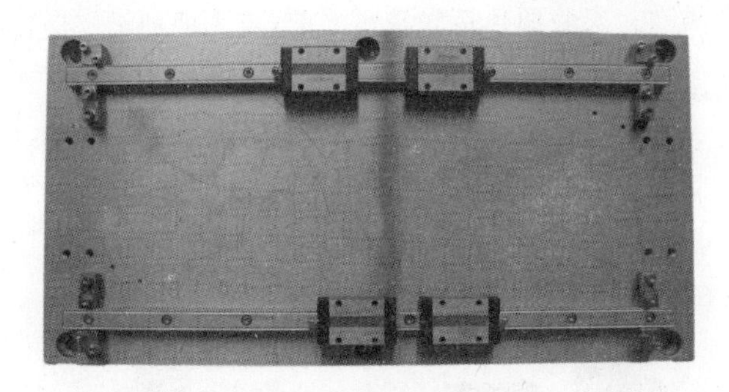

图 7.5　安装另一条导轨

(6) 以已安装好的导轨为基准，将杠杆式百分表吸在基准导轨的滑块上，百分表的测量头打在另一根导轨的侧面，沿基准导轨滑动滑块，调整另一导轨与基准块之间的垫片，使得两导轨之间的平行度符合要求(图 7.7)，将导轨固定装置打紧固定导轨。

图 7.6　调整两导轨之间的距离

图 7.7　调整两导轨之间的平行度

(7) 至此，完成底板两导轨的装配如图 7.8 所示。

(8) 用 M6×20 内六角螺钉将丝杠螺母支座固定在丝杠的螺母上如图 7.9 所示。

(9) 将两个角接触轴承和深沟球轴承安装在丝杠的相应位置上(图 7.10)。注：两角接触

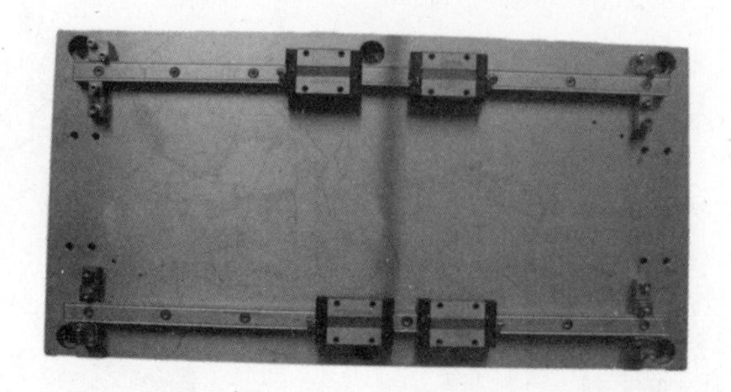

图 7.8　完成两导轨的安装

图 7.9　安装螺母和螺母支座

轴承之间加内、外轴承隔圈。安装两角接触轴承之前,应先把轴承座透盖装在丝杠上。

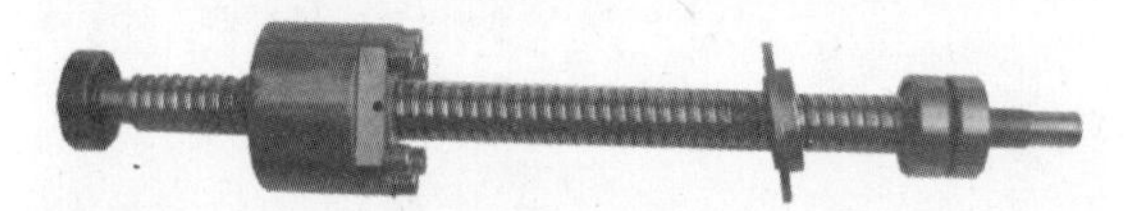

图 7.10　安装轴承

(10) 将丝杠安装在轴承座上,如图 7.11 所示。

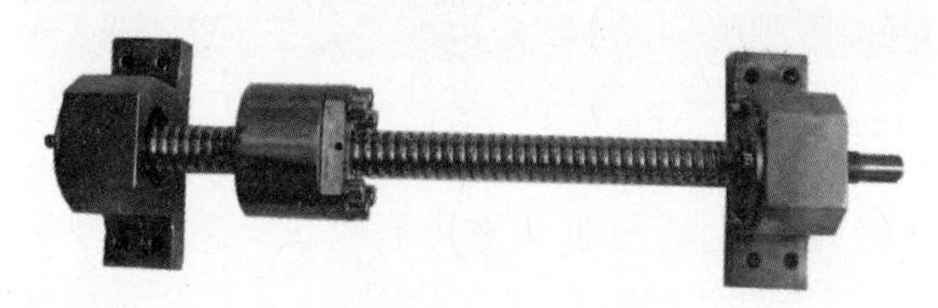

图 7.11　安装轴承座

(11) 如果轴承座与端盖之间存在间隙,用塞尺测量间隙的大小,在端盖与轴承座之间加入青壳纸垫片,如图 7.12 所示。

(12) 用 M6×30 内六角螺丝,将轴承座预紧在底板上,如图 7.13 所示。

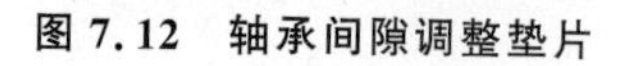

图 7.12　轴承间隙调整垫片

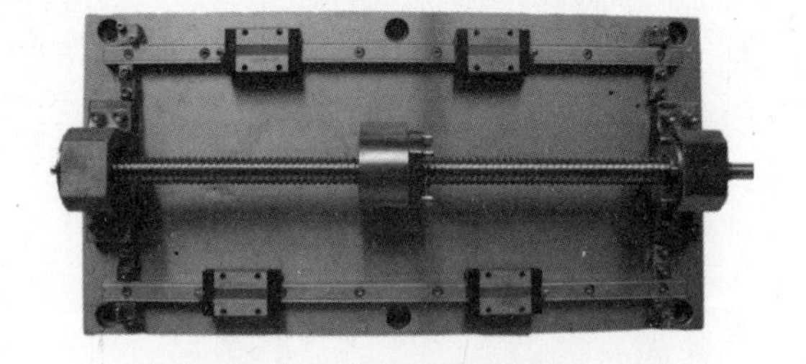

图 7.13　在底板上安装轴承座

(13) 分别将螺母移动到丝杠的两端,用杠杆表测量螺母在丝杠两端的高度(图 7.14),从而确定两轴承座的中心高的差值。

(14) 在其中一个轴承座下边装入相应厚度的调整垫片(图 7.15),将轴承座的中心高调整

到相等。

图 7.14　测量螺母的高度

图 7.15　轴承座调整垫片

(15) 将丝杠主动端的限位套管、圆螺母、齿轮装在丝杠上面，如图 7.16 所示。

(16) 分别将螺母移动到丝杠的两端，杠杆表吸在导轨滑块上，用杠杆表打在螺母上测量丝杠与导轨是否平行，用橡胶锤调整轴承座，使丝杆与导轨平行，并拧紧轴承座螺丝，将轴承座固定，如图 7.17 所示。

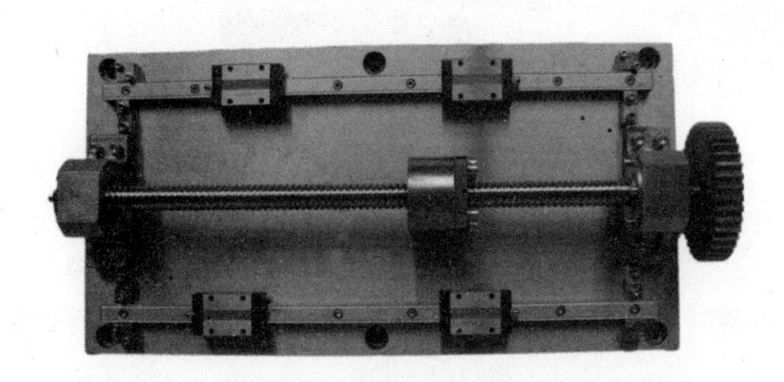

图 7.16　安装主动端的零件

图 7.17　固定轴承座

(17) 参照(1)～(16)的方法，完成中滑板上丝杠与导轨的装配，如图 7.18 所示。

图 7.18　装配中滑板上丝杠与导轨

(18) 将四个等高块放在导轨滑块上(图 7.19)，调节导轨滑块的位置。

(19) 将中滑板放在等高块上调整滑块的位置，用 M4×70 螺丝将等高块、中滑板固定在导轨滑块上。用杠杆百分表测量中滑板各处是否等高。如果存在差值，则修整等高块使中滑板各处等高，如图 7.20 所示。

(20) 用塞尺测量丝杠螺母支座与中滑板之间的间隙大小如图 7.20 所示。

图 7.19 设置等高块

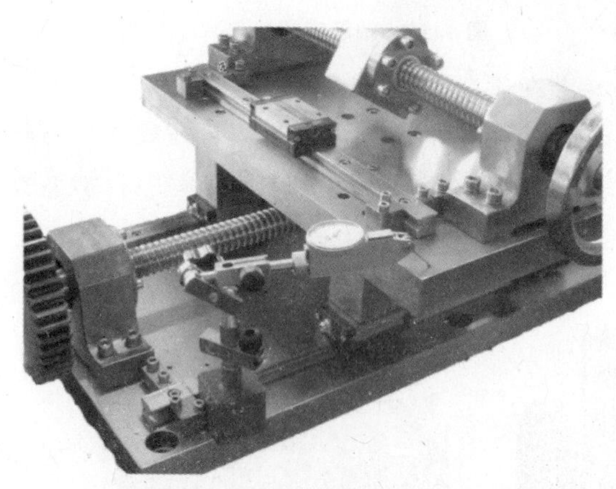

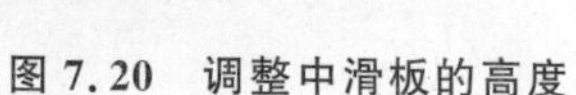

图 7.20 调整中滑板的高度

图 7.21 测量螺母支座与中滑板之间的间隙

(21) 将 M4×70 螺丝旋松,在丝杠螺母支座与中滑板之间加入与测量间隙厚度相等的调整垫片,将螺丝重新打到预紧状态。

(22) 将中滑板上的 M4×70 的螺栓预紧,用大磁性百分表座固定 90°角尺,使角尺的一边与中滑板的侧基准面紧贴在一起(图 7.22)。将杠杆百分表吸附在底板上的合适位置,百分表触头打在角尺的另一边上,左右移动中滑板,用橡胶锤轻轻打击中滑板,使中滑板移动时百分表示数不再发生变化,说明上下两层导轨已达到垂直。

(23) 参照(18)~(22)的方法,用上滑板基准将上滑板安装在工作台上,完成整个工作台的安装,如图 7.23 所示。

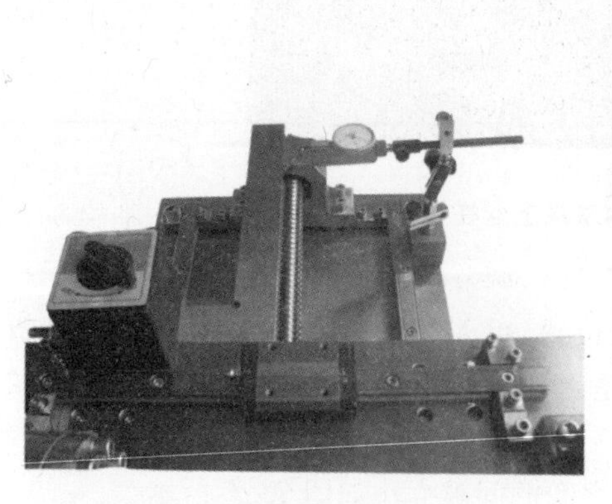

图 7.22 调整上下导轨的垂直度

图 7.23 安装完成

(24) 安装完成后,可对二维工作台的垂直度进行检验(图 7.24)。将直角尺放在上滑板上,通过杠杆表调整直角尺的位置,使角尺的一个边与工作台的一个运动方向平行。

图 7.24　检验工作台的垂直度

(25) 把杠杆表打在角尺的另一个边上,使二维工作台沿另一个方向运动,观察杠杆表读数的变化,此值即为二维工作台的垂直度,如图 7.25 所示。

图 7.25　测量垂直度

至此,完成二维工作台的装配与调整。

7.2.5　实验报告

实验报告的内容如下:

(1) 画出所拆卸装置的主要传动简图(草图)。

(2) 归纳装配过程和拆卸过程的顺序。

(3) 指出装置中主要零件的配合关系,调相对位置关系。

(4) 对所进行装配的装置,从结构、原理设计的角度提出进一步改进的意见和措施。

7.2.6　思考题

(1) 通过装配和运行观察实验,如何评价机械装置的工作特点?

(2) 滚动轴承间隙如何调整? 简述调整方法。

(3) 导轨平行度调整时,应考虑哪些因素?如何调整?

(4)如何测量齿测间隙,跨齿距数目如何计算?

(5) 传动机构的中心距如何调整?

7.3 机械传动模块交互创新设计实验

7.3.1 实验目的

实验目的如下:

(1) 认识常用机械传动装置,理解工作原理。

(2) 掌握典型机械传动装置的传动特性、工作特点和应用范围。

(3) 通过性能参数测试,掌握机械传动合理布置的基本要求。

(4) 综合考虑各种实际约束条件,根据工作任务与目标,利用典型机械传动装置进行模块化创新设计。

(5) 培养和锻炼进行设计性实验与创新性实验的能力。

7.3.2 实验设备及工具

实验设备主要由实验平台、各种机械传动装置模块和联轴器组成(图7.26)。学生可以根据选择或设计的实验类型、方案和内容,自己动手进行传动装置的连接、安装调试和测试,进行设计性实验、综合性实验或创新性实验。

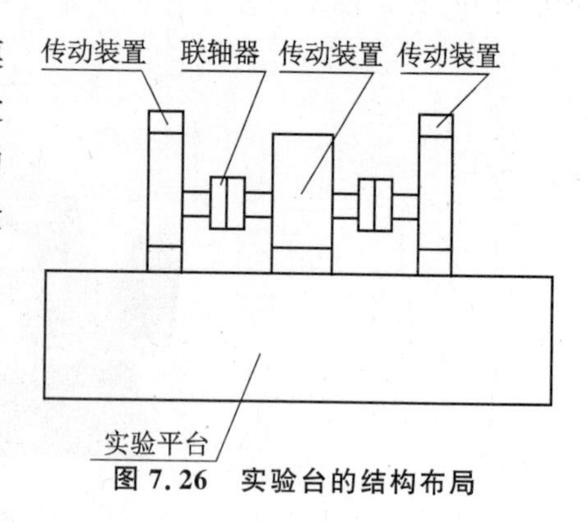

图7.26 实验台的结构布局

1. 实验平台

实验平台由主平台和辅助平台组成,根据需要可以分离使用或组合使用。所有的实验工作都在实验平台上进行。

2. 机械传动装置模块

主要机械传动装置模块有:斜齿轮减速器、蜗杆减速器、锥齿轮减速器、V型带传动、链传动等。主要技术参数如表7.1所列。

表7.1 机械传动装置模块主要技术参数表

序号	机械传动装置	技术参数
1	斜齿轮减速器	$Z_1=20, Z_2=60, i=3$
2	蜗杆减速器	$Z_1=2, Z_2=20, i=10$
3	锥齿轮减速器	$Z_1=20, Z_2=40, i=2$
4	V型带传动	$D_1=60$ mm, $D_2=100$ mm, $a=485$ mm
5	链传动	$Z_1=20, Z_2=36, i=1.8$

7.3.3　实验内容

实验台能够完成多种实验项目，教师可根据专业特点与要求进行指定，也可以让学生自主选择或设计实验类型与实验内容。

具体的实验项目主要分为以下三类：

1. 基本认知实验（面向：机械类或近机类专业本科生课程学习）

1）皮带传动

（1）认识皮带传动的各组成单元，进行实地装拆。

（2）认识传动带的类型。

（3）理解皮带传动的工作原理。

（4）测定皮带传动的运动与动力参数。

（5）测定皮带传动的工作效率。

（6）测定皮带传动的弹性滑动率。

（7）观察皮带传动的打滑现象。

（8）通过调整中心距、带轮直径以及负载的大小，观察包角对圆周力的影响。

（9）总结皮带传动的优缺点。

2）齿轮传动

（1）认识各种常见的齿轮。

（2）理解齿轮传动的工作原理。

（3）测定齿轮传动的运动与动力参数。

（4）测定齿轮传动的工作效率。

（5）总结齿轮传动的优缺点。

3）皮带传动与齿轮传动的对比实验

在给定电机型号、传动比和负载的情况下，分别进行皮带传动和齿轮传动的实验，对两种传动形式进行综合比较。

4）蜗杆传动

（1）理解蜗杆传动的工作原理。

（2）测定蜗杆传动的运动与动力参数。

（3）测定蜗杆传动的工作效率。

（4）总结蜗杆传动的优缺点。

5）蜗杆传动与齿轮传动的对比实验

在给定电机型号、传动比和负载的情况下，分别进行蜗杆传动和齿轮传动的实验，对两种传动形式进行综合比较。

6）链传动

（1）理解链传动的工作原理。

（2）认识传动链的各种类型。

（3）测定链传动的运动与动力参数。

（4）测定链传动的工作效率。

2. 组合传动实验(面向:机械类本科生课程学习及课程设计)

针对不同的传动组合,选择原动机,测量运动与动力参数,测定整体传动效率,对各种传动组合进行分析与横向比较,总结各种传动组合的工作特征、优点缺点及适用场合。

主要的传动组合(主要为二级传动)包括:

(1) 皮带+齿轮传动

(2) 蜗杆+锥齿轮传动

(3) 齿轮+蜗杆传动

(4) 蜗杆+链传动

(5) 二级齿轮传动

(6) 二级蜗杆传动

(7) 二级带传动

对上述组合传动测量运动与动力参数,测量工作效率,进行分析与比较。

3. 创意实验(面向:机械类本科生课程设计及研究生的工程设计实验)

根据具体的工作任务或约束,学生自行拟定整体传动方案。选择原动机、测量运动与动力参数,测定整体传动效率。以实施成本、所占体积、传动的平稳性和准确性等作为优化目标,对多种方案进行综合比较,实施评价,最终确定出比较理想的整体工作方案。

7.3.4 实验步骤

具体的实验步骤如图7.27所示。

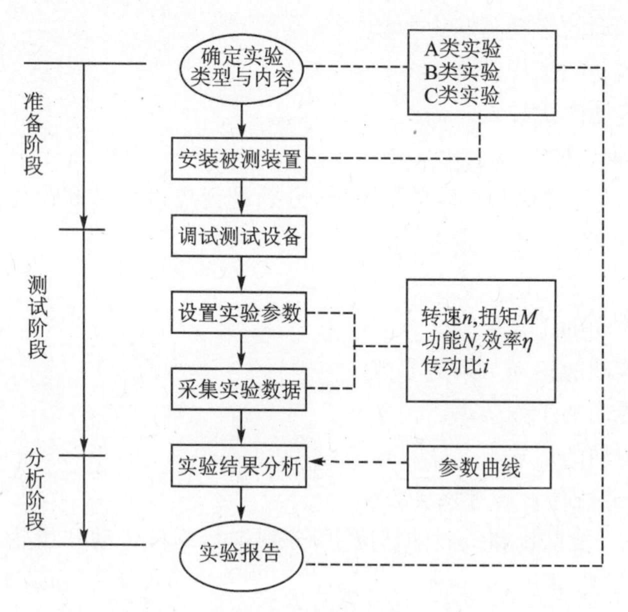

图7.27 实验步骤

1. 准备阶段

(1) 认真阅读《实验指导书》和《实验台使用说明书》。

(2) 确定实验类型与实验内容。其基本内容都是通过对某种机械传动装置或传动方案性

能参数的测试，来分析机械传动的性能特点。

2. 测试阶段(可参考6.7节)

(1) 打开实验台电源总开关和工控机电源开关。

(2) 进入性能测试软件主界面，熟悉主界面的各项内容。

(3) 根据实验内容设置实验测试参数和所需分析参数。

(4) 启动电机，进入实验。电机平稳运转后，通过张力控制仪进行加载，加载时要缓慢平稳；数据显示稳定后，进行数据采样。分级加载，分级采样，采集数据。

(5) 分析测试结果，查看参数曲线，确定实验结果。

(6) 打印实验结果。

(7) 结束测试，逐步卸载，关闭所有电源。

3. 分析阶段

(1) 对实验结果进行分析。重点分析传动装置传动的平稳性、效率和不同传动布置方案对系统性能的影响。

(2) 整理实验报告。主要内容为：测试数据(表)、参数曲线；对实验结果的分析；实验中的新发现、新设想或新建议。

(3) 撰写实验报告。主要内容为：

① 画出所搭建的机械系统简图(从电机到执行机构)，简述系统的工作原理。

② 在所搭建的机械系统方案中，分析方案中的圆柱齿轮传动、圆锥齿轮传动、蜗杆传动、带传动及链传动的主要失效形式，提出在设计这些传动中的设计准则。

③ 根据所测量的转矩及转速的变化，描绘传动系统的功率曲线，转速曲线、转矩曲线。

④ 利用ADAMS软件对执行机构进行运动学建模，得出执行构件的位移、速度、加速度曲线，并与实验测得的位移、速度、加速度曲线进行比较，分析产生误差的原因。

7.4　精密机电综合实验

自控与电子集成技术的发展使机电一体化成为现代设计的发展方向，这种趋势，促使社会在人才选择上对机电综合能力与实际操作技巧的重视。因此，机电一体化实验正是顺应社会需要而设置，意在提高学生机电知识综合应用能力与设计水平。

微型计算机中的主要部件均属于典型的机电一体化产品，因此，本项实验就以计算机中的软盘驱动器和光盘驱动器为实验载体(图7.28)，围绕着机械结构与电路控制设置五项实验，即：

实验一：软盘驱动器拆装实验

实验二：软盘驱动器的主要零件测绘实验

实验三：软盘驱动器磁头运动控制和编程实验

实验四：光驱拆装及结构分析实验

实验五：光驱光学头运动控制和编程实验

其中，实验一、二、四属于机械结构分析及测试部分，实验三、五是电路控制和编程实验，两部分内容紧密结合，组成一个有机的整体。

通过上述五项实验，机电一体化实验包括了产品开发与产品设计中的功能分析、结构设

图7.28　软盘驱动器控制实验台

计、控制设计、控制编程及运动测试与误差分析过程。

7.4.1　软盘驱动器拆装实验

1. 实验目的

(1) 了解软盘驱动器的功能原理。

(2) 了解软盘驱动器的运动规律。

(3) 了解软盘驱动器的结构原理、结构特点、结构征收运动之间的对应关系。

2. 实验器具

(1) 软盘驱动器一个;

(2) 仪表改锥一套;

(3) 零件盒一只。

3. 软盘驱动器的功能原理

软盘驱动器(Floppy Disk Driver)是一个机电磁结合的产品。它的任务是实现数据的读、写、抹。它由读写系统、控制系统、机械定位与运动系统组成。

读写系统由磁头、软磁盘片和读写电路组成。它的基本功能是将软盘控制器送来的一串编码的脉冲序列经过写电路由磁头转换成介质磁层的磁化翻转,记录在软磁盘上;或者将软磁盘片上记录的磁化状态经过磁头和读电路读出数据和时钟混合的脉冲送到数据分离电路,还原成数据序列。

控制系统由控制电路、步进电机组成,它的作用是接收与执行软盘控制器的信号,控制磁头的寻道与定位动作,寻找所需要的磁道和扇区进行读、写、抹操作。

机械定位与运动系统主要是实现软磁盘片的送进、退出及定位,磁头的寻道位移及软磁盘片的转动。它由磁盘送进机构、磁头位移机构、磁盘转动定位机构组成。

4. 软盘磁片的结构

(1) 软盘磁片(Mini Floppy Disk)是计算机数据信息的外部存储介质,3.5 in 软盘的外形结构如图7.29所示。

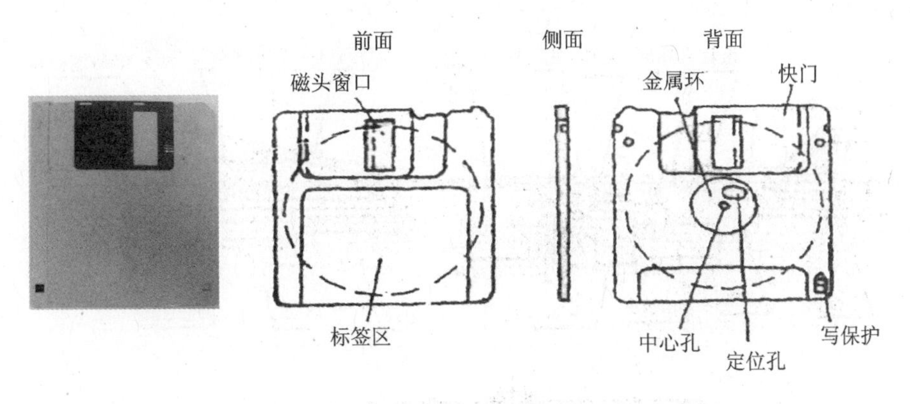

图 7.29　软盘外形及各部分名称

(2) 3.5 in 软盘的构件与装配。3.5 in 软磁盘是由 12 个零件所构成，各部分装配关系图如图 7.30 所示。

5. 软盘驱动器结构组成(图 7.31)

(1) 要实现数据的读取写入擦除，软盘驱动器工作时要完成下列工艺动作：

① 软盘片快门的打开与定位如图 7.32 所示。

② 软盘片的送进与退出及定位。

③ 寻找磁道与扇区时，软盘磁片的旋转与磁头小车的往复位移。

(2) 软盘驱动器是由板金件元件上、下盖板，上、下推板及基板构成的盒状体，将基板作为主体固定体，把控制电路、读写电路及运动元件固定在上面。主要结构是四部分：

① 拨叉机构。实现软盘片快门的打开与复位。

② 上下推板组成的水平与竖直的滑动机构。实现软磁盘片的送进与推出。

③ 丝杠、导轨机构。把步进电机的旋转换成磁头小车的直线位移运动，其中圆柱导轨起导向作用，丝杠机构起运动转换作用。

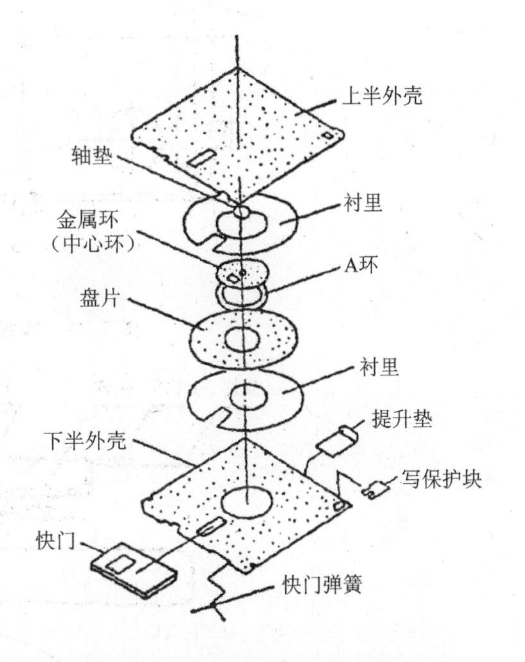

图 7.30　3.5 in 软盘的构件与装配

④ 磁盘转动机构。主要实现磁盘的定位与旋转运动，其中定位是靠机械定位和电磁定位共同作用。

6. 软盘驱动器拆装步骤

软盘驱动器的拆卸是由外向内，装配是由内向外，恰是拆卸的逆顺序，拆卸步骤按以下顺序进行：拆上盖板→拆上磁头→竖直拔下磁头接口插头→拆下连接螺钉→卸下下垫片→拆下盖板，将卸下的下盖板垫衬到软盘驱动器的底部→拆护尘盖→拆压力键→拆扭簧→拆上推板上的拉力弹簧→拆上推板→拆扭簧→拆拨叉→拆下推板。

软盘驱动器中的元件均属薄壁件与微型零件，拆装时要严格按照操作规范去操作，要正确使用工具，正确掌握拆装力的大小，避免损坏零件。

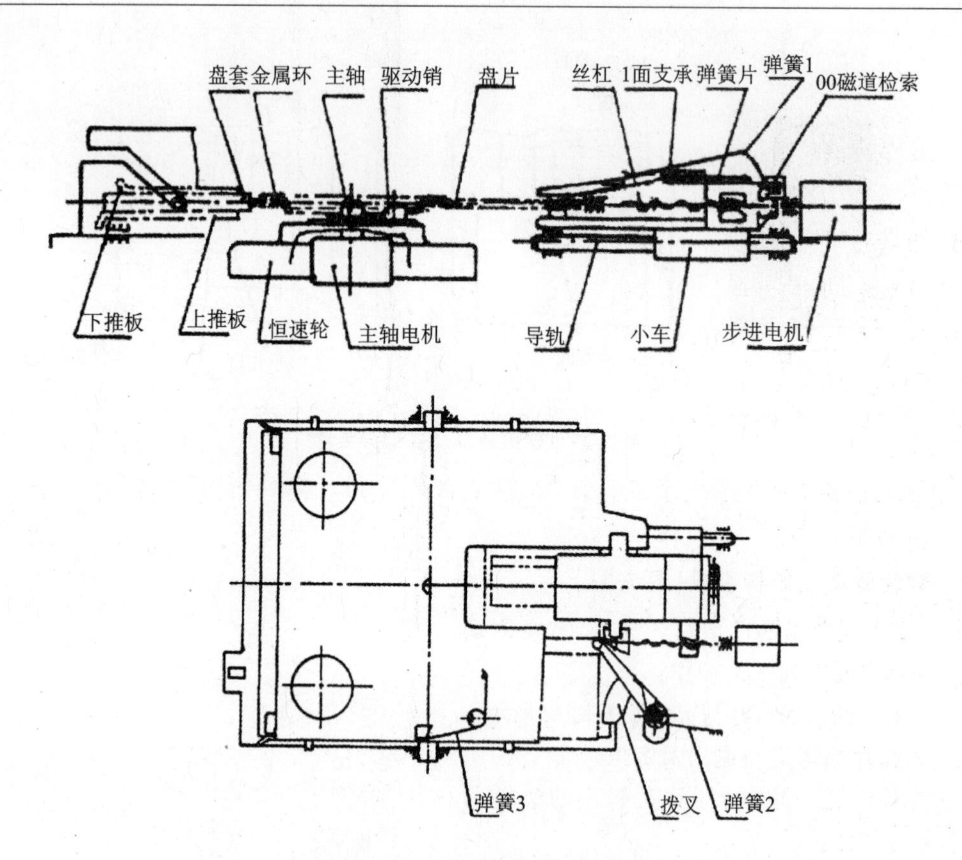

图 7.31　软盘驱动器结构原理图

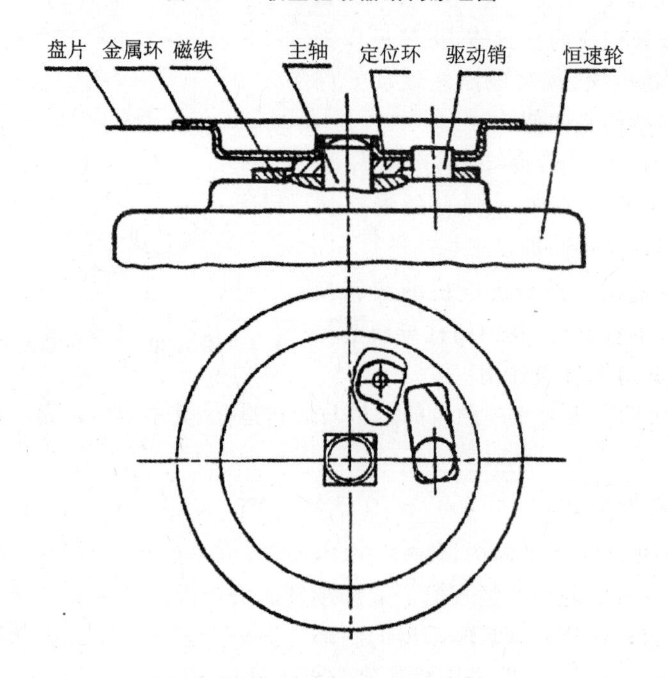

图 7.32　软磁盘片定位机构图

7. 实验报告要求

实验器件：

① 软盘驱动器类型；

② 软盘驱动器的型号。

8. 思考题

① 软盘驱动器的作用是什么？

② 软盘驱动器由哪几部分组成？

③ 软盘驱动器的基本功能及对应的运动规律是什么？

④ 软盘驱动器的结构特点是什么？

⑤ 软盘驱动器的结构组成部分是什么？各部分的工艺动作是什么？采用什么原理或哪种运动副实现其工艺动作？

⑥ 软磁盘片送进、推进时，如何协调水平位移与竖直位移？

7.4.2　软盘驱动器的主要零件测绘实验

1. 实验目的

(1) 通过软盘驱动器的拆卸与装配，了解其结构与组成，分析工作间原理及各零件的运动和功能，尤其是中心构件拨叉的结构、运动和功能。

(2) 测绘拨叉构件，绘制其工作原理图。

(3) 测绘滚珠丝杠，并绘制其零件图(比例 5∶1)。

2. 实验设备及工具

(1) 3.5 in 软盘驱动器一个。

(2) 拆卸工具一套。

(3) 零件盘一个。

(4) 游标卡尺和钢板尺各一只。

3. 软盘驱动器的结构及工作原理

软盘驱动器的结构如图 7.33 所示。该图为软盘驱动器拆去上盖和上板后的视图。驱动器的主要零件及功能如表 7.2 所列。其各部分的动作原理如下。

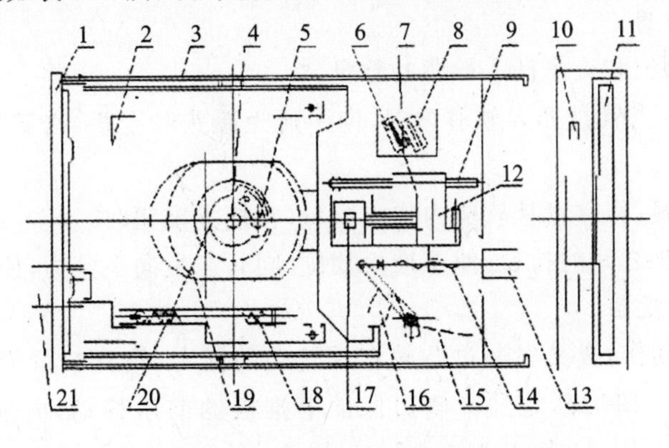

图 7.33　软盘驱动器的结构

表7.2　软盘驱动器各零件组成

零件号	零件名称	主要功能	零件号	零件名称	主要功能
01	窗口座	其上设置了软盘插入和推出的窗口	12	小车	小车运动时,其上磁头可读取或写入各磁道信息
02	下推板	实现插入软盘定向定位送进			
03	基座	软盘驱动器的装配底座	13	步进电机	驱动小车运动的电机
04	主轴	驱动磁片旋转的电机主轴	14	丝杠	螺旋运动副,可实现小车的直线移动
05	驱动销	驱动磁片旋转	15	扭簧	使拨叉复位,退出软盘
06	0面线插座	“0”面引线插座	16	拨叉	软盘驱动器的综合运动构件
07	0面引线	“0”面信号线	17	0面磁头	读或存入“0”面信息的磁头
08	1面线插座	“1”面引线插座	18	拉簧	下推板复位弹簧
09	导轨	小车运动导航	19	稳速轮	稳定磁片转速轮
10	指示灯	灯亮,软驱动正常工作;灯灭,停止工作	20	磁铁	吸附软盘磁片,确保其与电机同步旋转
11	防尘窗	停止灰尘进入软驱内部	21	推钮	软盘退出键

1) 软盘插入动作原理

将3.5 in软盘插入软驱窗口,软盘沿下推板导向边送进,同时也受到装置于上盖的扭簧的限位夹紧作用,软盘一直被推到与拨叉构件接触。此时拨叉开始推动软盘护套侧边,拨叉在绕拨叉构件转轴转动的同时,推开软盘护套,并使磁片露出,与此同时,拨叉构件底部扇形凸轮也转到相应位置,刚好使下推板能在弹簧拉力作用下沿凸轮半径侧边向后移动,从而使上板凸轮轴沿下推板斜槽向下运动,结果是上板和上磁头在扭簧力的作用下向下运动,上磁头刚好压在露出的磁片上,并与下磁头一起将磁头夹紧。

当磁盘电机工作时,磁片旋转,磁头可读取(或存入)磁片某一磁道信息。当步进电机工作时,通过螺旋(丝杠)传动驱动磁头前后移动,从而读取(或存入)各磁道信息。

2) 软盘退出动作原理

按下软盘退出按钮时,下推板沿扇形凸轮半径侧边向前推进,推进到一定位置后,扇形凸轮的内圆弧将在扭簧力作用下沿底接触处滑动,同时凸轮也绕其轴转动,从而使拨叉将软盘弹出。与此同时,下推板向前运动,推动上板沿斜槽向上运动,放松软盘,以便于拨叉将软盘弹出窗口。

3) 四个弹簧的作用

(1) 上板扭簧:限位和夹紧插入软驱的软盘。

(2) 磁头座扭簧:当软盘插入软驱内时,向下压上磁头和上板,以实现软盘固定和磁头夹紧磁片。

(3) 拨叉构件扭簧:将软盘从软驱内弹出窗口(在按下推钮时)。

(4) 下推板与基座之间的拉簧:使下推板复位,同时产生向下分力,使上板向下固定软盘。

4) 各部分的动作过程

(1) 拨叉构件的动作:拨叉在通过凸轮定轴转动的同时,拨开软盘护套。通过设置扭簧,使拨叉能将软盘弹出。扇形凸轮的半侧边保证下推板的前后移动,内圆弧保证拨叉构件的转动。

(2) 下推板沿扇形凸轮半径侧边的前后移动:下推板前移使扇形凸轮内圆弧沿底板接触处滑动,同时,凸轮绕定轴转动,拨叉在扭簧力作用下使拨叉将软盘弹出。通过下推板的后移产生推力,使上板向下运动,固定软盘。同时,下推板设置复位弹簧。

(3) 上磁头向下运动:通过上磁头向下动作,压紧磁片在下磁头上,以实现读取或存入磁片信息。

(4) 上板动作:上板的 4 个凸轮轴使下推板斜槽能沿轮轴移动,完成下推板的前后移动及上板垂直运动。上板上两个凸出的滑块起限位作用,使上板只能垂直运动,不能水平运动。

(5) 上磁头动作:扭簧能将上磁头向下压在磁片上,板簧保证上磁头的向下定轴运动。

5) 软盘驱动器磁头寻道原理

此部分由带动磁盘高速旋转的主轴恒速系统及带动磁头小车直线运动的螺旋传动系统组成。主轴恒速系统(图 7.34),由主轴电机和控制电路组成。主轴电机启动后,其测速绕组输出与转速成正比的电压信号,反馈给主轴恒速控制电路,与恒定电压进行比较,根据其差值去控制功放的导通程度,按负反馈原理调整电机转速,从而达到恒速。

磁头小车运动系统(图 7.35),步进电机由脉冲信号控制其旋转方向及旋转角度,带动丝杠旋转,从而导杆带动磁头小车作直线运动。

主机通过软盘适配卡,发出电机启动信号,使驱动器主轴转动,并达到额定转速。通过步进信号和方向信号控制磁头寻道到目标磁道。

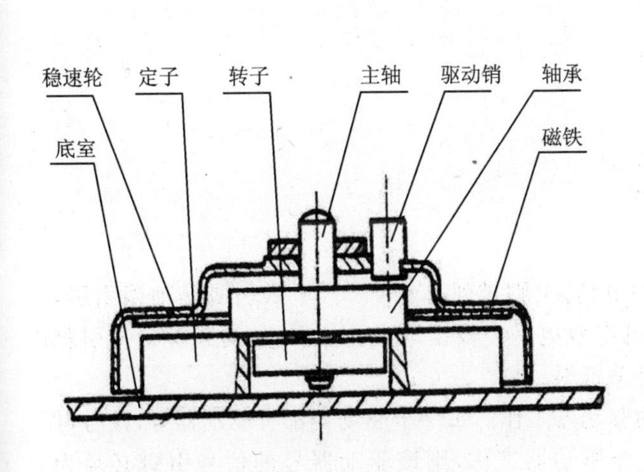

图 7.34 主轴旋转机构结构图

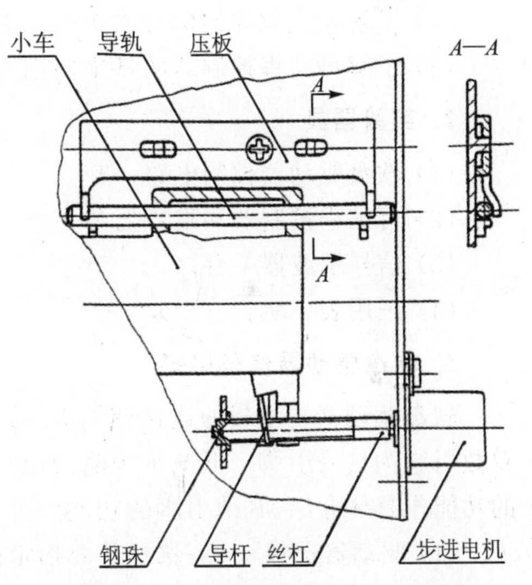

图 7.35 步进电机传动定位原理图

4. 实验步骤

(1) 按折卸程序拆下拨叉构件,放置于零件盘中。

(2) 用游标卡尺和钢板尺测量出拨叉构件每个部分的尺寸,数值精确到 0.1 mm。

(3) 边测边记录每个尺寸并编号。

(4) 用 A4 图纸画出拨叉构件的主视图、俯视图和侧视图。

(5) 测绘丝杠零件,绘出丝杠及压针机构的运动简图和丝杠零件图。

(6) 填入测量数值,并填好标题栏。

5. 实验报告要求

(1) 实验目的。

(2) 实验内容。

(3) 绘制拨叉构件的三视图(A4纸)。

(4) 绘制丝杠压针机构的运动简图。

(5) 绘制丝杠零件的视图。

6. 思考题

(1) 拨叉凸轮侧边有何作用?

(2) 简述拨叉凸轮的内处圆弧的具体作用。

(3) 简述拨叉扭簧的作用。

(4) 简述拨叉上拨杆的作用。

(5) 分析丝杠压针机构与传统的丝杠螺母传动的异同。

7.4.3 软盘驱动器磁场头运动控制和编程实验

1. 实验目的

(1) 了解软盘驱动器的控制原理。

(2) 了解软盘驱动器信号引脚的功能。

(3) 了解可编程控制器的基本使用方法及编程方法。

2. 实验器具

(1) 软盘驱动器控制电路一套。

(2) 可编程控制器和编程器各一个。

(3) 信号示波器一台。

(4) 三用表一块。

3. 软盘驱动器信号引脚

软盘驱动器与主板的连接使用34线的电缆,引脚排列见表7.3。单数引脚是地线引脚,双数引脚为信号引脚。低电平为输入信号的有效电平。根据本实验的需要,对某些信号引脚的功能作具体介绍,其他引脚的功能详见有关资料。

(1) 驱动器选择0—3:选择一个指定的驱动器工作。每一个驱动器都有驱动器号,该号可以在驱动器上用跳线器指定。如果要使某个驱动器工作,则该驱动器号的信号引脚必须为有效。

(2) 方向选择:当方向选择信号为有效状态时(低电平),磁头向内磁道方向步进;当方向选择的信号为无效状态时(高电平),磁头向外磁道方向步进。

(3) 步进脉冲:此信号应该为脉冲信号,一个脉冲(上升沿有效)使步进电机转动一个步距,带动磁头移动一个磁道。移动方向取决于方向选择。

(4) 00磁道:当磁头移动到00磁道时,该引脚输出一个有效电平。

表 7.3　软盘驱动器的引脚

信号名称		I/O	信号引脚	地线引脚
High/Normal Density	密度选择	I	2	1
In Use/Head Load/Open	正在使用/磁头加载	I	4	3
Drive Select 3	驱动器选择 3	I	6	5
High/Normal Density	密度选择	I	2	1
Index/Sector	索引	O	8	7
Drive Select 0	驱动器选择 0	I	10	9
Drive Select 1	驱动器选择 1	I	12	11
Drive Select 2	驱动器选择 2	I	14	13
Motor On	马达启动	I	16	15
Direction Select	方向选择	I	18	17
Step	步进脉冲	I	20	19
Write Data	写数据	I	22	21
Write Gate	写选择	I	24	23
Track 00	00 磁道	O	26	25
Write Protect	写保护	O	28	27
Read Data	读数据	O	30	29
Side One Select	面 1 选择	I	32	31
Ready/Disk Change	准备好/更换磁盘	O	34	33

4. 实验原理电路

本实验脱开计算机，用自制的电路对软盘驱动器的磁头运动进行控制，电路见图 7.36。该电路由四个部分组成，分别介绍如下：

(1) 电源：电源直接利用微机电源。

(2) 可编程控制器脉冲电路：由可编程控制器产生继电器通一断信号，通过微分电路形成脉冲，经过非门对脉冲整形后送给接口引脚(引脚 20)。继电器通一断一次，磁头移动一个磁道。

(3) 555 脉冲电路：除了用可编程控制器产生冲外，本电路也使用 555 定时器产生连续脉冲。脉冲频率可用电位器调节。

(4) 方向控制：磁头移动方向可用手动控制或可编程控制器控制。

5. 实验电路操作面板

(1) 方向转换开关。

这是一个三位开关。当开关拨向上方位置时，由可编程控制控制器(PLC)控制磁头的移动方向，如果 PLC 的触点接通，磁头向软盘中心方向移动；如果 PLC 的触点断开，磁头向软盘外侧方向移动。当开关拨向中间位置，磁头向软盘外侧方向移动。当开关拨向下方时，由 555 振荡器电路产生脉冲，磁头连续运动。

(2) 脉冲转换开关。

当开关拨向上方时，由可编程控制器(或点动按钮)的触点通信号产生脉冲。当开关拨向

下方时,由555振荡器电路产生脉冲,磁头连续运动。

(3) PLC继电器信号。

从可编程控制器输出的继电器通断通型控制信号。上面两条线控制磁头的运动方向;下面两条线为脉冲控制。

(4) 送至PLC:将信号送给PLC。从上至下排序为:地线、脉冲信号、00磁道信号线。

(5) 电位器:调节555振荡器的脉冲周期。

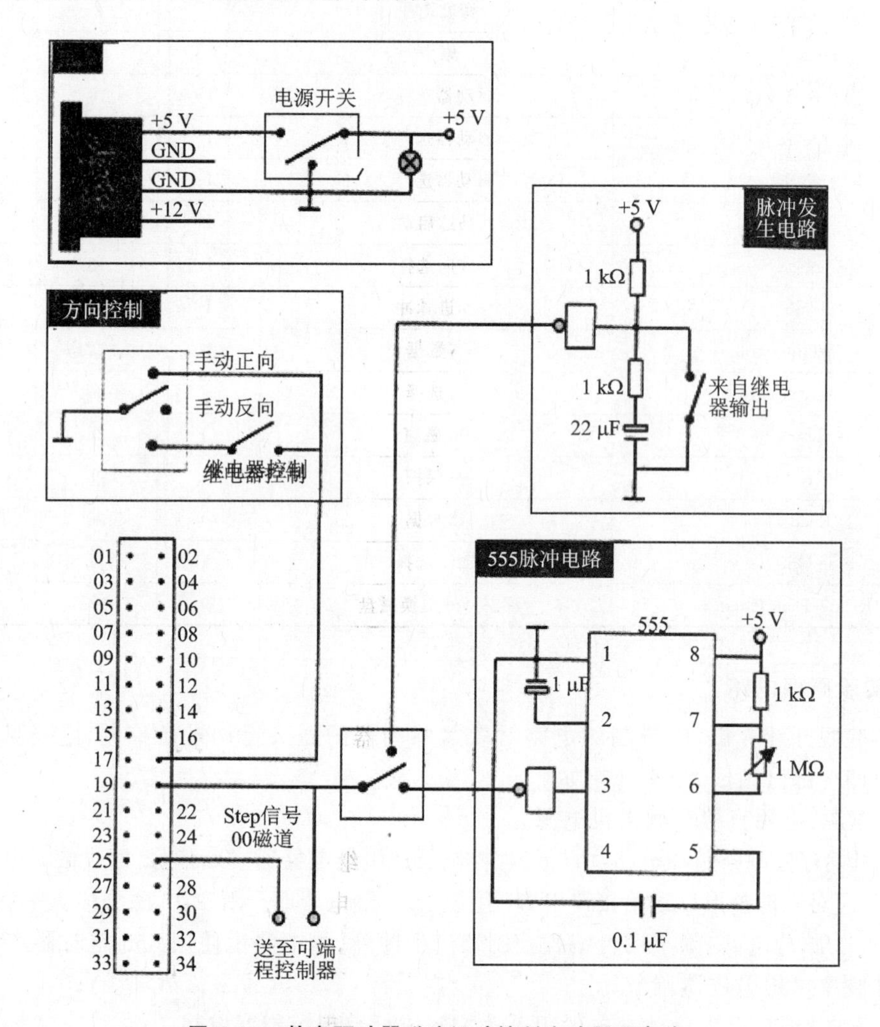

图7.36 软盘驱动器磁头运动控制实验原理电路

6. 实验步骤

1) 555定时器脉冲控制实验(图7.37)

(1) 接通电源。

(2) 将"脉冲转换开关"拨向555定时电路,观察磁头运动;调节电位器,观察磁头的运动速度。

2) 点动器脉冲控制实验

(1) 接通电源。

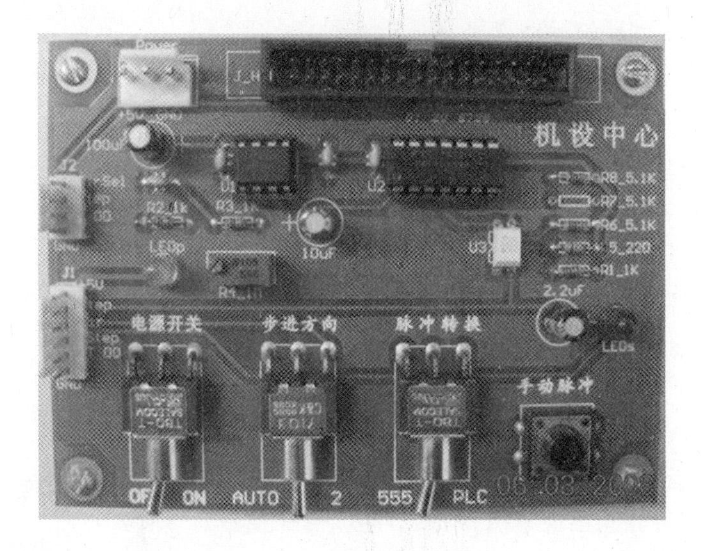

图 7.37 实验电路操作面板图

(2) 磁头沿径向返回磁盘边。

(3) 将百分表垂直顶住磁头的固定板。

(4) 调零百分表,将方向转换开关置于手动位。

(5) 脉冲转换开关置于手动位。

(6) 点动按钮,磁头向中心移动。

(7) 测量磁头随电机位移的距离变化并记录。

3) 使用可编程控制器控制磁头运动实验

(1) 接通电源。

(2) 将“方向转换开关”和“脉冲转换开关”置于自动位。

(3) 在编程器上输入“源程序清单”。

(4) 观察并记录磁头的运动过程,填表 7.4。

表 7.4 磁头小车行程测量记录表

脉冲								
行程/μm								
误差/μm/脉冲								
平均行程	μm/脉冲							
绝对误差	μm/脉冲							

(5) 改变程序中脉冲个数,测量其所对应行程,并进行误差分析。

7.4.4 光驱拆装及结构分析实验

1. 实验目的

(1) 了解光盘驱动器的功能原理。

(2) 了解光盘驱动器的运动规律。

(3) 了解光盘驱动器的工作原理、结构特点、结构与运动之间的对应关系。

2. 实验器具

(1) 光盘驱动器一个。

(2) 仪表改锥一套。

(3) 零件盒一只。

3. 光盘驱动器的功能原理

光盘驱动器(光驱)是一个结合光学、机械及电子技术的产品,如图7.38所示。在光学和电子结合方面,激光光源来自于一个激光二极管,它可以产生波长0.54～0.68 μm的光束,经过处理后光束更集中且能精确控制,光束首先打在光盘上,再由光盘反射回来,经过光检测器捕获信号。光盘上有两种状态,即凹点和空白。它们的反射信号相反,很容易经过光检测器识别。

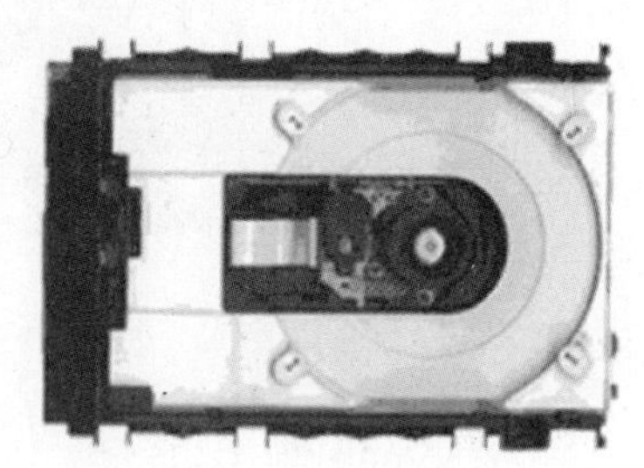

图7.38 光盘驱动器外形结构

检测器所得到的信息只是光盘上凹凸点的排列方式,驱动器中有专门的部件把它转换并进行校验,然后我们才能得到实际数据。光盘在光驱中高速地转动,激光头在伺服电机的控制下前后移动读取数据。图7.39是光盘驱动器的控制电路。

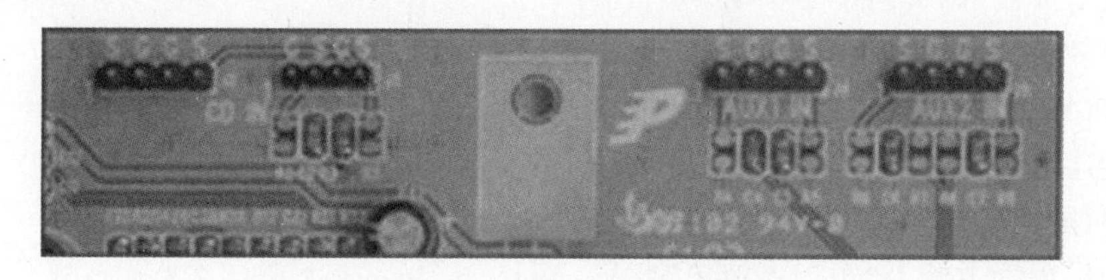

图7.39 光盘驱动器电路板

光盘驱动器有光盘托架、升降机构、光盘旋转主轴、主轴电机、光学头、光学头驱动/定位系统和读/写电路等主要组成部分。

其中主轴电机是无刷直流电机,保证光盘的转速为2 200 r/min;光学系统分固定部分和移动部分,固定部分有激光光源、读、写、擦光路;移动部分有聚焦透镜、跟踪反射镜、小车和导轨等,由直线电机驱动,又叫光学头。

4. 光盘结构

根据光盘结构,光盘主要分为CD、DVD、蓝光光盘等几种类型,这几种类型的光盘在结构上有所区别,但主要结构原理是一致的。而只读的CD光盘和可记录的CD光盘在结构上没有区别,它们主要区别在材料的应用和某些制造工序的不同;DVD方面也是同样的道理。现在,以CD光盘为例进行讲解。

常见的CD光盘非常薄,它只有1.2 mm厚,但却包括了很多内容。从图7.40中可以看出,CD光盘主要分为五层:基板、记录层、反射层、保护层和印刷层。

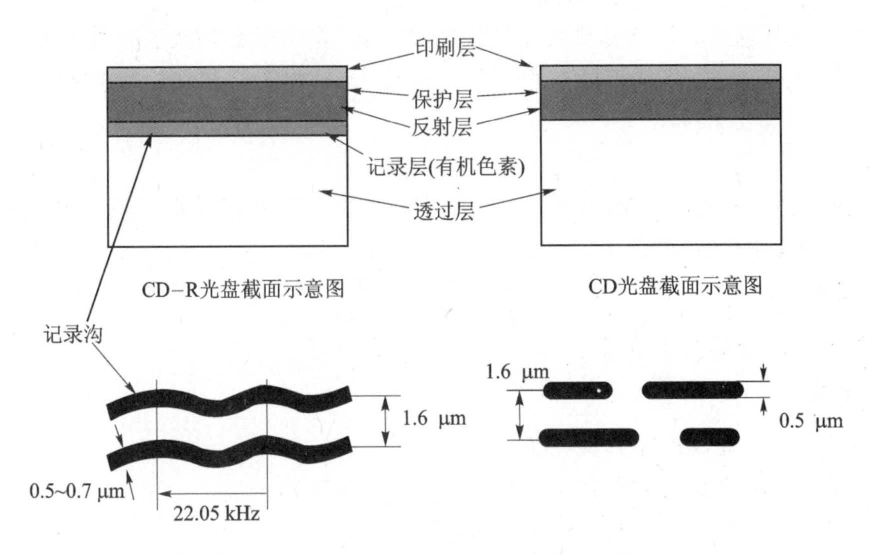

图 7.40　CD-R 与 CD 的物理结构比较

(1) 基板：它是各功能性结构(如沟槽等)的载体，其使用的材料是聚碳酸酯(PC)，冲击韧性极好、使用温度范围大、尺寸稳定性好、耐候性(在自然环境下材料究竟能使用多久将其统称为耐候性)、无毒性。一般来说，基板是无色透明的聚碳酸酯板，在整个光盘中，它不仅是沟槽等的载体，更是整体光盘的物理外壳。CD 光盘的基板厚度为 1.2 mm、直径为 120 mm，中间有孔，呈圆形，它是光盘的外形体现。光盘之所以能够随意取放，主要取决于基板的硬度。

(2) 记录层(染料层)：这是烧录时刻录信号的地方，其主要的工作原理是在基板上涂抹上专用的有机染料，以供激光记录信息。由于烧录前后的反射率不同，经由激光读取不同长度的信号时，通过反射率的变化形成 0 与 1 信号，借以读取信息。目前，市场上存在三大类有机染料：花菁(cyanine)、酞菁 (phthalocyanine) 及偶氮 (AZO) 。

(3) 反射层：这是光盘的第三层，它是反射光驱激光光束的区域，借反射的激光光束读取光盘片中的资料。其材料为纯度为 99.99%的纯银金属。

(4) 保护层：它是用来保护光盘中的反射层及染料层防止信号被破坏。材料为光固化丙烯酸类物质。另外现在市场使用的 DVD+/-R 系列还需在以上的工艺上加入胶合部分。

(5) 印刷层：印刷盘片的客户标识、容量等相关资讯的地方，这就是光盘的背面。其实，它不仅可以标明信息，还可以起到一定的保护光盘的作用。

5. 光盘驱动器的拆装步骤

光盘驱动器的拆卸过程比较简单，拆卸步骤是：

1) 拆下盖板

(1) 拆下连接螺钉。

(2) 将下盖板靠近与微机连线的那边微微翘起，再斜抽出来。

2) 拆防尘盖与控制面板

(1) 先拆去托盘上的防尘盖。

(2) 用改锥顶开控制面板卡在上盖板的 3 个卡口后，再将控制面板抽出。

3) 拆控制电路板

一共有两块控制板，小的一块负责接收面板上按钮的信号与控制托盘进出电机，大的是光

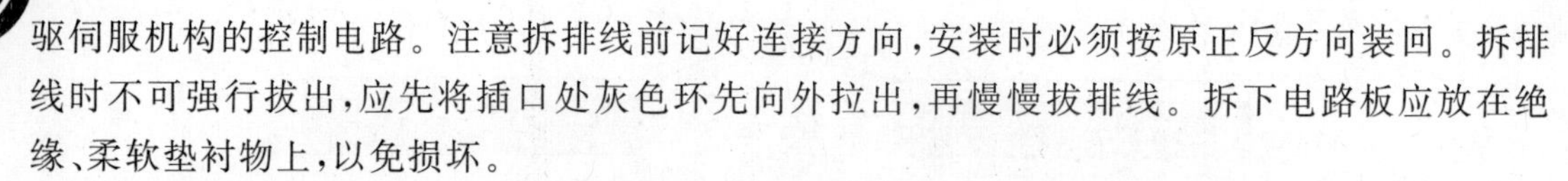

驱伺服机构的控制电路。注意拆排线前记好连接方向,安装时必须按原正反方向装回。拆排线时不可强行拔出,应先将插口处灰色环先向外拉出,再慢慢拔排线。拆下电路板应放在绝缘、柔软垫衬物上,以免损坏。

4) 拆上盖板

拆卸过程中要严格按照操作规范去操作,正确使用工具,正确掌握拆卸力大小。拆卸中特别注意对光学头、控制电路、排线的保护。

6. 实验报告

简述光盘驱动器的基本组成。

7. 思考题

(1) 目前使用的光驱的品牌及类型。

(2) 光驱与软驱在控制方面和信息存储方面的本质区别。

(3) 简述光驱的控制技术及典型的传动机构。

(4) 展望光驱的发展趋势。

7.5 机电传动模块创意实验

7.5.1 概　述

利用慧鱼(FISCHER TECHNIC)组件:驱动单元、控制单元、执行机构单元及各类辅件,按照给定示例或按想象力搭建成一个完整的机械模型系统。这在培养学生想象力、创新能力、动手能力和工程实践能力等方面都有极大的好处。除此之外,学生还可以对所组装的机械实施控制,通过编制模块化控制程序,改变机械运动轨迹,从而完成机电系统组合与计算机应用能力的全面训练。

本实验可以个人单独进行各类机械手、工程机械和其他作业机械的组装,也可以多人共同组合大型复杂的物流系统或自动化生产线,从而通过互相协作,群策群智,充分培养学生的协作精神和团队精神。

慧鱼是一种用于搭建各种机械运动装置的模块组合包,学生可以根据各自的构思选择不同构件组合进行搭接从而搭建出不同的运动机构。该模型包括移动机器人(Mobile Robots)、仿生机器人(Bionic Robots)、工业机器人(Industry Robots)、气动机器人(Pneumatic Robots)、试验机器人(Experimentation Robots)等,搭接成的模型可通过计算机软件(LLWIN)编程和接口电路板控制模型的运动实现对预期动作的控制目的。

7.5.2 实验目的

实验目的如下:

(1) 利用慧鱼组合模型搭接机电一体化产品模型。

(2) 熟悉实现顺序控制的基本过程及其所需基本组合件。

(3) 利用提供的机械组件及示例完成相应接卸装置的搭接,并根据动作要求应用现有软件编制控制程序,实现机械装置的顺序控制。

(4) 提出自己的创新设想并利用组件进行搭接、控制,完成创新方案论文。

7.5.3 实验设备及工具

计算机技术组合包;传感器技术组合包;齿轮、齿条、蜗轮、蜗杆、带、链、万象联轴节、连杆、凸轮、弹簧、曲轴、铰链、底座、减速器等机械元件;电器元件:直流电机、可调直流变压器、传感器、红外线发射装置、发光器件、接口电路板;气动器件:储气罐、气缸、活塞、手动气阀、电磁气阀、气阀等。

7.5.4 实验原理

组合模型提供各种高度块以调节各组件的相对位置,各组件的组合方式采用燕尾槽嵌合和圆柱销插接。位置传感器类似于限位开关,具有常开、常闭两种方式,可根据具体要求加以选择。将位置开关与 PLC 相接时,开关的两引线应分别与 PLC 的公共点和输入点相连。为实现运动件位置控制,可将相应传感器的输出信号送至 PLC,并由 PLC 控制电机的开关。

7.5.5 实验步骤

实验步骤如下:

(1) 根据示例搭接一个机械装置。

(2) 用手驱动各部件,保证它们能正常运动。

(3) 安装电机。

(4) 学习控制软件 LLWIN。

(5) 用已有的程序实现示例要求的运动。

(6) 自行创意搭建一个机电一体化产品模型。

(7) 集体讨论各组的创新方案。

(8) 通过搭建模型、程序编写实现预想的运动。

(9) 完成创新装置设计的小论文。

7.5.6 举 例

1. 自动小铲车

(1) 自动小铲车,它是一种带两个前驱动轮的小车,它能沿着程序确定的路线前进。每一个驱动都有一个独立的马达,换言之它能独立与另一个马达向前或是向后地转动。这种技术意味着自动小铲车不仅能向前或者向后运动,还能以任意曲率转弯,甚至在一个点上转圈。这取决于如何控制马达。表 7.5 更好地说明了自动小铲车的运动情况。

表 7.5 自动小铲车运动状况与马达关系表

自动小铲车的运动	M1 马达(右侧)	M2 马达(左侧)
静止	关	关
前进	前进	前进
后退	后退	后退

续表 7.5

自动小铲车的运动	M1 马达(右侧)	M2 马达(左侧)
前进右转	关	前进
前进左转	前进	关
后退右转	后退	关
后退左转	关	后退
右转弯	后退	前进
左转弯	前进	后退

由脉冲转盘操纵的开关连接两个马达,而电脑能知道自动小铲车已经走了多远。每一转开关闭合五次,连在 E1 的开关属于 M1 上的马达,连在 E2 的开关属于 M2 上的马达。

自动小铲车的前面装了一个取物叉。它可以通过马达 M3 的上下移动(像叉车上的叉子),使自动小铲车叉起一个物体并把它放到另外的位置。同样这里也需要开关,以告诉计算机程序叉子什么时候到其上下极限位置。连接到 E3 的开关确定下限,而那个连到 E4 的开关确定上限。自动小铲车最好在光滑的平面上运动,不要用地毯。连接到接口的电缆应从上垂下,以免自动小铲车缠在里面。(安装步骤见说明书)

(2) 按照装配图组装出小车(参见 fischertechnik 说明书)。

(3) 按照连线图将小车各部分与电源连接并将其与计算机数据线连接好。开关马达布线如说明书所示,连到 E3 的开关属于马达 M1,而连接到 E2 的开关属于马达 M2,M3 是负责叉子运动的,连接到 E3 的开关确定上限、连接到 E4 的开关确定下限,注意使用电缆的长度要正确。图 7.41～图 7.45 是用计算机中的软件(LLWIN)对机器人进行控制操作。打开软件(LLWIN),调入相应例子的程序,按照设置串口→检查串口→初始化→运行的步骤进行操作。

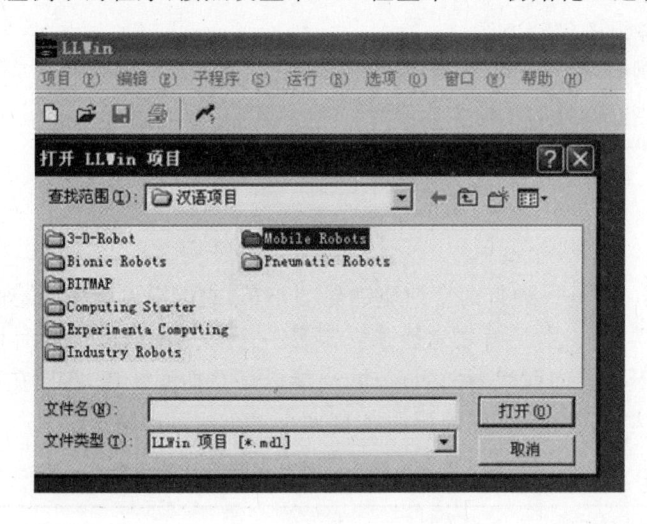

图 7.41　打开相应的例子程序

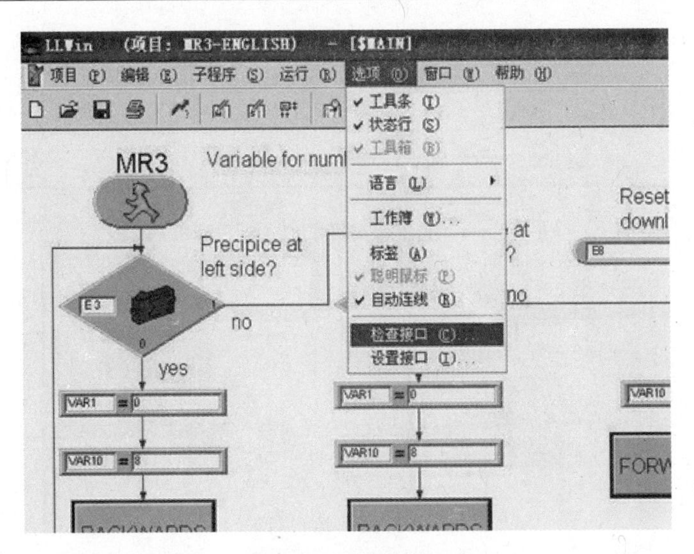

图 7.42　检测串口

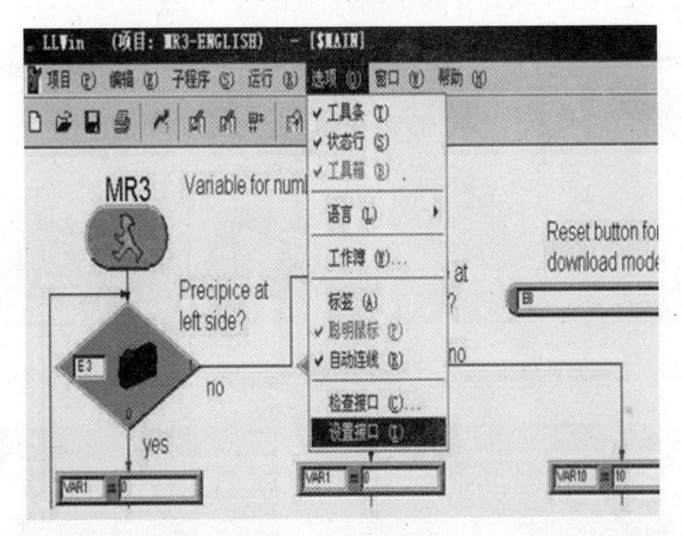

图 7.43　设置串口

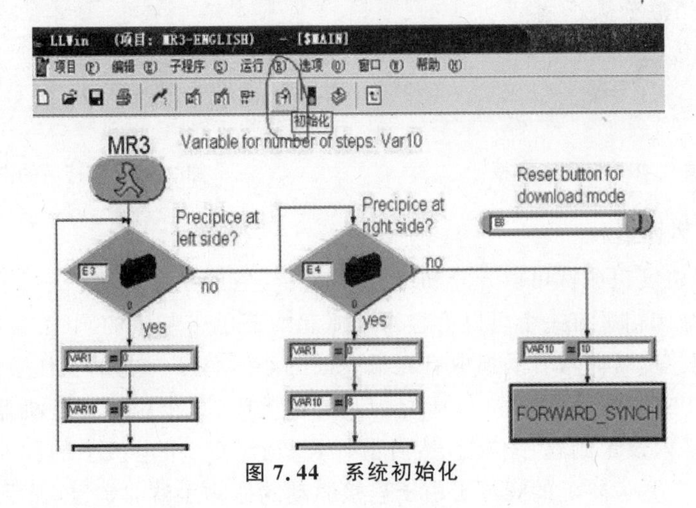

图 7.44　系统初始化

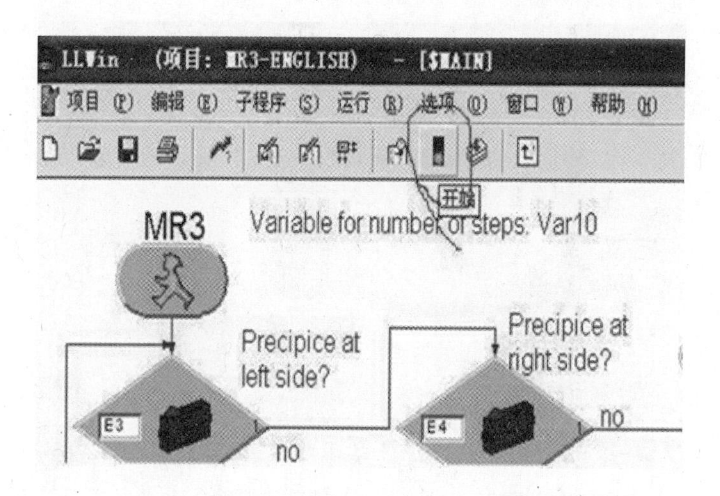

图 7.45 运 行

(4) 对程序进行改编以实现更多功能。实物如图 7.46～图 7.49 所示。

图 7.46 慧鱼组件整体

图 7.47 各部分组件

图 7.48 控制电路板

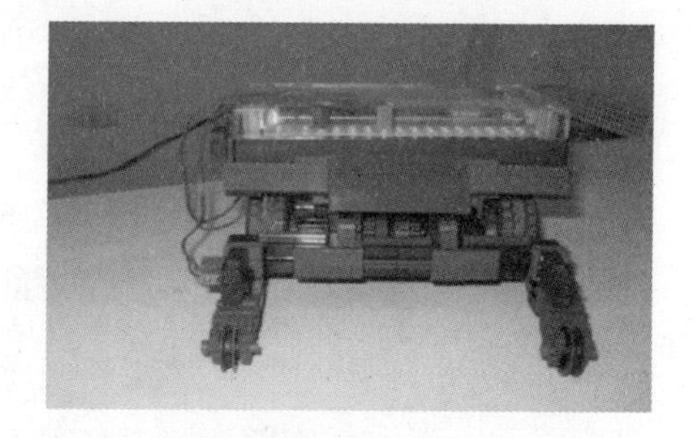

图 7.49 搭接后的实物图

2. 二自由度机械臂

(1)慧鱼二自由度机械臂可以升降和绕自身旋转。它的手臂末端有一个抓手,用来抓取不同大小的物体。结构箱里有一个可以很容易被抓起的黄色带基座的圆管,在抓手的内壁粘上两个非封闭的橡皮盘,就非常容易抓取有光滑表面的小零件了。它的工作空间是一个半径约 30 cm 的圆形。机械臂在某一位置时,所有的开关都关闭,这个位置就是机器人的起始位置。机械臂在启动时必须设定到这一位置,然后由计算机计算三个电机上的脉冲轮产生的脉冲。在装配时,一定要拧紧齿轮上的螺母。由于连接驱动的抓物手臂非常重,抓手的驱动点及装载

手臂应安装在后面以尽可能地平衡手臂的重量。抓手是通过一个由万向节连接的轴驱动的。

(2) 按照装配图组装出机械臂(参见 fischertechnik 说明书)。

(3) 按照连线图将机械臂各部分与电源连接并将其与计算机数据线连接好。

(4) 用软件(LLwin)对机械臂进行控制操作。

(5) 对程序进行改编以实现更多功能。

7.6　机械运动控制实验

7.6.1　直线运动单元速度控制系统建模、仿真分析

1. 实验目的

(1) 掌握机电控制系统建模、仿真分析方法和技能。

(2) 学习使用 MATLAB 软件 Simulink 工具箱构建控制系统的数学模型,绘制时域、频域曲线。

(3) 学习 PID 校正方法。

2. 实验内容

建立直线运动单元的数学模型,参考给定的相关数据确定关键参数,进行相应简化处理后进行 MATLAB 仿真分析,以及 PID 校正。直线运动单元速度控制系统如图 7.50 所示,其平台的主要参数如表 7.6 所列。

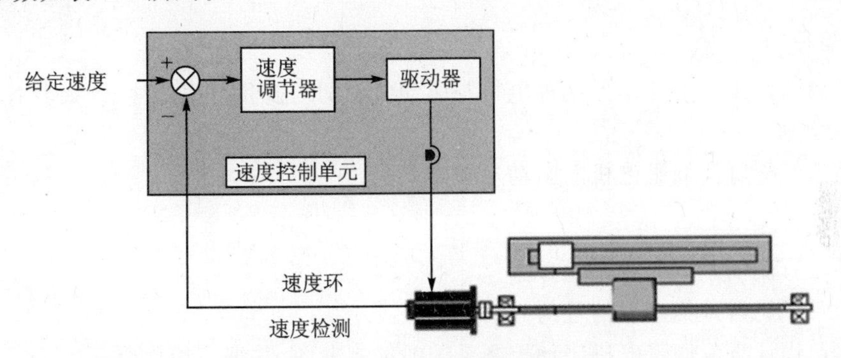

图 7.50　直线运动单元速度控制系统

表 7.6　运动控制平台主要参数

参数名称	参数值	参数名称	参数值
额定电压/V	24	反电动势常数/[v(r·m^{-1})$^{-1}$]	0.002 2
齿轮减速比	25	速度常数/[(r·m^{-1})·v^{-1}]	450
电机电阻/Ω	21.8	转矩常数/[mNm·A^{-1}]	21.2
电机电感/mH	1.37	电机轴等效转动惯量/(g·cm·cm)	3.89
丝杠导程/mm	2	等效阻尼系数(参考)	0.000 5

3. 实验设备及工具

(1) Matlab及Simulink工具箱。

(2) PC一台。

4. 实验方法与步骤

(1) 建立系统的数学模型。

(2) 采用MATLAB对速度控制系统进行仿真分析,包括时域和频域分析,分析结构参数对系统性能的影响,并判断稳定性。

(3) 给出引入PID控制后系统的闭环结构图,对系统进行时域和频域分析,通过调节PID参数,要求使系统响应时间小于5 s时精度达到97%,不允许有超调,并分析PID参数对系统稳定性的影响。

(4) 在满足上述稳、快、准的前提下,选择相对优化的PID参数值。

5. 实验报告要求

要求学生在实验报告中包含以下内容:

(1) 自行推导速度闭环传递函数,要求有推导步骤及参数注释。

(2) 在时域,复域,频域里分别判断所建数学模型的稳定性。

(3) 在Simulink中仿真模型对不同信号的响应。

(4) 分析不同参数对系统的影响。

7.6.2 电机与驱动装置实验

1. 实验目的

(1) 了解目前工业上常用的几种电机与驱动装置的构造和使用方法,掌握其各自的特点、性能和选用方法。

(2) 重点掌握直流伺服电机的驱动与控制方法。

2. 实验内容

(1) 学习直流伺服电机的驱动方法。

(2) 学习编码器采集速度信号的方法。

(3) 学习设计直流伺服电机闭环控制系统的控制框图,并编写伪代码。

3. 实验设备及工具

(1) 标准GXY-2020伺服工作台一套。

(2) 自行开发的控制板一块。

(3) PC一台。

4. 实验方法与步骤

(1) 直流电机的驱动,实现正、反转,停止。使用按键触发外部中断0和1,一个按键控制电机的启动、停止,另一个控制电机的换向。

(2) 直流电机的PWM调速,用电位器调节占空比。采用单极性或者双极性方式产生PWM波进行电机调速。考虑到课程容量,给出A/D转换部分的程序,其他部分由学生自行编制。

(3) 测定直流电机在最大转速下编码器的脉冲数,用串口调试助手读取,分析出大致范围。在前一个实验的基础上,编写单片机 2 的程序,用其定时器 0 进行 10 ms 定时,定时器 1 进行编码器的脉冲读数,通过串口将读数发给 PC,用串口调试助手进行读取。

5. 实验报告要求

要求学生在实验报告中包含以下内容:

(1) 简述各种电机驱动与控制方法。

(2) 详细叙述直流伺服电机驱动与调速方法。

(3) 根据提供的原理图,设计控制直流伺服电机转动、调速并且使用编码器采集电机速度信号的系统控制流程图,并提供编写的伪代码。

7.6.3　直流伺服电机位置闭环实验

1. 实验目的

(1) 了解直流伺服电机工作原理、使用特性和常用驱动技术。

(2) 理解直流伺服电机的数学模型及其建立方法。

(3) 掌握直流伺服电机位置环 PID 调节及位置动态响应特性分析指标。

2. 实验内容

(1) 掌握直流伺服电机驱动方法。

(2) 学习搭建简单控制系统的设计方法。

(3) 位置闭环 PID 调节,动态响应特性分析。

3. 实验设备及工具

(1) 标准 GXY－2020 伺服工作台一套。

(2) 自行开发的控制板一块。

(3) PC 一台。

4. 实验方法与步骤

(1) 直流伺服电机闭环控制。学生自行编写直流伺服电机闭环控制软件。

(2) 位置闭环 PID 调节。检查系统的动态性能响应曲线是否达到要求,没有达到要求需进行 PID 调节。

(3) 开闭环响应对比。通过开环闭环的响应曲线,分析闭环控制的优势。

(4) 性能分析。分析 PID 参数对系统性能的影响,并分析影响系统动态性能的其他因素。

5. 实验报告要求

要求学生在实验报告中包含以下内容:

(1) 直流伺服电机位置闭环控制的程序源代码。

(2) PID 调节部分源代码。

(3) 系统的动态响应曲线。

(4) 对动态响应的分析。

7.7 机械设计学生自主创新设计实验

7.7.1 实验目的

实验目的如下:

(1) 培养创新思维和综合设计的能力。

(2) 培养物理样机制作的初步能力。

(3) 培养工程实践动手能力。

7.7.2 实验内容

实验内容如下:

(1) 确定一个来源于工程实际或日常生活中的简单机构或机构系统设计问题。

(2) 设计机构或机构系统,完成机构运动简图的绘制。

(3) 根据机构运动简图,在"学生自主创新设计工作室",完成机构或机构系统物理样机或模型的制作。

(4) 运动该机构样机或模型,初步评价设计和制作的优缺点。

7.7.3 实验设备及工具

(1) 基本加工机械设备:小型车床、铣床、线切割机床、钻床。

(2) 铝板等切断设备:其他的简易手工锯床、手工冲床等。

(3) 制作平台:机械划线及机械装配工作台。

(4) 常用的工具:虎钳、制作工作台。

7.7.4 实验步骤

(1) 完成机构或机构系统运动简图的设计,按比例绘制完成机构运动简图。

(2) 分析机构或机构系统的运动,给出分析结果。

(3) 应用"学生自主创新设计工作室"内提供的设备和工具,加工出所设计的机构的物理样机或模型。

(4) 运转加工完成的机构物理样机或模型。

(5) 通过动态观察机构系统的运动,对机构系统的工作到位情况、运动学及动力学特性作出定性的分析和评价。一般包括如下几个方面:

① 各个杆、副是否发生干涉。

② 有无"憋劲"现象。

③ 输入转动的原动件是否为曲柄。

④ 输出杆件是否具有急回特性。

⑤ 机构的运动是否连续。

⑥ 最小传动角(或最大压力角)是否超过其许用值,是否在非工作行程中。

⑦ 机构运动过程中是否产生刚性冲击或柔性冲击。

⑧ 机构是否灵活、可靠地按照设计要求运动到位。

(6) 分析物理样机或模型的运动特性，测量运动结果。

(7) 比较理论分析和物理样机测量的运动结果，分析误差产生的原因。

(8) 对机构和物理样机进行评价分析，提出改进意见和建议。

7.7.5　实验报告

(1) 按比例绘制机构运动简图。

(2) 计算机构的自由度。

(3) 简述步骤(5)所列的各项评价情况。

(4) 指出机构设计中的创新之处和指出不足之处并简述改进的设想。

7.7.6　思考题

(1) 实际的运动副是如何实现的，它们与机构运动简图中的符号的不同点在哪里？

(2) 若曲柄连杆机构中的曲柄很短，一般会采用何种形式来制作曲柄？

(3) 在机械产品的设计中，应该考虑哪些因素来设计构件或零件？

(4) 如果机构的物理样机性能不能满足设计要求，该如何处理？

参考文献

[1] 郭卫东.机械原理[M].2 版.北京:科学出版社,2013.

[2] 傅燕鸣.机械设计(基础)课程设计教程[M].上海:上海科学技术出版社,2012.

[3] 王之栎,马纲,陈新颐,等.机械设计[M].北京:北京航空航天大学出版社,2011.

[4] 王之栎,王大康.机械设计综合设计[M].北京:机械工业出版社,2010.

[5] 吴宗泽,刘莹.机械设计教程[M].北京:机械工业出版社,2009.

[6] 杨洋.机械设计基础实验教程[M].北京:高等教育出版社,2008.

[7] 宗光华,等.机器人技术手册[M].北京:科学出版社,2007.

[8] 杨洋,席平,张玉茹.注重素质,面向创新,构建机械设计基础实验教学体系[J].实验技术与管理,2008,(1).

[9] 杨洋,李建平,韩晶京,等.构建开放式机械设计基础认知环境,提高学生工程素质和创新意识[C]//国家机械设计教学研讨会论文.2007.

[10] 宋立权.机械设计基础实验[M].北京:机械工业出版社,2007.

[11] 张策.弘扬自主创新,需要加强机械设计类课程[R].2006 年机械类课程论坛报告,2006.

[12] 陈关龙.研究型大学机械本科的研究性教育与学习[R].2006 年机械类课程论坛报告,2006.

[13] 杨洋.北京航空航天大学教学示范中心申请报告[R].2006.

[14] 李成祥,杨洋,张斗南.机械系统交互式多功能综合实验台的设计与开发[J].机械设计,2006(9).

[15] 姜淑敏,杨洋,等.机械设计基础网络交互式虚拟实验室的研究与实现[J].实验室研究与探索,2005(9).

[16] 朱文坚,谢小鹏,黄镇昌.机械设计基础实验教程[M].北京:科学出版社,2005.

[17] 高为国,朱理.机械设计基础实验[M].武汉:华中科技大学出版社,2005.

[18] 钱向勇.机械原理与机械设计实验指导书[M].杭州:浙江大学出版社,2005.

[19] 杨洋,李晓利,焦宏杰.机械设计综合性创新性实验研究与探索[J].实验技术与管理,2004(6).

[20] 张建民.机电一体化系统设计[M].北京:北京理工大学出版社,2000.